# NOUVEAUX

# ÉLÉMENS DE CHIMIE

## THÉORIQUE ET PRATIQUE.

IMPRIMERIE DE LACHEVARDIERE

rue du Colombier, 3o.

# NOUVEAUX
# ÉLÉMENS DE CHIMIE
## THÉORIQUE ET PRATIQUE,

*A l'Usage*

### DES ETABLISSEMENS DE L'UNIVERSITÉ,

PRÉCÉDÉS

DES NOTIONS DE PHYSIQUE NÉCESSAIRES A L'INTELLIGENCE

DES PHÉNOMÈNES CHIMIQUES;

PAR

## R.-T. GUÉRIN-VARRY,

DOCTEUR ÈS-SCIENCES, MAÎTRE DE CONFÉRENCES

A L'ÉCOLE NORMALE.

———— ◦ ————

## PARIS,

### LIBRAIRIE DE F.-G. LEVRAULT,

RUE DE LA HARPE, N° 81.

ET A STRASBOURG, MÊME MAISON.

1833.

A

# M. E. CHEVREUL,

## MON MAÎTRE,

MEMBRE DE L'INSTITUT, DE LA SOCIÉTÉ ROYALE DE LONDRES, etc., etc.


## HOMMAGE DE RESPECT,

DE RECONNAISSANCE ET D'AMITIÉ.

# AVERTISSEMENT.

Quoique nous possédions en France plusieurs *Traités de chimie élémentaire*, ils sont tous trop éten-. dus pour convenir aux personnes qui ne veulent avoir que des notions de cette science. J'ai donc pensé qu'un ouvrage qui ne renfermerait que les connaissances essentielles, telles que celles que l'on acquiert dans les colléges, pourrait être de quelque utilité aux jeunes gens qui en suivent les cours ; aussi me suis-je appliqué à résoudre les questions contenues dans le programme rédigé par le Conseil royal de l'instruction publique, pour l'enseignement de la chimie dans ces établissemens. En outre, j'ai décrit quelques corps qui m'ont paru offrir de l'intérêt par leur emploi journalier dans les arts.

Les élèves n'ayant ordinairement aucune notion de physique lorsqu'ils arrivent à l'étude de la chimie, j'ai placé au commencement de cet ouvrage

a

celles qui sont indispensables à l'intelligence des phénomènes chimiques. Je me suis souvent vu forcé de ne donner que des définitions , parce que des démonstrations eussent exigé trop de développemens.

Après avoir parlé, dans des préliminaires, de la cohésion , de l'affinité, et des différentes causes qui modifient ces forces , j'ai exposé la théorie des équivalens, celle des atomes, ainsi que les signes de ces derniers.

Ce *Traité de Chimie* est divisé en six livres :

Dans le premier se trouvent les métalloïdes et leurs diverses combinaisons binaires.

Le second renferme les métaux et les alliages.

Le troisième comprend l'étude des composés que les métalloïdes forment avec les métaux.

Le quatrième contient les sels.

Dans le cinquième on s'occupe des verres , des poteries , des pierres précieuses artificielles, des mortiers et des mastics.

Le sixième est consacré à des généralités sur la chimie organique.

Les réactions des corps les uns sur les autres ont

été exprimées en atomes, toutes les fois que cela a été possible.

On a placé dans un appendice les procédés de fabrication de plusieurs produits utiles dans l'économie domestique.

L'ouvrage est terminé par la description et l'usage des instrumens les plus employés en chimie.

J'ai consulté les principaux écrits qui ont paru jusqu'à ce jour sur la science, afin d'enrichir ces *nouveaux élémens*, des découvertes récemment faites en chimie ; c'est surtout dans les excellens ouvrages de MM. Chevreul, Thenard, Gay-Lussac, Dumas et Berzelius, que j'ai trouvé le plus de secours.

Quoique j'aie pris les plus grands soins pour éviter les erreurs, il s'en sera glissé quelques unes ; je saurai beaucoup de gré aux personnes qui auront la bonté de me les indiquer.

# ERRATA.

| Pages. | Lignes. | | | |
|---|---|---|---|---|
| 32 | 3 : même, | *lisez* | la même. | |
| 36 | 9 : n, | — | on. | |
| 41 | 31 : PP', | — | P,P'. | |
| 75 | 11 : s'unissant en toutes proportions, ont; | *lisez* | s'unissent en toutes proportions, et qui ont. | |
| 82 | 32 : 62,398, | *lisez* | 6,2398. | |
| 83 | 19 : Fe³, | — | Fe³. | |
| 131 | 19 : BC, | — | BG. | |
| 142 | 4 : au-déssous, | — | au-dessus. | |
| 159 | 1 : ( C⁴H ), | — | ( CH⁴ ). | |
| 188 | 1 : trouve, | — | on trouve. | |
| 196 | 15 : peauter, | — | speauter. | |
| 202 | 10 : gratte-bosse, | — | gratte-brosse. | |
| 223 | 13 : lesquels, | — | lesquelles. | |
| 235 | 15 : saturée interposée, | — | interposée, saturée. | |
| 249 | 23 : oxides alcalins, | — | alcalis. | |
| 330 | 20 : verre, | — | vert. | |
| 331 | 32 : d'acide, | — | acide. | |
| 339 | 24 : sel, | — | sel ; | |
| 374 | 4 : contenue, | — | contenu. | |
| 382 | 16 : 375, | — | 377. | |
| 441 | 11 : ils servent, | — | il sert. | |
| 444 | 3 : modifiée, | — | modifié. | |
| id. | 15 : métallique, | — | métalliques. | |

# NOTIONS DE PHYSIQUE

NÉCESSAIRES A L'ÉTUDE

## DE LA CHIMIE.

La *physique*, d'après son étymologie, embrasse l'étude de tous les êtres de la nature.

Ces êtres ont été divisés en trois grands règnes, qui sont : le *règne minéral*, le *règne végétal* et le *règne animal*.

Les nombreuses connaissances acquises dans la physique ont forcé de restreindre la *physique proprement dite* à l'étude des propriétés générales des corps, et à celle de leur action réciproque, en tant que cette dernière n'entraîne pas en eux de changemens durables.

Cette science est bien différente de la *chimie*, qui s'occupe de l'action moléculaire des corps les uns sur les autres, en tant que celle-ci entraîne en eux des changemens durables, ou qu'elle altère leur nature.

Les exemples suivans éclairciront ces définitions :

Lorsqu'on laisse tomber une bille d'ivoire sur un plan de marbre, on la voit s'élever au-dessus de ce plan à une certaine hauteur à laquelle elle s'arrête, pour retomber de nouveau, et ainsi de suite, jusqu'à ce qu'enfin elle reste sans mouvement sur le plan.

Dans cette expérience la bille et le marbre ont éprouvé

1

une contraction instantanée à l'endroit où ils se sont touchés, mais leur nature est la même après l'expérience qu'avant.

Tandis que si on laisse tomber une goutte de vinaigre sur ce même plan de marbre, on aperçoit un bouillonnement subit dû à ce que le vinaigre chasse un gaz pour en prendre la place. Ce gaz, par son union avec la chaux, constituait le marbre ; après l'expérience c'est le vinaigre qui est uni à la chaux.

Dans ce cas, le plan de marbre a été dénaturé par l'action du vinaigre.

Ces exemples suffisent, il me semble, pour faire bien concevoir la différence qu'il y a entre la physique et la chimie.

## Des corps.

Nous possédons cinq sens distincts, qui sont : la vue, le toucher, l'ouïe, l'odorat, le goût, et autant d'organes au moyen desquels ces sens s'exercent.

Tout ce qui produit des sensations sur les organes de la vue et du toucher a reçu le nom de corps *pondérable*. Ainsi un livre affecte l'organe de la vue et celui du toucher ; c'est donc un corps pondérable.

Le fluide auquel est due la lumière n'ayant pu être pesé, a été nommé *corps impondérable*, ou mieux, *agent impondérable*.

De là la division des corps en deux espèces dont nous traiterons dans deux chapitres : le premier comprendra les corps pondérables, et le second les agens impondérables.

Les facultés que possèdent les corps d'agir sur nos organes ont été appelées *propriétés des corps*.

# CHAPITRE I.

## CORPS PONDÉRABLES.

Les corps pondérables peuvent être solides, liquides, ou gazeux.

*Corps solides.* Un corps solide a ses parties tellement liées entre elles, qu'il faut un effort plus ou moins grand pour les séparer : par suite de cette liaison, ce corps conserve sa forme dans quelque position qu'on le mette, et on ne peut mouvoir une de ses parties sans que le corps entier ne se meuve.

Exemple. Une bille de marbre exige beaucoup d'efforts pour qu'on en désunisse les parties, et si l'on fixe à l'un de ses points un fil que l'on tire, la bille entière sera entraînée.

*Corps liquides.* Un corps liquide est celui qui a ses parties peu adhérentes, qui prend la forme des vases dans lesquels on le met, et qui transmet sans altération, en tous sens, les pressions exercées à sa surface.

Nous choisirons l'eau pour exemple : on sait avec quelle facilité on sépare quelques gouttes d'eau en plongeant le doigt dans une masse de ce liquide. Nous sommes témoins à chaque instant des différentes formes que ce dernier affecte, soit qu'on le verse dans une carafe, et que de là on le mette dans un verre ordinaire : dans le premier vase il a la forme d'un cône, dans le second celle d'un cylindre.

*Corps gazeux.* Dans un corps gazeux, les parties, loin d'avoir la moindre adhérence entre elles, tendent à s'écarter les unes des autres. Ces corps jouissent de la même propriété que les liquides, eu égard aux pressions exercées à leur surface.

On distingue deux espèces de gaz : les uns sont permanens, les autres ne le sont pas. Un gaz est dit permanent
lorsque, soumis à une pression considérable et au plus grand
froid qu'on ait pu produire, il ne se liquéfie ni ne se solidifie.

*Exemple : l'air.*

Dans le cas contraire, il est dit non permanent : telle
est la vapeur d'eau, qui est le plus souvent sous forme
invisible dans l'air, et que nous voyons se déposer en été
à l'état liquide sur les parois d'une bouteille apportée récemment de la cave ; et en hiver sous forme solide sur
les vitres des appartemens.

Ces fluides non permanens à des températures peu basses et sous de faibles pressions, sont connus généralement
sous le nom de *vapeurs.* Ainsi, on dit de la vapeur d'eau,
de la vapeur de soufre, etc.

Parmi les propriétés que possèdent les corps, les unes
appartenant à tous, sont nommées *générales;* les autres ne
se trouvant que dans certains d'entre eux, sont appelées
*particulières.* Nous allons d'abord étudier les premières.

Propriétés générales des corps.

*De l'étendue.* On a donné le nom d'étendue à la portion
de l'espace occupée par un corps.

L'étendue a trois dimensions, qui sont : la longueur,
la largeur, la profondeur ou la hauteur.

En géométrie, on considère deux autres espèces d'étendue, savoir : l'étendue en longueur, qui est la ligne ; l'étendue en longueur et en largeur qui est la surface. Mais,
quelque petite que soit une ligne ou une surface, considérée physiquement, elle a toujours trois dimensions.

*De l'impénétrabilité.* L'impossibilité qu'il y a à ce que
deux corps occupent en même temps la même portion de
l'espace, a été appelée *impénétrabilité.*

Il est évident que deux pièces de cinq francs, de mê-

mes dimensions, ne peuvent occuper à la fois la même portion de l'espace, quoiqu'elles y déplacent des volumes
égaux d'air.

Lorsqu'on enfonce un clou dans un morceau de bois, les parties ligneuses sont seulement écartées, mais non pénétrées, en sorte que le clou occupe la place qu'occu-paient ces parties avant qu'on ne l'eût enfoncé.

Si, dans un vase complètement rempli d'eau, on plonge une bille d'ivoire, de manière qu'elle soit submergée, il sortira de ce vase un volume de liquide égal à celui de la bille.

Il se présente assez souvent des circonstances où l'on pourrait croire qu'il y a pénétration de la part des corps.

On prend un tube ayant 3 lignes de diamètre, et 28 pou-ces de long, fermé à l'une de ses extrémités, et ouvert à l'autre ; on y verse d'abord de l'eau jusqu'à la moitié, et on achève de le remplir exactement avec de l'esprit-de-vin concentré ; ensuite plaçant le doigt sur la partie ouverte, on renverse le tube, puis on le met dans sa position primi-tive ; alors on voit qu'il n'est plus plein. On serait porté à penser qu'il y a eu pénétration ; mais si l'on observe que tous les corps laissent des *intervalles* entre leurs parties, on concevra que la portion des liquides qui a disparu est logée dans ces intervalles, et par suite, comment le vo-lume du mélange est moindre que la somme des volumes mélangés.

Ce que l'on vient de dire pour l'eau et l'esprit-de-vin s'applique à tous les corps qui semblent offrir une péné-tration.

*De la porosité.* Les parties les plus ténues des corps laissent entre elles des vides qu'on a nommés *pores*.

Les trous que présente la mie de pain sont des *pores* d'une grande étendue.

Les pores ne sont pas toujours visibles ; ainsi, dans une masse d'eau, il est impossible d'y découvrir le plus petit intervalle entre les parties; mais si l'on comprime ce liquide dans un appareil convenable, il diminue de volume: ce qui ne peut s'expliquer qu'en admettant que l'eau est poreuse.

L'expérience suivante prouve combien les substances gazeuses sont poreuses.

On introduit dans une vessie une quantité d'air telle, que ses parois soient peu tendues, puis on la comprime entre les mains; on voit le volume diminuer considérablement; et dès que la force comprimante cesse d'agir, le gaz revient à son volume primitif.

*De la compressibilité.* La propriété dont jouissent tous les corps de pouvoir être réduits à un moindre volume lorsqu'on exerce sur eux une pression plus ou moins grande, a été nommée *compressibilité*.

Les deux dernières expériences que nous venons de rapporter mettent en évidence la compressibilité des liquides et des gaz. Quant à celle des solides, elle se manifeste dans une foule de corps parmi lesquels nous citerons le *sureau*, dont la moelle se comprime très facilement.

*Dilatabilité.* C'est la propriété qu'ont les corps d'augmenter de volume lorsqu'on les chauffe.

Une barre de fer qui entre à frottement entre deux points fixes, étant chauffée au rouge, devient trop longue pour reprendre sa place. En la laissant revenir à son état primitif par le refroidissement, elle est susceptible d'être contenue entre ces deux points fixes.

En chauffant une cafetière remplie d'eau, celle-ci ne tarde pas à fuir par-dessus les bords de ce vase.

On laisse un petit volume d'air dans une vessie qu'on a eu soin de tremper dans l'eau afin de la rendre moins raide, et on l'expose au-dessus d'un fourneau allumé; on aperçoit une augmentation considérable dans son volume. Si on la laisse ensuite refroidir, elle reprend son volume primitif.

*De la divisibilité.* Tout corps est susceptible d'être divisé en deux parties ; chacune d'elles en deux autres, et ainsi de suite, on arrive bientôt à des parties si ténues, qu'elles échappent à nos instrumens les plus parfaits. C'est à ces parties indivisibles des corps qu'on a donné le nom d'*atomes* ou de *molécules.*

Les exemples suivans donneront une idée de la grande divisibilité dont jouissent les corps.

Un gramme d'argent passé à la filière peut *s'étendre en* un fil de trois lieues de long.

Un milligramme d'indigo colore dix mille parties d'eau en bleu clair.

Les substances gazeuses nous offrent une divisibilité encore plus grande que celle des liquides et des solides.

Une goutte d'essence de térébenthine répand une odeur très forte dans une vaste chambre.

*De l'inertie.* L'inertie est la propriété en vertu de laquelle un corps persiste dans l'état où il se trouve.

Ainsi, un corps en repos ou en mouvement persistera indéfiniment dans l'un ou l'autre de ces états, à moins qu'une cause extérieure ne vienne l'en tirer.

*De la mobilité.* Tout corps peut être transporté d'un lieu dans un autre en vertu d'une cause quelconque à laquelle on a donné le nom de *force.*

Ne voyons-nous pas journellement transporter des blocs énormes de pierre de la carrière d'où on les extrait à l'endroit où l'on construit ?

Si nous avions à notre disposition des forces assez grandes, et des machines assez résistantes, il n'y aurait pas de fardeau, quelque lourd qu'il fût, que nous ne pussions mouvoir.

*De l'attraction.* On a nommé *attraction* la tendance réciproque qu'ont les corps à se porter les uns vers les autres.

On appelle *gravitation* l'attraction réciproque des corps célestes.

La force en vertu de laquelle la terre attire les corps vers son centre a reçu le nom de *pesanteur*.

Lorsqu'on abandonne à une certaine hauteur au-dessus de la terre une balle de plomb et un morceau de papier, on les voit se précipiter à sa surface : on remarque que le papier arrive après la balle, ce qui pourrait faire penser que la pesanteur communique à celle-ci une vitesse plus grande qu'à celui-là. Mais si, au moyen d'une machine pneumatique, on enlève l'air d'un tube de verre ayant six pieds de hauteur, dans lequel on a mis un lame de plomb et un morceau de papier, puis qu'on le renverse, le papier arrive au bas du tube en même temps que la feuille de plomb.

Cette expérience prouve que la pesanteur agit également sur tous les corps : elle montre aussi que, si dans l'air le plomb arrive à la surface de la terre avant le papier, c'est que ce dernier éprouve plus de résistance de la part de ce gaz que n'en éprouve le premier.

La pesanteur sollicitant également toutes les molécules des différens corps, il en résulte que, plus il y aura de molécules dans un corps, plus il s'y trouvera de fois l'action de la pesanteur. C'est à la somme de l'action de cette force sur chaque molécule d'un corps qu'on a donné le nom de *poids*.

Ainsi, une balle de plomb étant plus pesante qu'une balle de liége de même volume, il s'ensuit que l'une renferme plus de molécules que l'autre.

On confond souvent, dans le langage ordinaire, la *pesanteur* avec le *poids*; mais il est facile de les distinguer

en se rappelant que la première est une force, et le second
la somme de plusieurs forces égales à la pesanteur.

### De la Balance.

La balance est un instrument qui sert à mesurer le poids
des corps au moyen du gramme, de ses multiples et de ses
sous-multiples.

Elle se compose, planche I, fig. 1 (1), d'une verge rigide
BC, nommée fléau, lequel se divise au point A en deux
parties égales, AB, AC, appelées *bras de levier*. A ce
point est fixé un prisme triangulaire, dont l'une des arêtes,
semblable au tranchant d'un couteau, repose sur une surface très dure. Aux extrémités B et C du fléau sont attachées des verges métalliques portant des plateaux P, P'.
Au milieu de ce fléau et à sa partie supérieure on a placé
une aiguille dont la pointe la plus fine se meut très près
d'un cadran $qq$, au milieu duquel il y a un trait marqué
zéro. De chaque côté et à égale distance de ce point sont
tracées des divisions de même largeur.

En supposant que tout fût égal de part et d'autre du
point A, rien ne serait plus facile que de prendre le
poids d'un corps; il suffirait de mettre le corps à
peser dans l'un des plateaux, par exemple, dans le plateau P, et d'ajouter dans l'autre plateau P' des grammes
et fractions décimales du gramme, jusqu'à ce qu'il y eût
équilibre, c'est-à-dire jusqu'à ce que l'aiguille, après avoir
oscillé à droite et à gauche du point $o$, se tînt vis-à-vis de
celui-ci. Les poids ajoutés représenteraient celui du corps
à peser.

Pour s'assurer si une balance satisfait à la supposition
que nous venons de faire, on porte le corps du plateau P

(1) Cette figure servant à deux expériences, on doit faire abstraction
pour celle que nous allons rapporter, des cylindres suspendus au plateau P.

dans le plateau P′, et réciproquement les poids du plateau P′ dans le plateau P. Il doit y avoir encore équilibre si la balance est juste.

Il est très difficile, pour ne pas dire impossible, de construire une balance qui ait le degré de justesse que nous supposons; mais on peut prendre exactement le poids d'un corps avec des balances qui ne sont pas justes.

A cet effet on a imaginé une méthode de peser à laquelle on a donné le nom de méthode des *doubles pesées*. Elle consiste à placer le corps dans l'un des plateaux P, et à lui faire équilibre en mettant des matières quelconques dans le plateau P′, par exemple des lames de plomb dont le poids inconnu sera désigné par X. On aura, en nommant *p*, le poids du corps à peser.

$$p \text{ équilibré par X.}$$

Cela fait, on ôte le corps à peser du plateau P, dans lequel on met des grammes, et, soit $100^g$ le poids qu'on a ajouté pour tenir la masse X en équilibre, on aura

$$100^g \text{ équilibrés par X.}$$

Donc *p* est égal à $100^g$.

On voit qu'il a fallu faire deux pesées pour obtenir le poids du corps ; c'est pour cela que cette méthode a reçu le nom qu'elle porte.

### Attraction moléculaire.

On appelle *attraction moléculaire* celle qui a lieu entre les molécules des corps.

Cette attraction ne s'exerce qu'au contact apparent des molécules; car, dès que leur distance devient appréciable, toute action cesse.

Quand cette force sollicite des molécules de même nature, elle prend le nom de *cohésion*. Ainsi, on dit que le fer a beaucoup de cohésion.

Quand elle s'exerce entre des molécules de nature différente, on l'appelle *affinité*.

L'eau a très peu d'affinité pour l'huile (1).

*Capillarité.* En plongeant un tube de verre creux ouvert à ses deux extrémités, et dont le diamètre approche de la finesse d'un cheveu, dans un liquide susceptible de le mouiller, c'est-à-dire de s'y attacher, comme l'eau, par exemple, on observe :

1° Que le niveau du liquide est plus élevé dans le tube que dans le vase qui sert de réservoir;

2° Que la surface de ce liquide dans le tube est concave.

Si l'on fait l'expérience avec un liquide non susceptible de mouiller le verre, tel est le mercure sec, le niveau de celui-ci est plus bas dans le tube, préalablement desséché, que dans le vase qui renferme ce métal; en outre, sa surface est convexe.

C'est à la cause qui produit cette ascension ou cette dépression qu'on a donné le nom de *capillarité*.

L'expérience prouve que la dépression et l'ascension vont en diminuant à mesure que le diamètre du tube augmente, et qu'elles sont presque nulles dans des tubes très larges.

Nous avons journellement sous les yeux une foule d'exemples de capillarité.

Un morceau de sucre dont on plonge l'une des extrémités dans l'eau, est bientôt mouillé à l'autre extrémité, parce que ses pores forment une multitude de petits tubes capillaires.

Une goutte d'huile qu'on laisse tomber sur du papier,

(1) Nous reviendrons sur la cohésion et sur l'affinité dans l'étude de la chimie.

y fait une tache circulaire, qui s'agrandit considérablement en vertu des tubes capillaires contenus dans le papier.

### Du Baromètre.

La pesanteur de l'air est facilement mise en évidence
par l'expérience suivante :

On suspend un ballon de verre à robinet, de la capacité
de huit à dix litres, à l'un des plateaux d'une balance, et
dans l'autre on y met des corps quelconques pour établir
l'équilibre. On fait le vide dans le ballon à l'aide de la machine pneumatique, puis on le suspend de nouveau au
plateau de la balance ; alors on voit que l'équilibre est
rompu, et qu'il faut, pour le rétablir, ajouter des poids du
côté du ballon.

On appelle *atmosphère* la masse d'air qui environne la
terre de toutes parts.

L'air étant pesant, exerce une pression sur les corps qui
sont à la surface de la terre, pression qu'on a nommée
atmosphérique, et qui est d'autant plus grande que la colonne d'air est plus élevée.

Pour mesurer la pression atmosphérique, on prend un
tube de verre de trente à trente-deux pouces de longueur et
de quatre à six lignes de diamètre, fermé à un bout ; on le
remplit de mercure, et après l'avoir bouché avec le doigt,
on le renverse verticalement, et on le plonge dans un
verre ordinaire contenant de ce métal. A peine le doigt
est-il enlevé de dessus l'ouverture, que le mercure intérieur s'abaisse d'abord, puis s'arrête ; si l'on mesure
la hauteur de la colonne de mercure à partir du niveau
de ce liquide dans le verre jusqu'à l'endroit où il s'est ar-
rêté, cette hauteur fera équilibre à la pression atmosphérique.

Il est évident que le mercure du tube n'est soutenu que
par la pression qu'exerce l'air sur la surface de ce métal

contenu dans le verre, pression qui se transmet sans altération au mercure renfermé dans le tube.

L'instrument que nous venons de décrire a reçu le nom
de *baromètre de Torricelli*, qui en est l'inventeur, ou de
*baromètre à cuvette*, parce que le verre est remplacé ordinairement par une cuvette. Le tube contenant le mercure ainsi que la cuvette sont fixés sur une planche de
bois au haut de laquelle on place une plaque métallique.
Sur cette dernière sont tracées des divisions, les unes représentant des pouces et des lignes ; les autres des centimètres et des millimètres.

La pression atmosphérique ordinaire est à peu près de
vingt-huit pouces ou $0^m,76$ de mercure qui équivalent à la
pression exercée par une colonne d'eau d'environ trente-
deux pieds de hauteur.

Si l'on observe le baromètre au rez-de-chaussée d'une maison élevée, et qu'on monte au dernier étage, on voit la colonne de mercure s'abaisser dans le tube. Ce qu'il est facile
de concevoir, puisque la hauteur de la colonne d'air est
moins grande au sommet de la maison qu'elle ne l'est au bas.

## Des Pompes à liquide.

Le jeu de ces machines est fondé sur la pression que
l'air exerce à la surface de tous les corps; elles sont desti-
nées à élever l'eau au-dessus du niveau du réservoir qui
la contient. On en distingue trois espèces que nous allons
décrire successivement.

1° *Pompe aspirante.* Planche 1, fig. 2. Elle consiste
en un conduit AC, ordinairement cylindrique, dans lequel se meut à frottement un piston *pp'* à l'aide d'une
tige *t*. Dans l'épaisseur du piston on pratique une soupape S
qui s'ouvre de bas en haut. La partie supérieure du conduit
porte un tuyau GO, destiné à laisser écouler l'eau soule-

vée par le piston. A la partie inférieure C, on a placé une
soupape S' qui s'ouvre dans le même sens que la première, et
un canal CD qui plonge dans le liquide qu'il s'agit d'élever jusqu'en G. Pour faire jouer cette pompe on abaisse
le piston jusqu'au fond du corps de pompe; l'air étant
comprimé sort par la soupape S qu'il soulève, et la soupape S' se ferme. En élevant le piston, il se produit un
vide au-dessous de lui, la soupape S reste fermée, parce
qu'elle supporte la pression atmosphérique, et aussi par
son propre poids, tandis que la soupape S' est soulevée
par la force élastique de l'air renfermé dans le canal CD;
Ce gaz entre en partie dans l'espace vide formé au-dessous du piston; il en résulte que la force de ressort de celui qui reste dans ce canal, diminue, et ne peut plus con-
trebalancer la pression atmosphérique qui s'exerce sur
la surface HH' du liquide; ce dernier s'élève donc dans
le conduit CD à une certaine hauteur. On abaisse de
nouveau le piston jusqu'au bas de sa course; l'air s'échappe
par la soupape S, et la soupape S' se ferme. On relève le
piston, la soupape S reste fermée, la soupape S' s'ouvre,
et laisse encore introduire de l'air dans le corps de pompe;
par suite l'eau monte dans le canal DC. En continuant ce
jeu on conçoit facilement que ce liquide pénètrera dans
le corps de pompe; alors, en abaissant le piston, la soupape S' se ferme, tandis que la soupape S étant pressée
par l'eau, est ouverte, et laisse passer ce liquide au-dessus
du piston, lequel, étant élevé convenablement, amène
l'eau jusqu'au tuyau GO qui la fait écouler.

Il est évident que la distance de la soupape S' au niveau HH' de l'eau ne doit pas être plus grande que trente-
deux pieds; autrement ce liquide ne s'élèverait pas dans
le corps de pompe par la raison que la pression atmosphérique ne peut soutenir qu'une colonne d'eau de cette
hauteur. Il est bon que cette distance soit plus petite que

trente-deux pieds , parce que le vide n'est jamais parfait.

2° *Pompe foulante,* planche 1, fig. 3. Cette pompe diffère de la précédente en ce que le piston ne contient pas de soupape. On a placé celle-ci sur la paroi latérale du corps de pompe, et très près du fond qui plonge dans l'eau. C'est en pressant sur la surface de ce liquide , à l'aide du piston, qu'on le fait monter jusqu'en O. La figure fait assez concevoir le jeu de cette pompe sans qu'il soit besoin d'entrer dans plus de détails.

3° *Pompe aspirante et foulante*, planche 1, fig. 4. Cette pompe réunit les effets des deux précédentes , comme le montre la figure.

### Du Siphon.

Cet instrument sert à transvaser les liquides, planche 1, fig. 5. Il consiste en un tube recourbé , à branches inégales, dont la plus courte plonge dans un vase V, contenant un liquide, et dont la plus longue se rend dans un vase V′. On aspire avec la bouche l'air du tube, à l'extrémité E′ : le liquide monte dans la branche EA, et, un peu avant qu'il ne soit arrivé en E′, on cesse d'aspirer. L'écoulement a lieu du vase V dans le vase V′, en vertu de la différence KE′ des deux colonnes liquides. En effet, la pression atmosphérique qui s'exerce en E sur le liquide tend à le faire monter vers le point A ; de même elle tend à faire monter le liquide qui est en E′ vers le même point; mais la colonne AE, par la pression qu'elle exerce en E, détruit une partie de l'effet de la pression atmosphérique; il en est de même de la colonne AE′ au point E′. Or, comme ces deux colonnes diffèrent d'une quantité égale à KE′, il en résulte que l'écoulement a lieu en vertu de cette différence.

On peut encore *amorcer* le siphon en le renversant et en bouchant avec le doigt l'extrémité la plus courte ; alors on introduit du liquide par l'ouverture E′ : le siphon étant

plein, on le renverse en plongeant l'extrémité R fermée
dans le liquide du vase V, puis on retire le doigt.

Lorsque le liquide qu'il s'agit de décanter a une action
corrosive, on adapte, planche 1, fig. 6, un petit tube *to*
à la longue branche, on ferme l'ouverture E' avec le doigt,
on plonge l'extrémité R dans le liquide, et on aspire l'air
par l'extrémité *t* : le liquide étant arrivé près de *o*, on
ôte le doigt de dessus l'orifice E'. Ce siphon a reçu le nom
de *siphon double*, par opposition au premier, qu'on appelle
*siphon simple*.

Tubes de sûreté.

Soit, planche 1, fig. 7, une cornue de verre contenant
de l'éther sulfurique, au col de laquelle on adapte un tube
TCD plongeant dans l'eau. En chauffant la cornue P, l'éther
se réduit en vapeur qui chasse l'air de l'appareil; ce gaz
s'échappe à travers l'eau. Si, après avoir fait bouillir l'éther
à peu près pendant dix minutes, on retire le feu de dessous la cornue, la vapeur éthérée se refroidit, puis se condense : il arrive un instant où la pression exercée intérieurement n'est plus égale à celle qu'exerce l'air sur la surface
*ll* de l'eau : celle-ci s'élance dans la cornue P comme dans
le vide : on dit qu'il y a *absorption*.

Pour prévenir cet accident, on adapte à la cornue un
tube de la forme indiquée par la fig. 8 : la boule est à moitié
remplie d'eau. Il est facile de voir que, lorsque la vapeur
de l'éther se condensera, l'eau ne s'élèvera dans la branche
CD, au-dessus de son niveau *ll*, que d'une quantité IK
égale à sa hauteur *mo* dans le tube *go*; car l'air, par la
pression qu'il exerce sur la surface *ll*, fera monter l'eau dans
la branche CD autant qu'il la fera descendre dans la branche *mo*. Mais ce gaz ayant pénétré jusqu'en *o*, traversera
la colonne *bo* en vertu de sa légèreté spécifique, rentrera
dans l'appareil par la branche *bs*, et il arrivera un instant

où la force de ressort du gaz intérieur équilibrera la pression atmosphérique.

Le tube *g o s*, empêchant l'absorption d'avoir lieu, a été nommé *tube de sûreté*.

Soit, planche 1, fig. 9, une cornue M, d'où se dégage un gaz communiquant à un flacon F à trois tubulures, qui contient de l'eau jusqu'en NN'; supposons la tubulure du milieu fermée par un bouchon, et soit DEF un tube établissant la communication entre le flacon et un vase V où il y a de l'eau.

On chauffe la cornue M; le gaz se dégage et chasse l'air de l'appareil. Si, au bout d'un certain temps, on la laisse refroidir, le gaz intérieur se condensera; l'eau du vase V montera dans le tube FED, et parviendra jusque dans le flacon F : il y aura *absorption*. Pour empêcher que cet effet n'ait lieu, il suffit d'adapter à la troisième tubulure du flacon, fig. 10, un tube droit TT', s'enfonçant de quelques millimètres au-dessous du niveau NN'; car l'air, rentrant par l'extrémité T dans le flacon, s'opposera, par son élasticité, à ce que l'eau du vase V passe dans ce flacon; et si le tube T'T plonge de quatre millimètres dans l'eau, cette dernière s'élèvera de la même quantité au-dessus de son niveau KH dans le tube FE.

On voit d'après cela que le tube droit TT' s'oppose à l'introduction de l'eau du flacon qui le suit dans celui auquel il est adapté.

Si l'extrémité C plongeait dans l'eau du flacon, il faudrait, pour éviter que ce liquide ne passât dans la cornue, mettre à cette dernière un tube de sûreté à boule.

Les tubes de sûreté à boule, ou droits, sont employés fréquemment en chimie.

On en fait usage dans l'*appareil de Woolf*, au moyen duquel on dissout les gaz dans l'eau. La figure 11 le représente.

Concevons que le tube *to* s'enfonce d'une ligne dans l'eau du premier flacon, que le tube *t' o'* s'enfonce de deux lignes dans l'eau du second flacon, que le tube *t" o"* s'enfonce de trois lignes dans l'eau du troisième flacon; enfin que le tube *t''' o'''* s'enfonce de quatre lignes dans l'eau de l'éprouvette à pied. On voit aisément que la pression sera de quatre lignes dans l'éprouvette, de $4 + 3$, ou de sept lignes dans le troisième flacon; de $4 + 3 + 2$, ou de neuf lignes, dans le second flacon; enfin de $4 + 3 + 2 + 1$, ou de dix lignes, dans le premier flacon.

Il résulte de ce que nous venons de dire, que, si on employait un grand nombre de flacons semblables à ceux de la fig. 11, il faudrait ne faire plonger chaque tube *to*, *t'o'*, etc., que d'une petite quantité dans l'eau; car autrement on aurait une pression très considérable dans le premier flacon.

Pompe à gaz, ou machine pneumatique.

Cette machine sert à extraire l'air d'un vase. Son jeu est tout-à-fait analogue à celui de la pompe à liquide nommée aspirante.

ABCD, pl. 1, fig. 12, est un corps de pompe en verre dans lequel se trouve un piston P, qu'on fait mouvoir au moyen d'une verge T. Dans l'épaisseur du piston est pratiquée une soupape S, qui s'ouvre de bas en haut, et une tige *t* glisse à frottement dans cette même épaisseur. Cette tige est munie d'un bouchon G destiné à fermer l'ouverture *o* d'un canal qui communique à un vase V, dont il s'agit d'extraire l'air. On abaisse le piston P jusqu'au bas de sa course; l'ouverture *o* est bouchée par G, l'air compris entre le piston, C sort par la soupape S. En relevant le piston, le bouchon G s'élève un peu au-dessus de l'ouverture *o*: il se fait sous le piston un vide dans lequel l'air du canal et du vase V se précipitent: on abaisse de nouveau le piston;

l'air comprimé sort par la soupape S. En continuant quelque temps ce jeu, on arrive à enlever presque tout l'air du réservoir V.

Tel est le mécanisme de la machine pneumatique, qui a deux corps de pompe semblables à celui que nous venons de décrire, et qui est munie d'une éprouvette, ou espèce de baromètre tronqué, servant à mesurer la raréfaction de l'air dans le vase. Cette machine est représentée pl. 1, fig. 13.

Lois de Mariotte sur les gaz comprimés.

Lorsqu'un gaz est comprimé, les volumes qu'il occupe sont en raison inverse des pressions. Pour mettre cette loi en évidence on prend un tube de verre, pl. 1, fig. 14, ABC, recourbé, fermé à l'extrémité C, et ouvert en A. Il est indispensable que la branche CB ait le même diamètre dans toute sa longueur, afin qu'à des longueurs égales correspondent des volumes égaux. La branche AB doit avoir trois mètres. Ce tube est fixé sur une planche de bois qui est divisée en mètres et fractions décimales du mètre. On verse par la grande branche du mercure, de manière que les niveaux N et $n$ soient les mêmes dans lesdeux branches : on note le volume de l'air renfermé dans la petite branche, et la pression qu'il supporte est donnée par un baromètre qu'on observe. Cela fait, on introduit du mercure jusqu'à ce que la différence des niveaux dans les deux branches soit égale à la hauteur du baromètre, auquel cas l'air renfermé dans la petite branche supporte une pression double de celle de l'atmosphère : son volume est alors réduit à la moitié. On verse encore du mercure, jusqu'à ce que la différence des niveaux de ce liquide dans la grande et dans la petite branche soit égale à deux fois la hauteur du baromètre. L'air de cette dernière branche supporte une pression triple, et son volume est réduit au tiers de ce qu'il était au commencement de l'expérience. Ces résultats sont suf-fisans pour démontrer la loi que nous avons énoncée. Ainsi, en représentant par 1 la pression atmosphérique, et par 1 le volume de l'air au commencement de l'expérience, les pressions étant désignées par les nombres 1, 2, 3, les volumes correspondans le sont par les nombres 1 $\frac{1}{2}$ $\frac{1}{3}$.

Cette loi n'a lieu que pour les gaz permanens, soumis à des pressions comprises entre certaines limites.

Principe d'Archimède. — Équilibre des corps flottans.

*Lorsqu'on plonge un corps dans un liquide, une par-tie de son poids égale au poids du volume du liquide dé-placé, est toujours équilibrée.*

Pour démontrer ce principe, on fait l'expérience sui-vante :

Pl. 1, fig. 1. On attache au crochet du plateau d'une balance un cylindre creux D en laiton; à la partie infé-rieure de ce dernier, on fixe un autre cylindre plein E tel qu'il entre à frottement dans le cylindre creux, en sorte que le volume intérieur de celui-ci est égal au volume extérieur de celui-là. On établit l'équilibre à l'aide de poids placés dans le plateau P', et l'on plonge le cylindre inférieur dans l'eau, comme le représente la figure; à l'instant la balance penche du côté du plateau P'; mais en remplissant d'eau le cylindre creux D, l'équilibre est rétabli. Ce qui prouve incontestablement que la por-tion du poids du cylindre plein qui a été équilibrée est égale au poids du volume du liquide déplacé par ce cy-lindre.

Cela posé, si l'on plonge un corps dans un liquide qui sous le même volume pèse autant que lui, il s'y tient par-tout en équilibre.

Si le corps est plus pesant que le liquide, il se précipite au fond du vase.

Si ce corps est moins pesant que le liquide, il monte à la surface de celui-ci, d'où il sort jusqu'à ce que la portion du liquide déplacé soit égale à son poids.

Ainsi donc, toutes les fois que nous voyons flotter un corps à la surface d'un liquide, nous pouvons en conclure que son poids est égal à celui du liquide déplacé.

Le principe d'Archimède est également vrai lorsqu'un corps est plongé dans un fluide aériforme.

### Propriétés particulières à certains corps.

*Élasticité.* L'élasticité est la propriété qu'ont les molécules de certains corps de revenir à leur état primitif d'équilibre, lorsque la force qui les en a écartées cesse d'agir.

La bulle de savon que l'on fait rebondir contre une surface polie, prouve que l'air qu'elle renferme ainsi que son enveloppe liquide, jouissent d'une grande élasticité.

Lorsqu'on laisse tomber une bille de marbre sur une surface plane de même nature, elle se relève et atteint à peu près la hauteur d'où elle est partie. Cet effet est dû à l'élasticité du marbre.

Il est évident que si la force qui écarte les molécules des corps les portait au-delà de leur sphère d'attraction, l'élasticité serait détruite.

EXEMPLE : Un fil de verre très mince peut être courbé en arc de cercle ; mais si l'on dépasse une certaine limite, il se rompt.

D'après ce qui précède, un corps sera d'autant plus élastique que l'écartement des molécules pourra être plus grand sans qu'elles cessent de revenir à leur état primitif d'équilibre.

Ainsi, une lame d'acier est plus élastique qu'une lame de verre, et cette dernière l'est plus qu'une lame de fer-blanc.

Il y a des substances dépourvues d'élasticité ; telle est une lame mince de plomb qui, étant pliée, conserve la courbure qu'on lui a donnée. Telle est encore l'argile dont se servent les fabricans de poteries.

*Dureté.* La dureté est la propriété dont jouissent quelques corps, d'en rayer d'autres sans être rayés par eux.

Le diamant est le plus dur des corps, parce qu'il les raye tous sans être rayé par aucun.

L'acier est plus dur que le fer.

Ce que nous venons de dire du diamant et de l'acier est vrai, quand on mesure la *dureté* par la difficulté qu'on éprouve à rayer un corps. Mais si l'on se servait du choc d'un marteau, le diamant ne serait pas le plus dur de tous les corps, car il se brise facilement à l'aide de cet instrument.

*Malléabilité.* On entend par malléabilité, la faculté que possèdent certains corps de s'étendre en lames sous le marteau, ou au moyen du laminoir (1).

L'or et l'argent sont tellement malléables, qu'on les réduit en feuilles dont l'épaisseur est plus petite qu'un dixième de millimètre.

Le verre, le bois, le marbre, ne sont pas malléables.

*Ductilité.* Propriété qu'ont certains corps de se tirer en fils à l'aide d'une *filière* (2).

(1) Un laminoir est formé de deux cylindres d'acier, placés horizontalement, l'un au-dessus de l'autre, tournant dans le même sens, et que l'on peut rapprocher à volonté ; on aplatit à l'une de ses extrémités le corps à laminer ; puis on l'introduit entre les deux cylindres dont la distance est moindre que son épaisseur.

(2) Une filière est une plaque rectangulaire d'acier, percée de trous de différens diamètres ; dans lesquels on fait passer les métaux pour les réduire en fils.

L'or, l'argent, le fer, sont au premier rang des corps ductiles, tandis que le plomb est au dernier.

*Ténacité.* Des substances jouissent d'une grande ténacité, lorsque, réduites en fils d'un petit diamètre et fixées invariablement à l'une de leurs extrémités, elles supportent à l'autre des poids considérables sans se rompre.

Le fer est le plus tenace de tous les corps.

La soie, les cheveux, le lin, etc., possèdent une assez grande ténacité.

*Sonorité.* Propriété qu'ont quelques corps d'exciter en nous la sensation du son lorsqu'on les frappe convenablement.

On remarque que les corps les plus sonores sont en général ceux qui sont les plus élastiques.

Le métal des cloches est très sonore, ainsi que le verre, tandis que le plomb ne l'est pas.

*Odeur.* Certains corps produisent sur l'organe de l'odorat des sensations diverses qui ont reçu le nom d'*odeurs.* Ces sensations sont dues à des vapeurs qui viennent affecter la membrane pituitaire.

Quant aux substances dont nous ne constatons pas la volatilité et qui exhalent cependant une odeur bien déterminée, il faut concevoir qu'une portion de la matière qui les constitue se réduit en vapeur, quoique nous ne puissions pas le démontrer par la perte qu'ils éprouvent.

C'est ainsi qu'un grain de musc, dont l'odeur est pénétrante, ayant été exposé pendant dix ans à l'air, n'a pas perdu au bout de ce temps une quantité appréciable de son poids.

*Saveur.* Propriété dont sont doués des corps d'agir sur l'organe du goût.

On distingue la *saveur amère*, telle est celle de l'absinthe; la *saveur astringente*, telle est celle de *l'encre;* la saveur *sucrée;* la saveur *acide,* etc.

*Structure ou tissu.* On a donné le nom de *structure* ou de *tissu* à la forme qu'offrent les parties intérieures d'un corps.

Si cette forme est régulière, le corps est appelé *cristal*. Si elle est irrégulière, le tissu tire son nom, du mode d'arrangement des parties intérieures.

Le fer a un tissu *fibreux*, parce que ses parties intérieures présentent des fibres.

Le marbre a un tissu *saccharoïde*, parce que ses parties intérieures ont la même forme que celles du sucre.

Le bismuth qui a été fondu a une structure *lamellaire*.

Le grès nous présente une structure *granulaire*.

Certains corps possèdent une structure *compacte*. Celle-ci n'est le plus souvent qu'une variété de la structure lamellaire, granulaire ou fibreuse.

# CHAPITRE II.

## DES AGENS IMPONDÉRABLES.

### De la Chaleur.

Lorsqu'on approche la main d'un foyer allumé, on éprouve une sensation qu'on a nommée *chaleur*. L'agent inconnu qui la produit a reçu le nom de *calorique*. On emploie souvent le mot chaleur au lieu de calorique, confondant ainsi l'effet avec la cause.

Le calorique est un fluide très subtil, invisible, très élastique, impondérable, qui se meut sous forme de rayons. Il pénètre tous les corps, et tend à s'y mettre en équilibre. Nous avons vu :

1° Qu'il les dilate tous, et que leur volume dépend du degré de chaleur qu'ils éprouvent ;

2° Que le même degré de chaleur, toutes choses égales 'd'ailleurs, fait prendre à un corps le même volume.

Puisqu'il y a une telle relation entre les degrés de la chaleur et les volumes, il s'ensuit qu'on peut prendre les degrés de dilatation pour mesurer les premiers.

On a appelé *température* l'énergie avec laquelle le calorique agit sur nous ou sur d'autres corps.

Pour mesurer la température, on se sert de divers instrumens, parmi lesquels nous ne décrirons que le *thermomètre* à mercure et le *pyromètre de Wedgwood*.

*Thermomètre à mercure.* Cet instrument n'est employé que pour apprécier des températures moyennes.

Pl. I, fig. 15 : on choisit un tube de verre TT′ cylindrique et d'un diamètre très petit; on y introduit une colonne de mercure TM qui en remplit un peu plus que la moitié ; on marque par un trait le point M, où est l'une des extrémités de cette colonne ; on fait glisser celle-ci de manière que l'extrémité qui était en M vienne en T′; celle qui était en T se place en M′; il s'ensuit que la capacité MT est égale à la capacité M′T′; et comme on peut supposer sans erreur sensible que la portion MM′ soit parfaitement cylindrique, le point *m* milieu de MM′, sera celui du tube TT′. On agira sur chaque moitié du tube comme on a agi sur le tout, et en continuant ainsi, ce tube se trouvera divisé en parties d'égale capacité.

Cela posé, pl. I, fig. 16, on souffle à l'une des extrémités T une boule B, et à l'autre T′ un réservoir T′K. Après avoir desséché tout le tube, on verse dans ce réservoir du mercure très sec, puis on chauffe la portion BT′; l'air se dilate, passe en partie au travers du mercure, qui par le refroidissement pénètre dans le tube T′T, par suite dans la boule B. Le thermomètre étant placé sur une grille en fil de fer inclinée contenant des charbons rouges, on fait bouillir le mercure renfermé dans la boule, afin de chasser l'air et l'humidité qui adhèrent aux parois intérieures du tube. On laisse refroidir le mercure, on vide le réservoir KT', on chauffe de nouveau le tube pour expulser une partie de ce métal, et on ferme l'extrémité T' à la lampe d'émailleur au moment où le mercure est très près de T'.

On plonge ce tube refroidi dans la glace fondante, la colonne de mercure s'arrête, pl. I, fig. 17, en un point O que l'on marque d'un zéro ; on le place ensuite dans la vapeur d'eau bouillante ; il s'arrête en B vis-à-vis duquel on met *eau bouillante*. L'intervalle OB est divisé en cent parties d'égale capacité qu'on appelle *degrés*. Au-dessus de B se trouvent des degrés, comme au-dessous de O il y en a aussi. Ces degrés sont marqués quelquefois sur le tube même ; le plus souvent ils le sont sur une bande de papier contenue dans un cylindre qui touche le tube OB. Ce thermomètre est appelé *centigrade*, tandis qu'on nomme ordinairement *thermomètre de Réaumur* le même dans lequel l'espace OB est divisé en quatre-vingts parties. On voit d'après cela que 4° de Réaumur valent 5° centigrades.

S'agit-il de connaître la température d'un liquide, par exemple, celle d'un bain : on y plonge le thermomètre, et on examine où s'arrête la colonne de mercure. Lorsqu'on veut apprécier de très basses températures, on emploie un thermomètre à esprit-de-vin.

*Pyromètre de Wedgwood.* Il sert à estimer approximativement de très hautes températures.

Il consiste, pl. I, fig. 18, en un cylindre d'argile qui glisse entre deux lames métalliques AB, A'B' faisant entre elles un petit angle, et divisées en parties égales. Le zéro est en AA', où peut se placer le cylindre dans son état naturel ; il répond à peu près à 580° centigrades. Chaque degré du pyromètre vaut 72° centigrades. L'argile ayant la propriété de se contracter au feu, le cylindre entre d'autant plus avant vers les extrémités BB' que la chaleur à laquelle il a été exposé est plus intense.

Cet instrument, quoique défectueux, donne un aperçu suffisant pour les usages auxquels il est destiné.

Ainsi, le fer fond à 150° du pyromètre de Wedgwood, tandis que l'or entre en fusion à 32° du même instrument.

## Densités ou pesanteurs spécifiques.

Nous avons fait voir, en parlant de la pesanteur, que les corps pris sous le même volume avaient des poids différens.

Un corps est dit plus *dense* qu'un autre, quand sous le même volume il renferme plus de molécules.

La *densité* ou la pesanteur spécifique d'un corps est le rapport de son poids à celui d'un autre corps de même volume.

Le plomb a pour densité 11,352.

Ce nombre exprime le rapport du poids du plomb à celui d'un pareil volume d'eau pure pris à 4° environ, au-dessus de zéro, température où ce liquide acquiert son *maximum* de densité.

La pesanteur spécifique du mercure est 13,568.

On rapporte les densités des solides et des liquides à celle de l'eau à 4°, et celles des gaz permanens et non permanens, à la densité de l'air sec pris à 0° et sous la pression $0^m,76$.

Ainsi le gaz hydrogène a pour densité 0,0688, c'est-à-dire, qu'à la température 0° et sous la pression $0^m,76$, le rapport du poids d'un certain volume d'hydrogène à celui d'un pareil volume d'air sec est exprimé par 0,0688.

## Aréomètres.

Les aréomètres sont des instrumens destinés à prendre les densités des corps : nous parlerons seulement de celui de Beaumé, qui n'indique que la plus ou moindre grande densité des liquides.

Nous savons que lorsqu'un corps flotte à la surface d'un liquide, il en déplace un volume dont le poids est égal au sien ; et qu'il s'y enfonce d'autant plus que le liquide est plus léger. En sorte que si l'on plonge un même corps dans des liquides de différentes densités, il s'y enfoncera d'autant plus qu'ils seront moins denses. C'est sur ce principe que sont fondés les aréomètres qui servent pour les liquides.

L'aréomètre de Beaumé consiste, pl. 1, fig. 19, en un tube de verre ABC terminé par une petite boule, C dans laquelle on met du mercure ou tout autre corps lourd pour le lester. S'agit-il, *par exemple*, de faire un aréomètre pour apprécier la force des liqueurs spiritueuses, telles que l'esprit-de-vin, l'eau-de-vie, etc. ; on plonge l'instrument dans l'eau distillée et on marque zéro le point où la surface de ce liquide vient le toucher. On fait choix d'esprit-de-vin ne renfermant pas d'eau, on en pèse une certaine quantité qu'on représente par l'unité et on la mêle avec 99 parties d'eau, ce qui fait en somme 100 parties d'un mélange contenant une seule partie d'esprit-de-vin. On y plonge l'aréomètre, qui s'y enfonce un peu plus que dans l'eau, parce que l'esprit-de-vin est plus léger que celle-ci. On marque d'un trait l'endroit où l'instrument affleure. On fait un autre mélange contenant 98 parties d'eau et 2 parties d'esprit, on y plonge l'instrument, et on marque d'un trait le point où il affleure dans le mélange; et ainsi de suite.

Lorsque le liquide est plus lourd que l'eau distillée, alors l'instrument est gradué en sens inverse de celui que nous venons de décrire ; tels sont ceux qui sont employés pour les dissolutions des sels dans l'eau et pour les acides.

Je suppose que l'on plonge l'aréomètre, fig. 19, dans de l'esprit-de-vin, et qu'il marque 25°, on en conclut que dans le liquide il n'y a que les $\frac{25}{100}$ de son poids d'esprit-de-vin.

Il faut remarquer que pour les dissolutions des sels dans l'eau, on est obligé d'avoir un aréomètre particulier pour chacun d'eux. Ainsi il y a des aréomètres pour le salpêtre, d'autres pour le sel marin, etc. Leur graduation est tout-à-fait la même que celle que nous avons donnée pour l'esprit-de-vin, à l'exception qu'on remplace ce dernier par le sel.

L'aréomètre destiné au salpêtre étant plongé dans une dissolution de ce sel, marque 10°; il en résulte que le liquide n'en renferme que les $\frac{10}{100}$ ou le $\frac{1}{10}$ de son poids.

## CHANGEMENT D'ÉTAT DES CORPS.

### Calorique latent.

On appelle calorique *latent*, le calorique absorbé par un corps solide pour passer à l'état liquide, ou par un liquide pour passer à l'état de vapeur.

Dans l'un et l'autre de ces changemens d'état, le calorique absorbé étant inappréciable au thermomètre, a été nommé *latent*. On observe que pendant tout le temps de la fusion, ou de la volatilisation d'un corps, sa température est constante, mais qu'elle varie d'un corps à l'autre.

1<sup>re</sup> Expérience. Dans un vase de verre dont la température est zéro, on mêle un kilogramme de neige ou de glace pilée à 0° avec un poids égal d'eau à 75°, et on agite le tout. Quand la glace est complètement fondue, il en résulte deux kilogrammes d'eau liquide à 0°. Or, il y avait au commencement de l'expérience, d'une part un kilogramme d'eau liquide à 75°, qui, sans avoir changé d'état, est à la fin à 0°; il a donc perdu tout le calorique qu'il contenait en s'abaissant de 75° à 0°; d'autre part le kilogramme de glace a été fondu sans que sa température changeât; donc ce dernier a absorbé, pour se fondre, tout le calorique abandonné par le kilogramme d'eau par son abaissement de 75° à 0°.

Réciproquement, si l'on fait passer un kilogramme d'eau liquide dont la température est 0° à l'état de glace, ayant même température, il dégagera pendant ce passage tout le calorique qu'un kilogramme de glace absorbe en se fondant.

2ᵉ Expérience. Pl. I, fig. 20 : on introduit dans une cornue de verre C une partie d'eau distillée, dans laquelle on plonge un thermomètre t, entrant à frottement dans un bouchon de liége; cette cornue communique à l'aide d'un tube avec un flacon F contenant 5,35 parties d'eau à 0° également distillée, et un thermomètre t'; on ménage dans le bouchon de ce flacon une petite ouverture o pour laisser sortir les gaz. On porte à l'aide d'un fourneau contenant des charbons allumés l'eau de la cornue à l'ébullition; la vapeur arrive dans l'eau du flacon, qui bout, lorsque toute celle de la cornue s'y est condensée.

Il résulte de cette expérience que la vapeur de l'eau de la cornue a conservé sa température de 100° en se condensant dans l'eau du flacon; d'un autre côté, celle-ci a été portée de la température 0° à 100°, aux dépens de la chaleur latente de la vapeur d'eau; ainsi, la chaleur latente contenue dans une partie de vapeur a élevé de 0° à 100°, 5,35 parties d'eau. On en conclut qu'une partie de vapeur d'eau élèverait une partie d'eau liquide de 0° à 535°. Enfin, on dit que la chaleur latente de la vapeur d'eau est de 535°.

La quantité considérable de calorique renfermée dans la

vapeur d'eau, l'a fait employer à une foule d'usages, tels qu'au chauffage des vastes appartemens, à la dessiccation de la poudre, etc.

### Calorique spécifique.

Les quantités de calorique absorbées par un poids égal de différens corps qui ne changent pas d'état, pour élever leur température d'un même nombre de dégrés, ont été nommées *caloriques spécifiques, chaleurs spécifiques, capacités pour le calorique.*

Par exemple, pour élever un kilogramme de fer de 10° à 20°, il faut moins de calorique que pour porter le même poids d'eau de 10° à 20°. Dans ce cas, le *calorique spécifique* du fer est moindre que celui de l'eau, dont la chaleur spécifique est prise ordinairement pour unité quand il s'agit de solides ou de liquides.

Quant aux caloriques spécifiques des gaz permanens ou non permanens, ils sont rapportés à celui de l'air pris pour unité.

Ainsi, le calorique spécifique de l'hydrogène est 12,5401 ; celui de l'air étant 1, à poids égaux.

### Conductibilité du calorique.

La propriété que possèdent certaines substances de se laisser pénétrer par le calorique et de le propager, a reçu le nom de *conductibilité.*

Les métaux sont en général de bons conducteurs du calorique, tandis que les liquides et les gaz le conduisent mal.

Si l'on plonge l'une des extrémités d'une barre de fer ayant deux pieds de longueur dans un foyer ardent, et si l'on tient l'autre extrémité dans la main, on ne tardera pas à sentir une chaleur si vive, qu'on sera forcé d'abandonner le métal; tandis qu'en faisant la même expérience avec une barre de bois de six pouces de long, ayant même épaisseur que celle de ce métal, on pourra enflammer l'une de ses extrémités, sans ressentir de chaleur à l'autre. Aussi le bois est-il un mauvais conducteur du calorique.

*Forces élastiques des vapeurs dans le vide.*

Si l'on met deux tubes barométriques T et T', pl. I, fig. 21, contenant du mercure, dans un large vase en verre, servant de cuvette, puis qu'on introduise de l'éther sulfurique dans le tube T, à peine est-il arrivé au haut de la colonne de mercure, que celle-ci est déprimée de plusieurs pouces; en sorte que le niveau N, qui était le même que le niveau N' avant l'introduction de l'éther, se trouve beaucoup au-dessous de celui-ci.

Cet abaissement n'est pas dû au poids du liquide; car en refroidissant l'extrémité fermée du tube T, on voit la colonne de mercure s'élever, et la quantité d'éther augmenter; il provient de la vapeur produite dans le vide barométrique, laquelle exerce une pression sur la surface du mercure, comme le ferait une petite quantité d'air qu'on aurait introduite dans ce vide. Lorsqu'on s'aperçoit que la dépression du mercure n'augmente plus, on prend la différence des niveaux N, N', qui mesure la *force de ressort*, ou la *force élastique*, ou enfin la *tension* de la vapeur d'éther dans le vide à la température où l'on opère.

Cette expérience montre que l'éther se réduit rapidement en vapeur dans le vide, et que la force élastique de celle-ci est considérable à la température ordinaire.

Si on eût introduit de l'eau à la place de l'éther sulfurique, il n'y aurait eu qu'un faible abaissement de la colonne de mercure. Les liquides ne sont pas les seuls corps qui se vaporisent dans le vide barométrique; car si on fait passer un morceau de camphre au sommet de la colonne de mercure du tube T, elle est déprimée d'une quantité très notable.

Certains corps se réduisent aussi en vapeur dans l'air, mais beaucoup moins rapidement que dans le vide; ce qu'il est facile de concevoir en observant que dans le premier cas ils ont à supporter la pression atmosphérique, tandis que, dans le second, ils ne sont soumis à aucune force comprimante.

## Mélange des gaz et des vapeurs.

Lorsqu'on mélange sous un même volume des fluides aériformes qui sont sans action chimique les uns sur les autres, chacun d'eux se répand dans tout le volume, et la force de ressort du mélange est égale à la somme des forces élastiques qu'aurait chaque fluide, s'il occupait seul ce volume.

Il suit de là qu'un espace plein d'air pourra contenir autant de vapeur d'eau que s'il était vide.

Les substances gazeuses ayant des densités différentes se mêlent de telle sorte, qu'au bout d'un certain temps le mélange est homogène. Pour le démontrer, on prend, pl. I, fig. 22, un ballon B d'un litre, communiquant à un autre ballon B', de même capacité; on remplit le premier de gaz hydrogène, et le second de gaz oxigène, puis on les adapte l'un sur l'autre, comme la figure le représente. L'hydrogène, quoique beaucoup plus léger que l'oxigène, finit par s'y mêler, et on obtient au bout de quarante-huit heures un mélange tel, que si on analyse un certain volume de gaz pris dans le ballon B, et le même volume pris dans le ballon B', on trouve qu'ils renferment autant d'oxigène et d'hydrogène l'un que l'autre.

## Évaporation.

En exposant au contact de l'air certains liquides contenus dans des vases ouverts, on les voit disparaître au bout de quelque temps. C'est à ce phénomène que l'on a donné le nom d'*évaporation*.

Nous avons souvent sous les yeux des exemples d'une grande évaporation. Pendant les chaleurs de l'été l'eau des rivières diminue beaucoup, et les mares tarissent en quelques jours.

Lorsqu'on verse quelques gouttes d'éther sulfurique sur la boule d'un thermomètre entourée de coton, ce liquide se vaporise rapidement, en produisant un abaissement de température de plusieurs degrés.

Dans le phénomène de l'évaporation, les vapeurs se forment à la surface du liquide, qui disparaît tranche par tranche.

## Ébullition.

La pression atmosphérique qui s'exerce sur la surface de tout liquide exposé au contact de l'air l'empêche de passer à l'état de vapeur; mais si l'on vient à le chauffer il arrive une époque où la force élastique de la vapeur des molécules intérieures est égale à cette pression : alors le liquide est dit *en ébullition*. Il est évident que tout ce qui tendra à faire varier la pression de l'atmosphère, fera aussi varier le point d'ébullition d'un liquide. Ainsi, sur le sommet d'une haute montagne où cette pression est moindre qu'au pied, l'ébullition d'un liquide quelconque doit avoir lieu à une température moins élevée dans le premier endroit que dans le second.

Si la pression atmosphérique était annulée, l'ébullition pourrait se produire à la température ordinaire; c'est ce qui arrive à de l'eau que l'on place sous le récipient de la machine pneumatique, dans lequel on fait le vide. On a soin d'y mettre un vase contenant de l'acide sulfurique destiné à absorber la vapeur d'eau qui se forme.

Tous les liquides ne bouillent pas à la même température; ce sont ceux qui sont les plus volatils qui entrent en ébullition à la température la plus basse.

L'éther sulfurique bout à 35°, l'alcool à 79°, et l'eau à 100°.

## Hygrométrie.

On s'occupe dans cette partie de la physique de rechercher le degré d'humidité de l'air.

Une foule d'expériences démontrent la présence de la vapeur d'eau dans ce gaz. Par exemple, lorsqu'on prend en été une bouteille dans une cave et qu'on la place dans un appartement; on la voit bientôt se couvrir d'eau, qui parfois ruisselle sur ses parois. Cette eau liquide provient de la vapeur contenue dans l'air, laquelle s'est condensée sur la bouteille dont la température est plus basse que celle de cette vapeur.

Après avoir constaté qu'il existe de la vapeur d'eau dans l'air, il faut en apprécier la quantité. Ce problème exigeant, pour être résolu, des connaissances qu'il nous est impossible de donner dans un pareil traité, nous nous bornerons à décrire l'instrument généralement employé à faire connaître le plus ou moins d'humidité de l'air atmosphérique.

## Hygromètre de Saussure.

Les cheveux, ainsi que beaucoup d'autres substances ayant la propriété de s'alonger en absorbant de l'eau, et de se raccourcir lorsqu'ils en perdent, ont été choisis pour faire l'hygromètre de Saussure.

Pl. I, fig. 23. Cet instrument consiste en un cheveu préalablement dégraissé, fixé à l'une de ses extrémités à l'aide
d'une pince $f$, et qui s'enroule sur la gorge d'une poulie
tenant à une aiguille mobile autour d'un axe horizontal.
Les mouvemens de celle-ci sont indiqués sur un cercle
gradué CC. A l'autre extrémité du cheveu se trouve un
petit poids $p$, servant à le tenir vertical. Le tout est renfermé dans une cage de bois portant une glace à travers
laquelle n observe la marche de l'hygromètre.

Pour qu'on puisse comparer entre eux tous les hygromètres construits d'après les mêmes principes, Saussure
a choisi deux points fixes, dont l'un est l'humidité extrême,
et l'autre la sécheresse extrême. Le premier point se détermine en plaçant l'instrument sans sa cage, sous une cloche
de verre dont on mouille les parois, et mise au-dessus
d'un vase contenant de l'eau. Le cheveu, plongé dans une
atmosphère saturée d'humidité, absorbe cette dernière,
s'alonge, et sa marche finit par être stationnaire au bout
de dix heures environ. Alors le point où s'arrête l'aiguille
est noté *humidité extrême* sur le cercle gradué. On porte
ensuite l'hygromètre sous une autre cloche de verre parfaitement sèche, renfermant une plaque de tôle chauffée
et couverte de carbonate de potasse, sel propre à absorber l'humidité : le cheveu se raccourcit, l'aiguille s'éloigne
du point marqué *humidité extrême* ; il arrive une époque
à laquelle cette aiguille est tout-à-fait stationnaire. Le point
où elle s'arrête est marqué *sécheresse extrême*. L'intervalle
compris entre ces deux points fixes est divisé en cent parties égales qu'on appelle degrés.

Supposons qu'on place cet instrument dans une chambre ; on trouve qu'il marque 79° ; on le transporte dans
une autre chambre ayant même température que la première, il marque 70° ; le premier lieu est plus humide que
le second.

### De l'électricité.

Lorsqu'on approche un morceau d'ambre, un bâton de cire à cacheter, un tube de verre, de corps légers tels que des barbes de plumes, des fragmens de papier, de la sciure de bois, on ne voit aucun mouvement se manifester parmi ces derniers; mais si l'on frotte les trois premiers avec une étoffe de laine, ou avec une peau de chat, ils attirent les corps légers que nous venons de signaler.

Cette propriété attractive développée par le frottement, a reçu le nom d'*électricité*, parce que c'est dans l'ambre où on l'a constatée pour la première fois. On a désigné sous le nom de *fluide électrique*, l'agent impondérable qui produit ce phénomène.

Pour reconnaître si un corps est électrisé, on emploie des instrumens qu'on appelle *électroscopes*; le plus simple de tous est *le pendule électrique*, pl. i, fig. 24. Il consiste en un fil de soie AB portant à son extrémité B une petite balle de moelle de sureau, et attaché à son autre extrémité A à un tube de verre CDA recouvert d'une légère couche de gomme-laque.

La balle de moelle de sureau étant en repos, on en approche le corps dans lequel on soupçonne de l'électricité; et si on aperçoit que cette balle se porte sur celui-ci, on en conclut qu'il est électrisé.

Si l'on frotte avec une étoffe de laine une lame de fer, un morceau de bois, etc., en les tenant à la main, et qu'on les présente à une très-petite distance de la balle de sureau, il n'y aura aucune attraction; mais si l'on prend un disque métallique au centre duquel est un manche de verre que l'on saisit avec la main, en ayant la précaution de ne pas toucher ce disque, puis, qu'après l'avoir frotté avec du drap, on l'approche de cette balle, celle-ci est attirée.

Ces deux dernières expériences ont déterminé les phy-
siciens à diviser les corps en bons conducteurs et en mauvais conducteurs de l'électricité. Les résines, le verre, le
soufre et les gaz secs, font partie de la première division;
tandis que les métaux, les liquides, le charbon calciné, etc., sont dans la seconde.

On conçoit bien, d'après ces propriétés opposées des
corps, comment il se fait qu'en frottant un bâton de cire
d'Espagne qu'on tient à la main, il attire la balle de sureau; c'est parce qu'étant mauvais conducteur de l'électricité, celle-ci reste sur le bâton.

On voit aussi pourquoi un métal qu'on tient à la
main ne manifeste aucun signe d'électricité, quand, après
l'avoir frotté, on le présente à la balle de sureau. C'est
parce qu'il conduit le fluide électrique dans la main, laquelle le transmet par le corps à la terre qui est appelée
le *réservoir commun*.

Un corps est *isolé* lorsqu'il est placé sur une substance
qui conduit très mal l'électricité.

Distinction de deux espèces d'électricité.

En approchant un bâton de cire à cacheter frotté avec
une peau de chat, du pendule électrique, la balle de sureau se porte sur le bâton, dont elle prend une partie de
l'électricité, et en est rapidement repoussée; si l'on présente avec précaution à une petite distance de cette balle
ainsi électrisée un tube de verre frotté avec une étoffe de
laine, il attire la balle.

En recommençant cette expérience en sens inverse,
c'est-à-dire en électrisant d'abord la balle avec le tube de
verre, il y a répulsion à l'approche de ce dernier; mais en
présentant à cette balle un bâton de cire à cacheter
frotté avec une peau de chat, il y a attraction.

Ces expériences nous font voir que l'électricité pro-venant de la cire à cacheter repousse la balle qui en est chargée ; il en est de même de l'électricité provenant du verre lorsque la balle là possède. Au contraire, l'électricité développée par le frottement du verre attire celle de la cire à cacheter, et réciproquement ; de là la distinction de deux électricités : l'une qui est développée par le verre frotté avec une étoffe de laine, a été nommée *vitrée*, et mieux, *positive;* l'autre, développée par la résine frottée avec une peau de chat, a été nommée *résineuse*, et mieux, *négative.*

Ces deux électricités réunies se neutralisant lorsqu'elles sont en même quantité donnent lieu à du *fluide neutre.*

Nous concluons de ce qui précède, que toutes les fois que deux corps contiennent la même électricité, ils se repoussent, tandis qu'ils s'attirent lorsqu'ils ont des électricités contraires.

Electrophore.

Tout corps C à l'état naturel possédant les deux électricités qui se font équilibre, si on en approche un autre corps D ayant, *par. exemple*, plus d'électricité positive que le premier n'en renferme, celle-ci attirera vers elle l'électricité négative de C, et repoussera la positive qui s'écoulera dans le sol, si on lui présente un corps conducteur, la mettant en communication avec ce dernier.

Cela posé, il est facile de concevoir la théorie de l'électrophore.

Cet instrument consiste en un gâteau de résine dont la surface doit être très unie, et en un disque de bois recouvert d'une feuille d'étain, au milieu duquel on adapte un manche de verre.

On frappe le gâteau de résine avec une peau de chat, on y pose le disque. L'électricité négative développée à la surface de la résine décompose le fluide naturel du disque, attire à la face inférieure de celui-ci l'électricité positive, et repousse l'électricité négative à sa face supérieure. On touche avec le doigt cette face, l'électricité négative s'écoule dans le sol, tandis que l'électricité positive est retenue par l'électricité négative du gâteau de résine. Si donc on ôte le doigt de dessus le plateau, puis, qu'on l'enlève par le manche isolant, il sera chargé d'électricité positive; en le présentant très près d'un corps conducteur, il donnera une étincelle.

### Electricité développée par le contact.

Le frottement n'est pas le seul moyen de développer de l'électricité dans les corps; on en obtient aussi par le contact de deux substances de nature différente. Parmi celles qui en donnent le plus, les métaux sont au premier rang.

Lorsqu'on met en contact deux disques, l'un de zinc et l'autre de cuivre, isolés par des manches de verre, le premier contient de l'électricité positive, et le second de l'électricité négative. La force inconnue en vertu de laquelle le phénomène est produit, a reçu le nom de *force électromotrice*; il est évident qu'il y a équilibre entre celle-ci et l'attraction mutuelle des deux fluides positif et négatif, qui sont, l'un sur le disque de zinc, l'autre sur le disque de cuivre.

On pourrait objecter que la pression exercée par les disques produit le développement des deux électricités pour détruire cette objection, pl. 1, fig. 25, on soude les deux métaux réduits en lames bout à bout, on trouve que le zinc possède l'électricité positive, et le cuivre l'électricité négative.

Si, tenant à la main la lame Z, on touche avec la lame C un instrument en cuivre propre à constater la présence

du fluide électrique, l'électricité négative de cette lame se
répandra sur le conducteur, tandis que l'électricité positive du zinc s'écoulera dans le sol. Mais les deux lames
étant continuellement en contact, il se reproduira instantanément du fluide positif sur la lame Z, et du fluide négatif sur la lame C, en sorte que ces deux lames seront à
chaque instant dans le même état qu'au commencement de
l'expérience.

Si, tenant la lame C à la main, on touche l'instrument
en cuivre avec la lame Z, il ne sera pas électrisé, parce
qu'il développe par son contact avec le zinc de l'électricité
négative, qui neutralise celle que ce métal lui communique; mais si on recouvre préalablement l'instrument de
cuivre d'une feuille de papier mouillé, il s'électrisera
positivement au même degré que le zinc, par la raison
que ce dernier, à mesure qu'il cède son électricité au
conducteur de cuivre, en retire autant de la lame de
ce métal avec laquelle il est soudé.

C'est sur cette dernière expérience que repose principalement la construction de la pile.

### Pile de Volta.

Nous désignerons le cuivre par $c$, le zinc par $z$, et les
rondelles de drap ou de carton mouillé par $m$.

La pile de Volta, pl. 1., fig. 26, est composée de disques
métalliques, *cuivre et zinc*, soudés ensemble deux à deux;
ces couples sont superposés verticalement dans le même
ordre, et séparés les uns des autres par des rondelles de
carton ou de drap imbibées d'eau acidulée ou contenant
un sel. Chaque disque reçoit le nom d'*élément;* l'assem-
blage de deux élémens s'appelle *paire.*

Cette pile est dite à colonne; les extrémités PP′ sont
nommées *pôles.*

On admet généralement que les corps humides ne font que remplir le rôle de conducteurs, quoique cependant on remarque que la pile a des effets d'autant plus énergiques que les acides sont plus forts. Nous regarderons les corps humides comme de simples conducteurs.

Si on fait communiquer la pile par son pôle P au réservoir commun, le premier élément cuivre, à partir du bas, aura zéro d'électricité négative; le deuxième élément cuivre aura une certaine quantité d'électricité que je désigne par 1; le troisième élément cuivre aura une quantité d'électricité qui sera représentée par 2, etc.

Le premier élément zinc à partir du bas a pour électricité positive 1, le deuxième élément zinc a pour électricité 2, le troisième élément aura 3, etc.

Nous pouvons conclure de là que la différence entre les électricités de deux disques, qui sont en contact, est constante. Nous ferons observer que cette pile ainsi disposée n'est chargée que d'électricité positive. Le contraire aurait lieu si le zinc était à la place du cuivre, et réciproquement.

Nous n'examinerons pas le cas où la pile est isolée; nous dirons seulement qu'alors elle a l'une de ses moitiés chargée de l'électricité positive, et l'autre moitié chargée d'électricité négative.

Pour se servir de la pile de Volta, on adapte à chaque pôle un fil métallique, on réunit ces deux fils de manière que l'objet à soumettre au courant des deux électricités, soit placé dans l'arc de communication formé par ces fils.

Le poids des disques supérieurs faisant sortir le liquide des conducteurs humides, la pile s'arrête au bout d'un temps qui n'est pas très long. C'est pour cette raison qu'on a imaginé de disposer les paires les unes à côté des autres dans un vase de bois qui a la forme d'une auge;

on a construit ainsi la *pile à auge*. On se sert maintenant d'une pile qui a une disposition toute particulière, et qu'on nomme *pile à la Wollaston*.

## Du magnétisme.

La nature nous offre un minerai de fer qui jouit de la propriété d'attirer le fer, le cobalt, le nickel et l'acier; c'est à ce minerai qu'on a donné le nom d'*aimant naturel*.

On possède des *aimans artificiels* qui ne sont autre chose que des morceaux d'acier trempé auxquels on a communiqué la vertu magnétique au moyen d'aimans naturels.

Un corps est *magnétique* lorsqu'il a la propriété d'attirer le fer.

## De la lumière.

Newton considérait le phénomène de la lumière comme produit par un agent impondérable émané des corps lumineux, et lancé en ligne droite dans l'espace avec une grande vitesse.

On admet généralement aujourd'hui l'existence d'un fluide impondérable qu'on nomme *éther*, et que l'on suppose répandu dans tous les corps. Un foyer quelconque de lumière est regardé comme le centre de vibrations qui sont transmises à ce fluide, et qui se propagent jusqu'à nous par un mode semblable à celui des corps sonores.

Lorsqu'un rayon lumineux en tombant sur la surface d'un corps s'y réfléchit en grande partie, on dit que celui-ci a beaucoup d'*éclat*.

On distingue plusieurs sortes d'éclats; l'*éclat métallique*, l'*éclat vitreux*, l'*éclat résineux*, l'*éclat gras*, l'*éclat nacré* et l'*éclat soyeux*.

Un corps est appelé *transparent* où *diaphane*, lorsque la lumière le pénètre assez abondamment pour qu'on puisse distinguer nettement un objet qu'on regarde à travers. Dans le cas où le corps placé entre l'œil et la lumière ne laisse apercevoir aucune clarté, on le nomme *opaque*.

Quand la lumière ne tombe pas perpendiculairement sur une substance diaphane, elle éprouve dans sa direction une déviation qu'on a nommée *réfraction*.

Soit pl. I, fig. 27, SI, un rayon lumineux passant de l'air dans l'eau, concevons au point I d'incidence une perpendiculaire NIN′ à la surface AB de ce liquide; ce rayon, au lieu de continuer sa route suivant IO, prolongement de SI, prendra la direction IR.

On voit que plus l'angle RIN′ sera petit, plus la déviation sera grande, et par suite la réfraction.

Un corps a un *pouvoir réfringent* plus grand que celui d'un autre corps, quand, toutes choses égales d'ailleurs, le premier dévie plus les rayons lumineux que le second.

Toutes les fois qu'un rayon lumineux passe d'un certain milieu dans un autre plus dense, l'angle de réfraction RIN′ est toujours plus petit que l'angle d'incidence SIN. Le contraire a lieu lorsque le premier milieu est plus dense que le second.

### Couleur des corps.

La lumière blanche qui émane du soleil est composée de sept couleurs principales, qui sont dans l'ordre de la plus grande réfrangibilité, le *violet*, l'*indigo*, le *bleu*, le *vert*, le *jaune*, l'*orangé* et le *rouge*.

Lorsque la lumière solaire tombe sur un corps, il peut l'absorber entièrement; dans ce cas, il paraît *noir*. S'il ne l'absorbe qu'en partie, *par exemple* à l'exception des rayons rouges, il nous semble *rouge*. S'il n'absorbe aucun rayon lumineux, sa couleur est *blanche*.

D'après cela, quand un corps nous paraît d'une certaine couleur, c'est qu'il possède la propriété de réfléchir seulement cette couleur, tandis qu'il absorbe toutes les autres. Le mélange de ces sept couleurs principales forme toutes celles que la nature et les arts nous présentent.

## Sources de chaleur.

Le soleil est la principale source de chaleur pour les corps qui sont à la surface de la terre; toutes les parties de cette planète ne sont pas également échauffées; l'intensité du calorique en un lieu donné dépend de la durée et de l'obliquité des rayons solaires. La température décroît en général en allant de l'équateur vers les pôles.

*Chaleur centrale du globe terrestre.* Lorsqu'on pénètre dans l'intérieur de la terre, la température va en augmentant : on a trouvé qu'elle est constante pour un même lieu à une petite distance au-dessous de la surface du globe, et qu'elle croît à peu près de 1° pour 35 mètres à mesure que l'on descend à de plus grandes profondeurs.

*Percussion.* Lorsqu'on frappe une tige de fer avec un marteau, il se produit assez de calorique pour qu'en touchant un morceau de phosphore avec l'extrémité de cette tige, il prenne feu.

Le briquet pneumatique est fondé sur la propriété que possède l'air comprimé vivement, de dégager assez de chaleur pour enflammer l'amadou.

*Frottement.* Tout le monde sait qu'en se frottant, les mains l'une contre l'autre, il y a production de chaleur.

Le choc de l'acier contre un corps dur (la pierre à fusil) dégage une quantité de calorique suffisante pour que la portion de fer détachée mette le feu à l'amadou sur lequel elle tombe.

*Changement d'état des corps.* Nous avons vu page 30,

que lorsqu'un corps liquide ou gazeux passe, le premier à l'état solide, le second à l'état liquide, on observe un dégagement de chaleur.

*Électricité.* En mettant en communication les deux pôles de la pile voltaïque, il y a production de calorique due à la combinaison des deux électricités.

*Combinaisons chimiques.* On a souvent l'occasion de constater une grande élévation de température lorsqu'on combine certains corps. Nous en parlerons quand nous nous occuperons des phénomènes chimiques.

### Sources de froid.

*Rayonnement des corps.* Tout corps dont la température est supérieure à celle des objets qui l'environnent, leur envoie des rayons calorifiques jusqu'à ce que l'équilibre soit établi, c'est-à-dire jusqu'à ce qu'il reçoive autant de chaleur qu'il en émet.

Nous avons un exemple de production de froid dans le rayonnement de la terre. Lorsqu'elle a été échauffée pendant le jour par les rayons du soleil, après la disparition de cet astre de dessus notre horizon, on observe que la température de la terre s'abaisse, tandis que celle de l'air reste sensiblement la même. On démontre par des expériences incontestables que cet abaissement est dû au rayonnement de cette planète.

C'est à la suite du refroidissement des plantes, par l'effet de ce rayonnement, que se produit la rosée.

*Changement d'état des corps.* Nous avons prouvé pag. 29 et 34, que dans le passage d'un corps solide à l'état liquide, ou dans celui d'un corps liquide à l'état aériforme, il y avait production de froid.

*Dilatation des corps.* Nous savons par ce qui précède

que toutes les fois qu'un corps est comprimé, il en résulte de la chaleur ; réciproquement un corps dilaté doit produire du froid.

Ce dernier phénomène est surtout très sensible dans les gaz.

Pour le démontrer on condense de l'air dans une fontaine à compression, on présente une boule de verre mince et creuse près d'une petite ouverture pratiquée à la fontaine, et on ouvre un robinet qui établit la communication entre l'air comprimé et l'air extérieur; la boule se couvre d'une légère couche de glace due à la congélation de la vapeur d'eau contenue dans l'air condensé.

# ÉLÉMENS DE CHIMIE.

## NOTIONS PRÉLIMINAIRES.

Là *chimie* est une science qui a pour but l'étude de toutes les propriétés de chaque corps pris en particulier.

Nous distinguons trois espèces de *propriétés*, qui sont les propriétés *physiques*, *chimiques* et *organoleptiques*.

### PROPRIÉTÉS PHYSIQUES.

Ces propriétés se manifestent, tantôt au contact apparent des corps; tantôt à des distances plus ou moins grandes.

Comme *exemple* du contact apparent, je citerai l'or qui s'étend en lames sous le marteau.

Nous avons un *exemple* de l'attraction à distance dans celle qu'exerce un corps électrisé sur des substances légères.

En étudiant les corps je m'occuperai d'une manière toute particulière des principales propriétés physiques, qui sont :

La *solidité*, la *liquidité*, la *gazéité*, la *densité*, l'*électricité*, le *magnétisme*, la *couleur*, et la *réfrangibilité*.

### PROPRIÉTÉS CHIMIQUES.

Les propriétés chimiques ne s'exercent jamais qu'au

4

contact apparent, comme le démontre l'expérience suivante.

Dans une éprouvette à pied, étroite, on introduit, à l'aide d'une pipette dont l'une des extrémités est effilée, de l'alcoól contenant quelques gouttes de vinaigre. Après avoir lavé cette pipette, on l'emplit d'une dissolution de sel marin colorée en bleu par du tournesol, qui est susceptible de devenir *rouge* par son contact avec les acides ; puis on porte cette dissolution au fond de l'éprouvette.

L'endroit où les deux liqueurs se touchent, présente une petite tranche *rouge*, due à l'action du vinaigre sur le tournesol. Au-dessous de cette tranche la liqueur est bleue, et au-dessus elle est incolore. L'action chimique n'a donc eu lieu qu'au *contact apparent* des deux liquides ; en les agitant, toutes les parties se touchant, la couleur devient uniforme dans toute la masse.

Si l'on met un morceau de sucre dans un verre d'eau, on le voit bientôt disparaître ; on dit alors qu'il est *dissous*. Par l'agitation on obtient une liqueur transparente et homogène dans laquelle il est impossible de distinguer, même avec le meilleur microscope, les particules du sucre d'avec celles de l'eau.

Lorsqu'on verse sur un fragment de chaux vive très peu d'eau, elle est absorbée avec rapidité ; il en résulte un grand dégagement de chaleur, suivi d'une apparition de vapeur aqueuse, et il reste un composé solide de chaux et d'eau.

Ces exemples montrent combien les propriétés *chimiques* diffèrent des propriétés *physiques*.

## PROPRIÉTÉS ORGANOLEPTIQUES.

M. Chevreul a donné le nom d'*organoleptiques* aux propriétés qu'on observe en mettant des corps en contact immédiat avec certains organes tant intérieurs qu'extérieurs. Ainsi les substances qui agissent sur la *peau*, sur l'*odorat*, sur le *goût*, manifestent des propriétés organoleptiques.

La raison que ce savant donne pour établir ce nouveau groupe de propriétés est l'ignorance où nous sommes la plupart du temps sur la nature de l'action que les corps exercent sur ces organes. Par *exemple*, si nous plaçons la main sur du *marbre*, il n'y a que l'organe du toucher qui soit affecté, et l'action est toute physique ; mais si nous la plongeons dans une forte *lessive de cendres*, nous éprouvons d'abord une sensation physique, qui est suivie d'une autre sensation toute particulière dont la nature nous est inconnue.

Lorsqu'on met un peu de vinaigre sur sa langue, on ressent une impression bien différente de celle que produit l'eau.

On conçoit d'après cela la nécessité d'établir une distinction entre des propriétés si dissemblables, qui avaient été confondues les unes avec les autres jusqu'à la publication des ouvrages de M. Chevreul.

DE LA NATURE DES CORPS.

Les corps sont *simples* ou *composés*.

1° *Corps simples.* Un corps *simple* est celui dont on n'a pu séparer plusieurs sortes de matières, en le soumettant à tous les agens qu'on possède.

Ainsi, l'or est un corps *simple* ou un *élément*, parce qu'il nous est impossible, avec tous les moyens qui sont à notre disposition, d'en extraire aucune autre matière qui en diffère.

2° *Corps composés.* On appelle corps *composé* celui

qu'on réduit en des substances douées chacune de propriétés différentes.

Les expériences suivantes feront comprendre cette définition.

1re EXPÉRIENCE. On introduit dans une petite cornue de verre une substance incolore connue dans les arts sous le nom de céruse; au col de la cornue on adapte, au moyen d'un bouchon troué, un tube propre à recueillir les gaz ; on fait rendre son extrémité libre sous une éprouvette pleine d'eau, et l'on chauffe peu à peu la cornue à feu nu. On recueille d'abord de l'air, puis un gaz nommé *acide carbonique*. Il reste dans la retorte une matière solide, qui est du *protoxide de plomb*.

Nous avons réduit par la chaleur la céruse en deux corps, l'un gazeux, éteignant une allumette enflammée qu'on y plonge, l'autre solide, d'un jaune pâle, dont les propriétés diffèrent beaucoup de celles du gaz.

Si on eût opéré convenablement, en ajoutant le poids du gaz à celui du protoxide de plomb, la somme eût été égale au poids du composé primitivement pesé.

2e EXPÉRIENCE. Si on adapte des fils de cuivre aux pôles d'une pile, pl. II, fig. 28 ; et qu'on les mette en communication avec des fils de platine mastiqués et isolés au fond d'un vase de verre V, contenant de l'eau légèrement acidulée, on voit ces derniers fils se couvrir d'une multitude de petites bulles de gaz, qu'on recueille dans des cloches de verre O et H. Le volume du gaz de la première est la moitié de celui de la seconde. L'un fait brûler avec flamme une allumette présentant quelques points en ignition, tandis que l'autre l'éteint; propriétés qui sont tout-à-fait opposées.

Dans la première expérience, la force expansive du calorique a surmonté l'affinité du gaz carbonique pour l'oxide

de plomb : dans la seconde, le fluide électrique a vaincu
celle de l'oxigène pour l'hydrogène.

On a donné le nom d'*analyses chimiques* aux opérations
par lesquelles nous avons décomposé la céruse et l'eau.
L'*analyse* est donc l'art de décomposer les corps.

On appelle *synthèse* l'opération inverse, qui a pour but
de les recomposer.

DE LA COMBINAISON.

Il y a *combinaison* entre des corps toutes les fois qu'ils
agissent les uns sur les autres, de manière à former un
composé dont les parties les plus ténues renferment une certaine quantité de chacun d'eux.

Ce phénomène est presque toujours accompagné d'une
variation de température, d'un dégagement de lumière,
d'un changement dans l'état d'aggrégation des parties,
dans la couleur, la saveur, l'odeur, et dans les autres propriétés physiques des corps qui se combinent.

1$^{re}$ EXPÉRIENCE. On laisse tomber dans un flacon plein
de chlore de l'antimoine en poudre fine ; on aperçoit aussitôt
une multitude d'étincelles lumineuses, qui sont suivies
d'un nuage épais ; on trouve dans le flacon un composé
incolore ou légèrement jaunâtre, dont les plus petites parties contiennent du chlore et de l'antimoine.

Ce résultat offre les caractères d'une combinaison. En
effet, il y a dégagement de chaleur et de lumière. Avant
l'expérience le chlore était gazeux, jaune verdâtre, d'une
odeur particulière, excitant fortement la toux ; l'antimoine
était un corps solide, d'un blanc gris très brillant. Le composé de chlore et d'antimoine est solide, incolore ou peu
coloré, inodore.

2$^{e}$ EXPÉRIENCE. On dissout du sel marin dans de l'eau
distillée.

L'eau distillée, qui n'a pas de saveur, acquiert celle du sel, qui passe de l'état solide à l'état liquide. La liqueur est transparente, et les plus petites gouttes contiennent du sel marin.

## DU MÉLANGE.

Lorsque des substances mises les unes avec les autres ne font que se mélanger, il n'y a ni changement de température, ni dégagement de lumière, ni disparition ou modification de leurs propriétés chimiques; enfin, elles ne forment pas généralement un tout homogène.

### EXEMPLE : *l'huile et l'eau.*

Il arrive quelquefois que des matières étant très divisées, présentent à l'œil un mélange homogène. On peut, dans certains cas, les séparer les unes des autres par des moyens mécaniques, par le fluide magnétique, ou par l'électricité.

Si l'on avait un mélange de sciure de bois et de limaille de cuivre en poudre fine, on le mettrait dans l'eau, à la surface de laquelle le bois flotterait, tandis que le cuivre se précipiterait au fond du vase où l'on opèrerait.

En remplaçant dans l'expérience précédente la sciure de bois par de la limaille de fer, on sépare facilement les deux métaux en roulant dans leur mélange un barreau aimanté, qui s'empare du fer et laisse le cuivre.

Je ferai remarquer qu'il y a des substances qui sont telles, qu'on ignore si les corps qui les constituent sont mélangés ou combinés.

### DISTINCTION DES ATOMES.

Pour distinguer les atomes des différens corps qui s'unissent, des atomes auxquels ils donnent naissance par leur union, nous nommerons les premiers *atomes constituans*, et les derniers, *atomes intégrans ou particules*.

Il résulte de ces dénominations que les atomes constituans sont de nature différente, tandis que les atomes intégrans sont tous de même nature.

L'eau étant composée d'oxigène et d'hydrogène, les atomes constituans sont ceux de l'oxigène et ceux de l'hydrogène. Chaque atome intégrant est formé d'un atome d'oxigène uni à deux atomes d'hydrogène.

### DE LA COHÉSION.

Nous avons vu que la cohésion était la force qui unissait les atomes de même nature; qu'elle était nulle dans les gaz, très petite dans les liquides, et plus ou moins grande dans les solides. Il est facile de concevoir que son intensité pourrait être mesurée par l'effort qu'il faudrait faire pour séparer les particules des corps.

La cohésion est susceptible d'être détruite ou modifiée de différentes manières.

1° *Par des moyens mécaniques.*

En limant ou en pulvérisant un corps, on en détruit la cohésion.

2° *Par le calorique.*

Lorsqu'on chauffe de la glace, elle fond d'abord; et si la chaleur est assez grande, l'eau se vaporise.

Dans cet exemple, la cohésion est diminuée considérablement par le passage de la glace, à l'état liquide; puis elle est détruite lorsque l'eau est à l'état de vapeur.

### CRISTALLISATION DES CORPS.

Certains corps, en passant de l'état liquide ou gazeux à l'état solide, prennent une forme géométrique à laquelle

on donne le nom de *cristal*. Si le passage est rapide, les
molécules n'ayant pas le temps de s'arranger convenablement, le cristal est peu régulier; quelquefois même
les corps affectent une forme tout-à-fait irrégulière.
Lorsque cette dernière provient d'un corps solide séparé
brusquement d'un liquide qui le tenait dissous, ce corps
prend le nom de *précipité*, parce qu'il se précipite ordinairement sous une apparence pulvérulente ou floconneuse.

Il y a plusieurs procédés pour faire cristalliser les
corps, mais tous reviennent à l'emploi de la voie sèche ou
humide.

Cristallisation par la voie sèche.

1° On chauffe le corps de manière à le fondre, on le
laisse refroidir lentement en ayant soin de ne pas l'agiter;
il se forme à la surface du liquide une croûte que l'on
perce, on décante les parties intérieures, on achève de
briser la croûte sous laquelle on trouve une multitude
de cristaux qui tapissent les parois du vase où l'on opère.

S'agit-il, par *exemple*, de faire cristalliser du soufre, on
en introduit dans un creuset de Hesse muni d'un couvercle qu'on lute, etc. On obtient des aiguilles qui ont la
forme d'un octaèdre à base rhomboïdale.

C'est par un moyen semblable que l'on fait cristalliser le
bismuth; seulement après l'avoir fondu il faut le verser
dans un têt à rôtir préalablement chauffé; on a ainsi des
cubes qui se disposent en forme d'escalier, et qui présentent les couleurs du spectre solaire.

2° Le corps est réduit en vapeur que l'on condense
lentement.

On place de l'indigo dans un creuset dont on lute le
couvercle de telle sorte qu'il ne reste qu'une très petite
ouverture; on porte la température du fond de ce vase
au-dessous de la chaleur rouge, et au bout d'une demi-

heure environ on le retire du feu ; on le laisse refroidir,
et on trouve sur la partie inférieure du couvercle ainsi
que sur les parois supérieures du creuset, de belles aiguilles
cuivrées douées de l'éclat métallique qui sont l'*indigo-
tine*.

Cristallisation par la voie humide.

Le corps est dissous à l'aide de la chaleur dans un certain liquide, d'où il se dépose soit par un refroidissement
lent, soit par une évaporation spontanée.

EXEMPLES.

L'alun dissous dans son poids d'eau bouillante, donne
de beaux octaèdres par le refroidissement.

On sature de l'alcool bouillant avec du chlorure de strontium, on introduit la dissolution dans un flacon que l'on
bouche, et on obtient de longs prismes hexaèdres.

Si l'on dissout jusqu'à saturation du soufre dans de
l'huile de lin à 120°, il se dépose par le refroidissement
des octaèdres alongés.

Un mélange de 10 parties d'eau et de 3 parties de sel
marin porté à l'ébullition, donne des cubes par une évaporation spontanée.

Dans les trois premiers exemples, les corps cristallisent
parce qu'ils sont plus solubles à chaud qu'à froid : dans le
quatrième il se forme des cristaux, par la raison que l'eau
s'évaporant, il arrive un instant où elle n'est plus en
quantité suffisante pour dissoudre le sel.

Il y a des substances qui, en cristallisant au milieu de
l'eau, se combinent avec elle en proportions déterminées ;
cette eau a reçu le nom d'*eau de cristallisation*. D'autres,
au contraire, ne renferment que de l'eau mécaniquement
interposée.

L'alun est dans le premier cas, et le sel marin dans le
second.

## DE L'AFFINITÉ.

La force qui unit les atomes de nature différente, a été appelée *affinité*. Parmi les nombreuses modifications dont cette force est susceptible, nous ne nous occuperons que des principales.

1° *L'affinité n'a jamais la même intensité dans les divers corps entre lesquels elle s'exerce.*

EXPÉRIENCE. On introduit un mélange à parties égales de cinabre (combinaison de soufre et de mercure) et de limaille de fer dans une cornue de verre à laquelle on adapte un ballon tubulé, puis on la chauffe graduellement; le mercure se condense sur les parois du ballon, et il reste dans la cornue le fer combiné avec le soufre.

Nous concluons de cette expérience que le fer a plus d'affinité pour le soufre que n'en a le mercure dans les circonstances où nous avons opéré. Cette affinité a été nommée *élective*, parce que les corps semblent choisir ceux avec lesquels ils ont le plus de tendance à s'unir.

2° *La quantité d'un corps peut quelquefois suppléer au peu d'énergie de son affinité.*

Un corps A a pour un corps B moins d'affinité qu'un troisième corps C ; mais la quantité du premier corps étant plus grande que celle du corps C, A se combine avec B.

EXEMPLE. L'acide carbonique a plus d'affinité pour la potasse que n'en a l'acide hydrosulfurique ; cependant si l'on fait passer un courant abondant de ce dernier gaz dans de l'eau, contenant en dissolution une combinaison d'acide carbonique et de potasse, celui-ci est expulsé par l'acide hydrosulfurique, qui prend sa place.

3° *La quantité relative des corps qui entrent en combinaison a beaucoup d'influence sur l'affinité.*

Lorsque deux corps s'unissent en plusieurs proportions, on remarque généralement que l'un tient d'autant plus à l'autre, que celui-ci est en plus grande quantité par rapport à celui-là.

EXEMPLE. Dans l'eau il y a deux volumes d'hydrogène pour un volume d'oxigène. Dans le deutoxide d'hydrogène il entre deux volumes d'hydrogène unis à deux volumes d'oxigène. Il suffit de chauffer ce dernier liquide jusqu'à 100° pour le réduire en eau et en oxigène, tandis que le premier bout, à cette température sans se décomposer.

4° *Lorsqu'un corps fait partie d'une combinaison, il agit moins sur un autre corps que s'il était libre.*

Dans le bi-sulfate de potasse, combinaison où il entre deux fois plus d'acide sulfurique que dans le sulfate neutre de potasse, cet acide rougit la teinture de tournesol moins qu'il ne le ferait s'il était libre.

5° *La cohésion qui existe entre les atomes respectifs des corps est un obstacle à leur combinaison.*

C'est ce qu'il est facile de concevoir : car, pour que des corps se combinent, il faut que la cohésion qui existe entre leurs atomes respectifs soit moins grande que leur affinité. Or, l'intensité de cette dernière force décroissant d'une manière prodigieuse pour une distance excessivement petite entre les corps; il en résulte que deux solides, par *exemple*, sont dans des conditions peu favorables pour entrer en combinaison. En effet, d'une part, leur cohésion respective est grande, de l'autre leur affinité doit être petite, parce que leur état ne permet pas de les mettre dans un contact aussi parfait que s'ils étaient liquides.

C'est par ces deux raisons qu'en mettant du fer et du soufre dans un creuset, ils ne se combineront jamais à la température ordinaire; mais si on les chauffe jusqu'à la fusion, la combinaison aura lieu, parce qu'à l'état liquide leur cohésion respective est très petite. En outre leur contact étant plus immédiat, leur affinité doit être plus grande.

Il y a cependant des corps solides qui se combinent sans qu'il soit nécessaire de les liquéfier. Tels sont une partie de *sel marin* et deux parties de *neige*, qui, étant mélangées, donnent lieu à de l'eau salée.

D'après ce qui a été dit dans 4°, on peut facilement se rendre compte du motif pour lequel un liquide ne dissout qu'une certaine quantité d'un solide.

Si l'on met de la limaille de fer dans l'eau, elle ne s'y dissout pas, parce que sa cohésion est plus grande que l'affinité de ce liquide pour ce métal.

6° *Le calorique a beaucoup d'influence sur l'affinité.*

Nous venons de voir comment le calorique favorise la combinaison des corps solides. Quant aux liquides, il doit peu contribuer à les faire se combiner.

Les substances gazeuses étant très dilatées par la chaleur, l'affinité de leurs molécules constituantes doit diminuer, puisque leurs distances augmentent.

C'est en effet ce qui arrive au *protoxide de chlore* (combinaison d'oxigène et de chlore), dont les élémens se séparent par la chaleur seule de la main.

Il existe des matières gazeuses qui ne se combinent pas à la température ordinaire ; mais vient-on à présenter à leur mélange une bougie allumée, il y a combinaison instantanée. Pour expliquer ce phénomène, on a recours au fluide électrique : on conçoit que les gaz sont constitués par le calorique dans des états opposés d'électricité.

Ce qui rend probable cette manière de voir, c'est qu'une étincelle électrique qui traverse le mélange des gaz, produit le même effet que la bougie allumée.

EXEMPLE. Un mélange de 1 d'oxigène et 2 d'hydrogène détone à l'approche d'une bougie allumée, ou par le passage d'une étincelle électrique.

7° *L'état électrique des corps exerce la plus grande influence sur l'affinité.*

Nous savons que deux corps qui possèdent la même électricité se repoussent, et que dans le cas contraire ils s'attirent. Il s'ensuit que leur combinaison sera favorisée toutes les fois qu'on les mettra dans des états opposés d'électricité.

8° *La densité modifie l'affinité.*

L'affinité n'est modifiée par la densité qu'autant que cette propriété est différente dans les corps que l'on veut unir. Dans cette hypothèse les corps les plus lourds gagnant le fond du vase où l'on agit, et les plus légers restant à la surface, leur contact n'est pas intime.

EXEMPLE : *Eau et mercure.*

REMARQUE. Ce que nous venons de dire sur la densité ne s'applique qu'au cas où l'on mêle des liquides entre eux, ou des solides avec des liquides. Car les substances gazeuses se mélangeant indépendamment de leur densité, de manière à former un tout homogène au bout d'un certain temps, cette propriété ne modifie en rien leur affinité.

9° *L'affinité est modifiée par la pression.*

La compression tendant à rapprocher les molécules des corps n'a pas d'effet sensible sur l'affinité des solides ou des liquides entre eux, parce qu'ils sont très peu compressibles ; mais elle peut en avoir sur l'union de ces corps avec les gaz, et sur celle de ces derniers les uns avec les autres.

L'eau ne dissout sous la pression ordinaire de l'atmosphère qu'à peu près son volume de gaz acide carbonique; mais si l'on augmente convenablement la pression, ce li-quide pourra en dissoudre plusieurs fois son volume. Si la force comprimante est détruite, alors cet acide reprend son état de fluide aériforme en produisant un bouillonne-ment. C'est ce qui arrive lorsqu'on débouche une bouteille de vin de Champagne.

Il semblerait que la compression devrait favoriser beau-coup la combinaison des fluides aériformes entre eux ; mais l'exemple suivant prouve bien qu'elle ne suffit pas pour l'effectuer, et qu'elle ne doit avoir qu'une très petite in-fluence.

En comprimant lentement dans un briquet à air un mé-lange de deux volumes d'hydrogène et d'un volume d'oxi-gène, la combinaison n'a pas lieu même sous une pression de vingt atmosphères. Mais comprime-t-on vivement ce mélange, à l'instant elle s'effectue; ce qui prouve que c'est la chaleur dégagée par la compression, et non le rappro-chement des molécules, qui a opéré la combinaison.

On ne doit tenter cette dernière expérience que sur une petite quantité de gaz dans un briquet de verre fort épais.

10° *L'affinité est modifiée par plusieurs corps mêlés ensemble agissant les uns sur les autres.*

Si l'on met du zinc dans de l'eau, il n'y a aucun dégage-ment de gaz, parce que l'affinité du métal pour l'oxigène est moindre que celle de ce dernier pour l'hydrogène; mais si l'on ajoute de l'acide sulfurique, aussitôt il se dégage de l'hydrogène.

Voici comment on explique ce dégagement.

L'acide sulfurique ayant beaucoup d'affinité pour le zinc combiné avec l'oxigène, cette dernière s'ajoute à celle de ce métal pour ce gaz, et donne une affinité totale qui est plus grande que celle de l'hydrogène pour l'oxigène; par suite, l'hydrogène étant mis en liberté, se dégage.

Il me semble qu'on peut se rendre compte de ce phénomène d'une manière très simple.

L'acide sulfurique, par son contact avec le zinc, forme une paire de la pile voltaïque, dont le métal possède l'électricité positive, et l'acide la négative ; l'eau se trouvant soumise à un courant électrique est décomposée, son oxigène se porte au pôle positif, c'est-à-dire sur le zinc, avec lequel il se combine, et son hydrogène au pôle négatif, c'est-à-dire sur l'acide sulfurique, pour lequel il n'a aucune affinité : par suite il se dégage.

Il nous est impossible de pouvoir embrasser toutes les causes qui modifient l'affinité ; mais si l'on a bien compris ce que nous venons de dire sur cette force et sur la cohésion, on sera en état d'entendre presque tous les phénomènes chimiques.

## DE LA NOMENCLATURE CHIMIQUE.

### Nomenclature des corps simples.

Il existe aujourd'hui 54 corps simples, qu'on nomme :

| | |
|---|---|
| Oxigène. | Bore. |
| Fluor ou phtore. | Silicium. |
| Chlore. | Colombium. |
| Brôme. | Titane. |
| Iode. | Antimoine. |
| Azote. | Tellure. |
| Soufre. | Or. |
| Sélénium. | Hydrogène. |
| Phosphore. | Osmium. |
| Arsenic. | Iridium. |
| Molybdène. | Rhodium. |
| Vanadium. | Platine. |
| Chrôme. | Palladium. |
| Tungstène. | Mercure. |
| Carbone. | Argent. |

| | |
|---|---|
| Cuivre. | Zirconium. |
| Urane. | Thorium. |
| Bismuth. | Aluminium. |
| Etain. | Yttrium. |
| Plomb. | Glucinium. |
| Cérium. | Magnesium. |
| Cobalt. | Calcium. |
| Nickel. | Strontium. |
| Fer. | Barium. |
| Cadmium. | Lithium. |
| Zinc. | Sodium. |
| Manganèse. | Potassium. |

Dans ce tableau, chaque corps est électro-négatif, par rapport à celui qui le suit, et électro-positif, par rapport à celui qui le précède.

Les corps simples doivent avoir des noms insignifians, courts, qui se prêtent facilement à la formation d'autres mots propres à désigner les composés dont ces corps font partie.

On doit éviter de donner aux élémens des noms tirés d'une propriété caractéristique, parce que celle-ci ne le serait plus si l'on découvrait par la suite un nouveau corps qui la possédât.

Ainsi, le mot *plomb* est bien choisi, parce qu'il ne rappelle rien à l'esprit, sauf le métal auquel on l'applique ; mais le nom de *chlore* n'est pas conforme à l'esprit de la nomenclature, parce qu'il rappelle la couleur jaune-verdâtre du corps auquel on l'impose.

Parmi les cinquante-quatre corps simples que nous connaissons, il y en a douze qui, conduisant mal l'électricité et la chaleur, ont été appelés *non métalliques*, ou *métalloïdes*; par opposition aux autres nommés *métalliques* qui conduisent ces deux agens impondérables.

Les métalloïdes sont l'oxigène, l'hydrogène, l'azote, le

soufre, le phosphore, le chlore, le brôme, l'iode, le fluor, le carbone, le bore et le silicium.

Quelques chimistes divisent les corps simples en *comburans* et en *combustibles*. Les uns appellent *combustibles* ou *oxigénables* tous les corps simples, excepté l'oxigène, qui est le seul comburant. D'autres regardent comme comburans, non seulement l'oxigène, mais encore le chlore, le fluor, le brôme et l'iode.

Il est impossible, dans l'état actuel de la science, d'admettre ces divisions, par la raison que la plupart des corps peuvent être alternativement comburans et combustibles, c'est-à-dire électro-négatifs et électro-positifs. Cependant nous ferons remarquer que l'oxigène est toujours comburant, par rapport à tous les corps avec lesquels il se combine.

Ainsi, dans les combinaisons diverses que le chlore forme avec l'oxigène, il est toujours électro-positif, tandis qu'il est électro-négatif dans toutes celles qu'il produit avec les autres corps.

### Nomenclature des corps composés.

Les noms des corps composés doivent être tels qu'ils donnent une idée de la nature de ces corps, et qu'ils indiquent les principes qui en font partie. On place le premier le nom du corps le plus électro-négatif; et si parfois on s'écarte de cette règle, il faut l'attribuer à notre langue, qui se prête difficilement à la formation de mots complexes.

### Nomenclature des composés oxigénés binaires.

1.° *Oxacides binaires.* On appelle acide, tout corps qui ayant une saveur aigre, rougit la teinture de tournesol. Pour nommer un oxacide on énonce d'abord le nom collectif *acide*, puis celui du corps uni à l'oxigène, corps qu'on nomme *radical*. On termine le nom du radical en *ique* ou en *eux*, et on place la préposition *hypo* devant ce nom ainsi terminé, pour exprimer un composé renfermant moins d'oxigène que ceux qui ont la terminaison en *ique* ou en *eux*.

1.er Cas. Lorsque le radical, en se combinant avec l'oxigène, ne donne qu'un sel acide, il se termine en *ique*.

Exemple : *Acide borique.*

2.e Cas. Si le radical ne produit que deux acides, le plus oxigéné est terminé en *ique*, et le moins oxigéné en *eux*.

*Acide carbonique, acide carboneux.*

3.e Cas. S'il arrive que le radical forme trois acides, deux sont terminés, l'un en *ique* et l'autre en *eux*; quant au troisième, on le nomme en plaçant la préposition *hypo*, soit devant le premier, soit devant le second.

On dit acides *phosphorique, hypo-phosphorique, phosphoreux*, ou bien acides *phosphorique, phosphoreux, hypo-phosphoreux.*

4.e Cas. Le radical donnant naissance à quatre acides, par exemple le soufre, on les désigne comme il suit : *Acides sulfurique, hypo-sulfurique, sulfureux, hypo-sulfureux.*

2.° *Oxides binaires.* On nomme *oxides* les composés oxigénés binaires qui sont sans action sur la teinture de tournesol. Lorsque le radical ne forme qu'un seul oxide, on fait suivre ce mot du nom du corps qui s'unit à l'oxigène.

Exemple : *Oxide d'argent.*

Si le corps se combine en plusieurs proportions avec

l'oxigène, le mot oxide est précédé des mots *proto, deuto, trito, tetra,* qui indiquent des composés de plus en plus oxigénés. Le plus souvent on appelle *peroxide* l'oxide le plus oxigéné.

Quand les quantités d'oxigène sont entre elles comme les nombres, 1, 1½, 2, 3, 4, on se sert des expressions protoxide, sesqui-oxide, bi-oxide, tri-oxide, quadroxide.

### Nomenclature des composés binaires non oxigénés.

1° *Composés acides.* La nomenclature de ces corps est semblable à celle des oxacides; on fait suivre le mot *acide* d'un nom composé dans lequel le principe électro-négatif précède celui qui est électro-positif terminé en *ique.*

EXEMPLES : *Acide fluo-silicique.* —
*acide chloro-phosphorique.*

2° *Composés non acides.* On ajoute au principe électro-négatif la terminaison *ure* qui doit être suivie du nom du corps électro-positif.

*Chlorure de soufre, sulfure d'argent, iodure d'azote.*

Lorsque le principe électro-négatif est susceptible de s'unir en plusieurs proportions avec un même corps, on emploie pour nommer ces divers composés le moyen que nous avons donné pour les divers oxides d'un même radical.

EXEMPLES : *Proto-chlorure de fer, deuto-chlorure de fer, proto-chlorure de mercure, bi-chlorure de mercure.*

### Nomenclature des sels.

On appelle *sel* proprement dit, la combinaison d'un acide avec une base salifiable qui est l'ammoniaque, ou un oxide métallique.

Cette définition est trop restreinte aujourd'hui que l'on connaît des combinaisons qui jouissent des mêmes propriétés que les sels proprement dits, et dont la composition est tout-à-fait analogue. On doit l'étendre à des composés formés de deux corps, dont le premier jouant le rôle d'acide neutralise plus ou moins le second, et celui-ci le rôle de base salifiable, quoique ni l'un ni l'autre n'aient à l'état libre les mêmes caractères que nous offrent es acides et les bases salifiables.

Une combinaison ne recevra le nom de sel qu'autant que l'acide, ou la base salifiable, aura éprouvé une neutralisation plus ou moins complète. Ainsi l'eau est un oxide qui s'unit à l'acide sulfurique en proportions déterminées; mais on ne peut pas regarder ce composé comme un sel, parce que l'acide n'a pas éprouvé une neutralisation sensible.

Nous verrons par la suite qu'il y a des cas où on établit un rapprochement entre les sels et ces différens composés.

Les sels se divisent en *genres* et en *espèces*. Le genre tire son nom de l'acide, et l'espèce le tire de la base.

Pour nommer un sel, on a égard à la nature de l'acide, à la base salifiable, et aux proportions suivant lesquelles l'un et l'autre s'unissent.

Tout acide terminé en *ique* prend la terminaison *ate*, tandis que celui qui est terminé en *eux* se termine en *ite*; le nom de la base salifiable se place immédiatement après celui de l'acide ainsi modifié.

EXEMPLES : *Borate de soude. — Sulfite de potasse.*

Le premier exprime la combinaison de l'acide borique avec la soude, ou protoxide de sodium; le second celle de l'acide sulfureux avec la potasse, ou protoxide de potassium.

Un même acide pouvant se combiner en différentes quantités avec une même base, *et vice versâ*, il a fallu distinguer ces diverses combinaisons; à cet effet, on est part de la neutralité des sels.

Lorsqu'un acide s'unit à une base salifiable de telle manière que le composé qui en résulte n'a aucune action sensible sur les réactifs propres à déceler la présence des acides et des alcalis, il y a *neutralisation*, et le sel est dit *neutre;* dans ce cas, on énonce le genre du sel, puis le nom de la base

EXEMPLE : *Sulfate de potasse.*

Si la proportion d'acide est plus grande que celle qui constitue le sel neutre, on place devant le mot générique la préposition *sur;* ainsi on dit :

*Sur-phosphate de chaux.*

Le rapport entre la quantité de l'acide et celle de la base étant supposé égal à l'unité dans le sel neutre, lorsque les quantités d'acide qui s'unissent à une même base sont entre elles comme les nombres $1\frac{1}{2}$, 2, 3, 4, etc., on emploie les mots *sesqui, bi, tri, quadri,* etc., au lieu de *sur :*

*Bi-sulfate de potasse. — Sesqui-carbonate de soude.*

Quand il arrive que la proportion de la base excède celle que renferme le sel neutre, on met avant le mot générique la préposition *sous :*

*Sous-phosphate de chaux.*

Ce que nous venons de dire pour les diverses quantités d'un acide qui s'unissent à une même quantité de base, a été appliqué aux différentes quantités d'une base qui s'unissent à une même quantité d'acide.

EXEMPLE : *Quadro-sous-sulfate d'alumine;* ou *sulfate d'alumine quadro-basique.*

Certains sels sont susceptibles de se combiner deux

à deux, trois à trois, quatre à quatre, pour constituer des composés qu'on a nommés sels doubles, triples, quadruples.

EXEMPLE : *Alun de potasse*, ou combinaison du sulfate d'alumine avec le sulfate de potasse.

Dans ce sel, le sulfate d'alumine est électro-négatif, par rapport au sulfate de potasse.

## Des alliages.

Les combinaisons que les métaux forment entre eux ont reçu le nom d'*alliages*. Si le mercure en fait partie, on les nomme *amalgames* :

*Alliage d'or et de cuivre.* — *Amalgame de plomb et d'étain.*

Le premier indique une combinaison d'or avec du cuivre ; le second, une combinaison de mercure avec de l'étain et du plomb.

L'esprit de la nomenclature étant de ne donner des noms spéciaux qu'à des composés résultant de corps qui peuvent s'unir en proportions définies, on n'aurait pas dû nommer *alliages* les combinaisons des métaux entre eux, parce qu'elles ont lieu généralement en toutes proportions. Cependant, comme il y a des amalgames qui cristallisent, et dans lesquels les métaux se trouvent en proportions définies, il eût été convenable de leur assigner des noms particuliers, en ayant égard à la nature de l'électricité de leurs élémens, et aux proportions dans lesquelles ces derniers se combinent.

### EXCEPTIONS RELATIVES A LA NOMENCLATURE.

On dit *eau* au lieu de *protoxide d'hydrogène*.

On donne le nom d'*hydrates* aux combinaisons, en

proportions définies ; que l'eau forme avec les corps. Il y a quelques élémens qui contractent cette espèce de combinaison, que l'on rencontre principalement parmi les acides, les oxides métalliques et les sels.

Lorsque l'eau joue le rôle de corps électro-négatif, on place le premier le mot *hydrate,* que l'on fait suivre du nom du corps avec lequel ce liquide se combine :

*Hydrate de soude, hydrate de chaux.*

Si au contraire elle joue le rôle de corps électro-positif, on place l'adjectif *hydraté* après le nom du corps.

*Chlore hydraté, phosphore hydraté, acide sulfurique hydraté.*

Ammoniaque, au lieu d'*azoture d'hydrogène.*

Acides nitrique, nitreux, hypo-nitreux, au lieu d'acides *azotique, azoteux, hypo-azoteux.*

Cyanogène, au lieu d'*azoture de carbone.*

On nomme cyanures des composés qui correspondent aux chlorures.

Les combinaisons gazeuses de l'hydrogène avec le phosphore, l'arsenic et le carbone, étant neutres aux réactifs colorés, sont appelées

| HYDROGÈNE { | | Au lieu de | | } D'HYDROGÈNE. |
|---|---|---|---|---|
| | Protophosphoré. | | Protophosphure | |
| | Perphosphoré. | | Perphosphure | |
| | Arséniqué. | | Protoarséniure | |
| | Protocarboné. | | Protocarbure | |
| | Deuto ou bicarboné. | | Deutocarbure | |
| | Quadrocarboné. | | Quadrocarbure | |

On donne le nom d'*hydrures* à des composés solides ou liquides, dans lesquels l'hydrogène est électro-négatif, par rapport aux autres corps.

EXEMPLE : *Hydrure de potassium.*

Acides hydro-fluorique, hydro-chlorique, hydro-bro-

mique, hydriodique, hydro-sulfurique, hydro-sélénique,
hydro-tellurique, hydro-cyanique, au lieu de, acides
*fluo-hydrique, chloro-hydrique, bromo-hydrique, iodo-
hydrique, sulfo-hydrique*, etc.

Silice, alumine, zircone, glucine, yttria, lithine, magnésie, chaux, strontiane, baryte, soude, potasse, litharge ou
massicot, au lieu de

Oxides. . . . $\left\{\begin{array}{l}\text{de silicium ou acide silicique,}\\\text{d'aluminium .}\\\text{de zirconium,}\\\text{de glucinium ,}\\\text{d'yttrium,}\\\text{de lithium .}\\\text{de magnesium ,}\end{array}\right.$

Protoxides. . $\left\{\begin{array}{l}\text{de calcium ,}\\\text{de strontium ,}\\\text{de barium ,}\\\text{de sodium ,}\\\text{de potassium .}\\\text{de plomb.}\end{array}\right.$

Minium au lieu de *deutoxide de plomb.*

## NOMENCLATURE DES COMPOSÉS ORGANIQUES.

L'oxigène, l'hydrogène et le carbone, en se combinant,
donnent naissance à un grand nombre de composés ternaires. Ces trois élémens, joints à l'azote, produisent une
multitude de composés quaternaires. Les premiers se trouvant, pour la plupart, dans les végétaux, on a appelé
*chimie végétale* la partie de la chimie qui s'occupe principalement de ces combinaisons. Les seconds se rencontrant le plus souvent dans les animaux, on a nommé *chimie
animale* la partie où l'on traite de ces corps. Nous ferons
voir plus tard que ces dénominations ne peuvent plus être
adoptées.

Ces composés ternaires et quaternaires étant très nombreux, et renfermant toujours les mêmes élémens unis en

une infinité de proportions, il eût fallu une quantité prodigieuse de noms significatifs pour les dénommer. Les matières végétales et animales ont été divisées en trois espèces, qui sont les acides, les alcalis, et les corps neutres. On s'est modelé, pour les deux premières espèces, sur la nomenclature des composés inorganiques.

Les noms des acides et des alcalis sont tirés de ceux des plantes ou de ceux des animaux. Les premiers sont terminés en *ique*, les seconds en *ine*.

Exemples : *acide citrique, acide formique*, désignent les acides renfermés le premier dans le citron, et le second dans les fourmis.

*Quinine*, alcali du quinquina.

Quant aux substances neutres, elles n'ont pas de terminaisons particulières, et leurs noms sont arbitraires.

Exemples : *Sucre, gélatine, albumine.*

### LOIS SUIVANT LESQUELLES LES CORPS SE COMBINENT.

Il résulte d'un grand nombre d'analyses que les corps ne se combinent que dans un petit nombre de proportions, et qu'il existe des rapports simples entre les principes des composés. C'est surtout dans les combinaisons des gaz entre eux que ces rapports sont faciles à saisir, ainsi que le font voir les exemples suivans :

$\qquad\qquad\qquad\qquad\qquad\qquad\qquad$ Contraction.

$\frac{1}{2}^v$ oxigène + 1$^v$ hydrogène = 1$^v$ vapeur d'eau. . . . . . $\frac{1}{2}^v$

$\frac{1}{2}^v$ oxigène + 1$^v$ azote $\qquad$ = 1$^v$ protoxide d'azote. . . $\frac{1}{2}^v$

1$^v$ oxigène + 1$^v$ azote $\qquad$ = 2$^v$ deutoxide d'azote. . . o

$\frac{1}{2}^v$ azote + 1$^v \frac{1}{2}$ hydrog. = 1$^v$ gaz ammoniacal. . . . 1$^v$

Nous ne multiplierons pas davantage les exemples, et nous conclurons de ces résultats que, toutes les fois que les gaz s'unissent, ils donnent lieu à des composés dont les principes en volume sont des multiples les uns des au-

très ; et quand ces gaz éprouvent une contraction, elle est
en rapport simple avec le volume de l'un d'eux.

Si l'on pouvait obtenir tous les corps à l'état gazeux, et
les combiner sous cet état ; il est très probable qu'ils sui-
vraient la loi que nous venons d'énoncer.

Quant aux composés qui ne résultent pas de la combinaison des gaz entre eux, ils nous offrent aussi des rapports simples entre les divers poids d'un même corps, en
laissant constant le poids de l'un d'eux.

*Premier exemple.*

Carbone.      Oxigène.

$$76{,}438 + 100 = 176{,}438 \text{ oxide de carbone.}$$
$$id. \quad + 150 = 226{,}438 \text{ acide carboneux.}$$
$$id. \quad + 200 = 276{,}438 \text{ acide carbonique.}$$

*Deuxième exemple.*

Mercure.      Oxigène.

$$2531{,}646 + 100 = 2631{,}646 \text{ protoxide de mercure.}$$
$$id. \quad + 200 = 2731{,}646 \text{ deutoxide de mercure.}$$

*Troisième exemple.*

Antimoine.            Soufre.

$$1612{,}904 + 3 \times 201{,}165 = \text{protosulfure d'antimoine.}$$
$$id. \quad + 4 \times 201{,}165 = \text{deutosulfure d'antimoine.}$$
$$id. \quad + 5 \times 201{,}165 = \text{persulfure d'antimoine.}$$

*Quatrième exemple.*

Potasse.          Acide carbonique.

$$589{,}916 + 276{,}438 = \text{carbonate de potasse.}$$
$$id. \quad + 2 \times 276{,}438 = \text{bicarbonate de potasse.}$$

Dans le premier exemple, les quantités d'oxigène sont
entre elles comme les nombres 1, 1 $\frac{1}{2}$, 2 ; dans le second,
comme 1 est à 2 ; dans le troisième, les quantités de soufre
sont dans les rapports des nombres 3, 4, 5.

Nous nous bornerons à ces exemples, et nous tirerons de ce qui précède la conclusion suivante :

Lorsque des corps ont une affinité mutuelle un peu énergique, ils ne se combinent deux à deux qu'en un petit nombre de proportions, qui sont le produit par 1, $1\frac{1}{2}$, 2, 3, 4, etc. de la plus petite quantité de l'un des corps, la quantité de l'autre restant constante. Cette loi si simple a été appelée *loi des proportions multiples*.

Les composés dont les élémens sont soumis à cette loi ont été appelés définis, par opposition à ceux dont les élémens s'unissant en toutes proportions, ont reçu le nom de composés *indéfinis*.

DES ÉQUIVALENS CHIMIQUES.

Considérons deux séries de combinaisons binaires ayant les élémens électro-positifs communs, et différant par les élémens électro-négatifs.

*Première série.*

$$
442,652 \text{ chlore} \left\{ \begin{array}{ll}
1294,498 \text{ plomb} & = \text{chlorure de plomb.} \\
403,226 \text{ zinc} & = \text{chlorure de zinc.} \\
256,019 \text{ calcium} & = \text{chlorure de calcium.} \\
1351,607 \text{ argent} & = \text{chlorure d'argent.}
\end{array} \right.
$$

*Deuxième série.*

$$
100 \text{ oxigène...} \left\{ \begin{array}{ll}
1294,498 \text{ plomb} & = \text{protoxide de plomb.} \\
403,226 \text{ zinc} & = \text{protoxide de zinc.} \\
256,019 \text{ calcium} & = \text{protox. de calcium.} \\
1351,607 \text{ argent} & = \text{oxide d'argent.}
\end{array} \right.
$$

Ces deux séries montrent qu'une même quantité de métal exige 442,652 de chlore pour se transformer en chlorure, et 100 d'oxigène pour se transformer en oxide. Par conséquent, s'il s'agissait de convertir 845,878 de chlo rure de zinc en oxide, on emploierait 100 d'oxigène pour remplacer 442,652 de chlore: de même, pour convertir 503,226 d'oxide de zinc en chlorure, il serait nécessaire de remplacer 100 d'oxigène par 442,652 de chlore. Ainsi, 100 d'oxigène sont l'*équivalent* de 442,652 de chlore.

Ce que nous venons de faire pour les chlorures et pour les oxides, nous le ferions pour les sulfures, les iodures, etc. Nous trouverions 201,165 pour la quantité de soufre susceptible de remplacer 100 d'oxigène, et 1579,499 pour la quantité d'iode.

C'est à la relation qui existe entre ces nombres qu'on a donné le nom de *loi des équivalens*.

La plupart des chimistes comparent les équivalens des corps à celui de l'oxigène, supposé égal à 100: de plus, ils sont convenus de tirer l'équivalent d'un corps de la combinaison où il entre au premier degré d'oxigénation; en sorte que *l'équivalent, la proportion ou le nombre proportionnel d'un corps, est la quantité pondérable de ce corps, qui, par sa combinaison avec* 100 *d'oxigène, donne le premier degré d'oxigénation.*

Calcul des équivalens des corps simples.

Pour calculer l'équivalent d'un corps simple, il suffit de connaître le poids de ce corps et celui de l'oxigène, qui constituent le premier degré d'oxigénation.

Soit proposé de trouver l'équivalent de l'hydrogène.

On part de l'analyse de l'eau ou protoxide d'hydrogène; on a trouvé que

100 p. d'eau $= 88,91$ oxigène $+ 11,09$ hydrogène.

Le quatrième terme de la proportion suivante donnera ce que l'on cherche:

$$88,91 : 100 :: 11,09 : x = 12,47.$$

Calculons encore l'équivalent du plomb.

100 p. de protoxide de plomb = 92,83 plomb + 7,17 oxig.

On pose la proportion

$$7,17 : 100 :: 92,83 : y = 1294,7.$$

Ainsi, 1294,7 est l'équivalent cherché.

Ces deux exemples suffisent pour montrer comment on calcule l'équivalent d'un corps simple, susceptible de former avec l'oxigène un premier degré d'oxidation parfaitement connu.

Mais il y a des élémens dont les premiers degrés d'oxidation sont encore inconnus ou mal connus, et qui peuvent former des oxacides contenant plusieurs proportions d'oxigène. On a pris pour leur équivalent les poids de ces élémens, qui font partie d'une quantité d'acide capable de saturer une quantité d'oxide renfermant 100 p. d'oxigène.

Soit proposé de calculer l'équivalent du phosphore.

L'expérience a appris que 100 d'oxigène, en se combinant avec 1294,498 de plomb, saturaient 446,143 d'acide phosphorique, que l'on sait renfermer 250 d'oxigène et 196,143 de phosphore : ce dernier nombre est donc l'équivalent cherché.

Le calcul que nous venons de faire pour cet élément, nous le ferions pour le bore, le chlore, le brôme, l'iode, le silicium, l'antimoine, le tungstène, le colombium, le fluor, le chrôme, le sélénium, l'arsenic et le titane.

## TABLE des équivalens des corps simples, par ordre alphabétique.

| Noms. | Équivalens. | Noms. | Équivalens. |
|---|---|---|---|
| Aluminium.... | 171,166 | Manganèse..... | 345,887 |
| Antimoine..... | 1612,903 | Mercure....... | 2531,645 |
| Argent......... | 1351,603 | Molybdène..... | 598,520 |
| Arsenic........ | 470,942 | Nickel........ | 369,675 |
| Azote......... | 177,036 | Or........... | 2486,026 |
| Barium........ | 856,880 | Osmium....... | 1244,487 |
| Bismuth....... | 1330,377 | Oxigène....... | 100,000 |
| Bore.......... | 136,204 | Palladium..... | 665,899 |
| Brôme......... | 978,306 | Phosphore..... | 196,143 |
| Cadmium...... | 696,767 | Platine....... | 1233,499 |
| Calcium....... | 256,019 | Plomb........ | 1294,498 |
| Carbone....... | 76,438 | Potassium..... | 489,916 |
| Cérium........ | 574,696 | Rhodium...... | 1302,744 |
| Chlore........ | 442,651 | Sélénium...... | 494,583 |
| Chrôme....... | 351,815 | Silicium....... | 277,312 |
| Cobalt........ | 568,991 | Sodium....... | 290,897 |
| Colombium.... | 2307,430 | Soufre....... | 201,165 |
| Cuivre........ | 791,390 | Strontium..... | 547,285 |
| Etain......... | 735,294 | Tellure....... | 806,452 |
| Fer........... | 339,205 | Thorium...... | 844,900 |
| Fluor......... | 116,900 | Titane........ | 303,664 |
| Glucinium..... | 351,261 | Tungstène..... | 1183,000 |
| Hydrogène.... | 124,795 | Urane........ | 2711,358 |
| Iode.......... | 1579,499 | Vanadium..... | 855,840 |
| Iridium........ | 1233,499 | Yttrium....... | 402,514 |
| Lithium....... | 80,375 | Zinc......... | 403,226 |
| Magnésium.... | 158,352 | Zirconium.... | 420,201 |

Connaissant les équivalens des corps simples, il est facile de calculer ceux des corps composés, lorsqu'on sait le nombre de combinaisons que les premiers peuvent former et les lois de composition des derniers.

Ainsi, pour obtenir l'équivalent de l'acide *sulfurique*, il faut savoir qu'il est composé d'un équivalent de soufre égal à 201,165, et de trois équivalens d'oxigène égaux à 300, ce qui fait 501,165 pour l'équivalent de cet acide.

On aurait de même l'équivalent du *sulfate de potasse*, en ajoutant 5o1,165, équivalent de l'acide sulfurique, à 589,916, équivalent de la potasse, la somme serait 1091,081.

*L'équivalent d'un corps composé est égal à la somme des équivalens des corps simples qui le constituent.*

### THÉORIE ATOMIQUE.

Après avoir déterminé l'équivalent d'un corps, on a cherché à fixer le nombre d'atomes qu'il contenait, et, par suite, à calculer le poids d'un atome. Il est évident que, si l'on savait combien l'équivalent d'un composé renferme d'atomes de chacun des corps simples qui en font partie, en divisant chaque équivalent par le nombre d'atomes qu'il contient, on aurait le poids relatif d'un atome de chaque corps.

Par exemple, l'équivalent du protoxide de plomb étant composé d'un équivalent d'oxigène égal à 100, et d'un équivalent de plomb égal à 1294,498, si l'on suppose que ces deux principes soient unis atome à atome, les poids de ces atomes seront entre eux dans le rapport de ces deux nombres; et, si l'on représente par 100 le poids d'un atome d'oxigène, celui d'un atome de plomb sera 1294,498. Mais, si l'on admet que deux atomes de plomb soient unis à un atome d'oxigène, le poids d'un atome de métal sera $\dfrac{1294,498}{2}$.

D'où on voit que le poids de l'atome d'un corps est en raison inverse du nombre des atomes renfermés dans son équivalent.

Le problème se réduit donc à déterminer le nombre des atomes d'un corps; mais, comme ils échappent à tous nos moyens d'investigation, nous ne pouvons que nous livrer à des conjectures plus ou moins probables sur ce nombre.

Les gaz se dilatant également par la chaleur, et se comprimant d'une même quantité pour des pressions égales, n'est-il pas presque certain que tous les atomes sont situés à la même distance les uns des autres, et que, par suite, tous les gaz pris sous le même volume, à la même température, et sous la même pression, renferment le même nombre d'atomes?

Ce principe admis, l'eau étant composée de 1 v. d'oxigène et de 2 v. d'hydrogène, il y a deux fois plus d'atomes de celui-ci que de celui-là, en sorte que, si l'on suppose un atome d'oxigène, il y en aura deux d'hydrogène; or, le poids de l'atome d'oxigène étant représenté par 100, celui de l'hydrogène le sera par le poids de son équivalent divisé par deux, c'est-à-dire $\dfrac{12,4795}{2}$, ou par 6,2398.

On arrive au même résultat en partant des densités des gaz; car il est évident que les poids de leurs atomes sont proportionnels à leurs densités; on a donc :

1,1026 densité de l'oxigène : 0,0688 densité de l'hydrogène :: 100 poids de l'atome de l'oxigène : $y = 6,23$.

Cette dernière méthode, pour déterminer le poids de l'atome d'un corps simple, ne peut s'appliquer qu'à ceux dont on connaît la densité à l'état gazeux.

Dans le cas où un élément, dont on n'a pas déterminé la densité de la vapeur, fait partie d'une combinaison gazeuse, on peut, d'après des considérations particulières, trouver le poids de son atome. A cet effet, on s'appuie sur la loi que suivent les gaz en se combinant, et sur l'analogie plus ou moins directe qui existe entre cet élément et un autre corps simple, dont la densité est connue à l'état de gaz.

S'agit-il de trouver le poids atomique du soufre, on compare la composition du gaz hydrogène sulfuré à celle de la vapeur d'eau, parce que le soufre a la plus grande analogie avec l'oxigène, qu'en outre, dans 1 v. d'hydrogène sulfuré, il entre 1 v. d'hydrogène, comme dans 1 v. de vapeur d'eau. On suppose qu'il y a $\frac{1}{2}$ v. de vapeur de soufre correspondant à $\frac{1}{2}$ v. d'oxigène; on a donc :

1ᵛ vapeur d'eau $=$ 1ᵛ hydrogène $+$ $\frac{1}{2}$ᵛ oxigène.

1ᵛ hydrogène sulfuré $=$ 1ᵛ hydrogène $+$ $\frac{1}{2}$ᵛ vapeur de soufre.

Substituant à la place des volumes les densités, il vient dans cette dernière égalité :

$$1,1912 = 0,0688 + \tfrac{1}{2} \text{ densité de vapeur de soufre;}$$

d'où densité de vapeur de soufre égale 2,2448 ; par suite :

$$1,1026 : 2,2448 :: 100 : x.$$

Le quatrième terme de cette proposition sera le poids atomique du soufre.

Comme nous supposons les atomes indivisibles, nous ne pouvons admettre des fractions d'atomes ; aussi, toutes les fois qu'un nombre fractionnaire exprimera le volume d'un gaz, faisant partie d'une combinaison, pour passer aux atomes, nous supprimerons son dénominateur, et nous multiplierons par ce nombre les volumes des autres gaz constituant le composé. D'après cela, 1 v. de vapeur d'eau renfermant 1 v. d'hydrogène et $\frac{1}{2}$ v. d'oxigène, il en résulte qu'un atome d'eau contient deux atomes d'hydrogène et un atome d'oxigène.

Lorsque les corps simples ne sont pas à l'état de gaz, et qu'ils n'entrent dans aucune combinaison gazeuse, on trouve le poids de leurs atomes d'après des considérations d'un ordre trop élevé pour être exposées dans cet ouvrage.

*Remarque.* En réfléchissant à la manière dont on calcule l'équivalent d'un corps, et à celle dont on détermine son poids atomique, on voit évidemment que la première

repose sur des expériences, tandis que la seconde est soumise à une hypothèse.

### Des signes atomiques.

Les signes atomiques étant généralement employés pour
représenter les corps, nous allons les exposer avec détail.
Nous donnerons d'abord la table suivante :

*TABLE alphabétique des signes et des poids atomiques
des corps simples.*

| NOMS. | | POIDS ATOM. | NOMS. | | POIDS ATOM. |
|---|---|---|---|---|---|
| Aluminium.. | Al. | 342,532 | Manganèse... | Mn. | 345,887 |
| Antimoine... | At ou Sb. | 806,452 | Mercure.... | Hg. | 2531,646 |
| Argent...... | Ag. | 1551,603 | Molybdène... | Mo. | 598,520 |
| Arsenic..... | As, | 470,042 | Nickel...... | Ni. | 569,675 |
| Azote....... | Az. | 88,518 | Or......... | Au. | 2486,026 |
| Barium..... | Ba. | 856,880 | Osmium..... | Os. | 1244,487 |
| Bismuth..... | Bi. | 1330,377 | Oxigène..... | O. | 100.000 |
| Bore....... | B. | 156,204 | Palladium... | Pa. | 665,899 |
| Brôme...... | Br. | 486,153 | Phosphore... | P. | 196,143 |
| Cadmium.... | Cd. | 696,767 | Platine...... | Pt. | 1233,499 |
| Calcium..... | Ca. | 256,019 | Plomb...... | Pb. | 1294,498 |
| Carbone..... | C. | 76,438 | Potassium...Po ou K. | | 489,916 |
| Cérium..... | Ce. | 574,696 | Rhodium.... | R. | 651,387 |
| Chlore...... | Ch. | 221,326 | Sélénium.... | Se. | 494,583 |
| Chrôme..... | Cr. | 351,815 | Silicium..... | Si. | 377,312 |
| Cobalt...... | Co. | 368,991 | Sodium....So ou Na. | | 290,897 |
| Colombium.. | Col. | 1153,615 | Soufre...... | S. | 201,165 |
| Cuivre...... | Cu, | 79,139 | Strontium... | Sr. | 547,285 |
| Étain....... | Sn. | 755,294 | Tellure..... | Te. | 806,452 |
| Fer........ | Fe. | 339,205 | Thorium.... | Th. | [illegible],900 |
| Fluor....... | F. | 116,900 | Titane...... | Ti. | 305,662 |
| Glucinium... | Gl. | 331,261 | Tungstène...Tu ou W. | | 1183,000 |
| Hydrogène... | H. | 62,398 | Urane...... | U. | 2711,358 |
| Iode........ | I. | 789,750 | Vanadium... | V. | 855,840 |
| Iridium..... | Ir. | 1233,499 | Yttrium..... | Y. | 402,514 |
| Lithium..... | L. | 80,375 | Zinc........ | Zn. | 403,226 |
| Magnésium... | Mg. | 158,352 | Zirconium... | Zr. | 420,201 |

*Composés binaires oxigénés.*

On écrit le signe atomique du corps uni à l'oxigène, et

au-dessus autant de points qu'il y a d'atomes de celui-ci dans la combinaison.

Exemples : Acide carbonique $= \overset{..}{C}$.

Chaux $= \overset{-}{Ca}$.

Acide sulfurique $= \overset{...}{S}$.

Si le composé contient deux atomes du corps électro-positif, on écrit à la droite du signe et un peu au-dessus le nombre 2 , ou bien on répète deux fois le signe atomique.

Acide nitrique $= \overset{...}{Az^2} = \overset{...}{AzAz}$.

Eau $= \overset{.}{H^2} = \overset{.}{HH}$.

M. Berzélius a proposé de couper par un trait horizontal le signe du corps électro-positif, qui entre pour deux atomes dans une combinaison, en sorte qu'il écrit :

Acide nitrique $= \overset{...}{A\!z}$

Eau $= \overset{.}{H}$.

Dans le cas où il y a plus de deux atomes du corps uni à l'oxigène, on remplace le chiffre 2 des exemples précédens par un nombre exprimant celui des atomes :

Oxide de fer magnétique $= \overset{...}{Fe^3}$.

*Composés binaires non oxigénés.*

On écrit le signe du corps électro-négatif, que l'on fait suivre de celui du corps électro-positif, et, s'il se trouve dans la combinaison plusieurs atomes de chacun d'eux, on se conforme à la règle donnée pour les composés binaires oxigénés.

Exemples : Sulfure d'argent                    $= SAg.$
         Per-sulfure de cuivre             $= S^5Cu:$
         Acide hydrochlorique              $= ChH.$
         Proto-chlorure de phosphore $= Ch^3P.$

Le soufre étant analogue à l'oxigène, M. Berzélius le désigne par une virgule placée comme ci-dessous :

$$\text{Sulfure d'argent} \quad = \overset{\text{,}}{Ag.}$$

$$\text{Per-sulfure de cuivre} = \overset{\text{,,,}}{Cu.}$$

## Des sels.

On écrit d'abord le signe de l'acide, puis celui de la base :

$$\text{Nitrate de chaux} \quad = \overset{\cdots}{Az}\overset{\cdots}{Az}Ca.$$

$$\text{Bi-sulfate de potasse} = \overset{\cdots}{S^2}Po$$

Quant à la combinaison de deux sels entre eux, on l'indique comme il suit:

$$\text{Sulfate d'alumine et de potasse} = \overset{\cdots}{S^3}Al + \overset{\cdots}{S}\,\overset{\cdots}{Po}.$$

## Des hydrates.

Le signe du corps est suivi du nombre des atomes de l'eau, laquelle est désignée souvent par *aq.*

$$\text{Hydrate de chlore} \quad = Ch + 5\ aq.$$

$$\text{Acide nitrique hydraté} = \overset{\cdots}{Az}Az + aq.$$

$$\text{Hydrate de potasse} \quad = \overset{\cdot}{Po} + 2\ aq.$$

$$\text{Sulfate d'alum. et de potasse hydraté} = (\overset{\cdots}{S^3}Al + \overset{\cdots}{S}\,\overset{\cdots}{Po})\,4\ aq.$$

*Des substances organiques.*

Parmi les substances organiques, ce sont principalement les acides qu'on désigne par les signes atomiques des élémens qu'ils renferment; ainsi on écrit :

Acide tartrique $= O^5 C^4 H^5 = \overline{T}$.
Acide gallique $= O^3 C^6 H^6 = \overline{G}$.
Acide cyanique $= Az^2 C^2 O^2$.

ORDRE SUIVI DANS L'ÉTUDE DES CORPS.

Nous diviserons la chimie en six livres.

Dans le premier nous étudierons les métalloïdes, et leurs diverses combinaisons binaires.

Le second renfermera les métaux et les alliages.

Dans le troisième nous traiterons des composés que les métalloïdes forment avec les métaux.

Le quatrième contiendra les sels.

Dans le cinquième nous nous occuperons des verres, des poteries, des pierres précieuses artificielles, des mortiers et des mastics.

Le sixième sera consacré à des généralités sur la chimie organique.

L'étude d'un corps sera faite comme il suit :

On exposera :

1° La nomenclature du corps, comprenant l'étymologie et la synonymie.

2° Ses propriétés physiques.

3° Ses propriétés chimiques.

4° Ses propriétés organoleptiques.

5° L'état du corps dans la nature.

6° Sa préparation ou son extraction.

7° Sa composition. On donnera le rapport des élémens

en poids et en atomes, ainsi qu'en volumes quand ce sera possible.

8° Ses usages.

9° Son histoire.

ABRÉVIATIONS.

La densité d'un corps sera désignée par la lettre D que l'on fera suivre du signe =.

Son poids atomique sera indiqué par *p. a.*

Le poids d'un litre de gaz sec exprimé en grammes à la température zéro et sous la pression $0^m,76$, sera représenté par P. L.

D'après ces notations, la densité, et le poids atomique de l'hydrogène, ainsi que le poids d'un litre de ce gaz, seront :

$$D = 0,0688, \quad p.\ a = 6,2398, \quad P.\ L = 0^g,0894.$$

# LIVRE PREMIER.

## DES MÉTALLOÏDES ET DE LEURS DIVERSES COMBINAISONS BINAIRES.

### HYDROGÈNE.

*Nomenclature.* Il était connu autrefois sous le nom d'*air inflammable*. Les auteurs de la nouvelle nomenclature l'appelèrent *hydrogène* (générateur de l'eau).

*Propriétés physiques.* C'est un gaz incoloré, qui n'a pu être liquéfié ni solidifié par la compression et le refroidissement.

Lorsqu'on comprime avec la main, le plus fortement possible, l'hydrogène dans le briquet à air, sa température dépasse de beaucoup 205° d'après M. Thenard.

$$D = 0,0688.$$

Il est donc à peu près 14 fois plus léger que l'air; ce qui permet de le transvaser facilement. À cet effet on prend deux éprouvettes inégales en volume, et dont les orifices sont égaux; la plus grande est pleine d'air, et la plus petite d'hydrogène; on adapte les deux orifices l'un sur l'autre, de manière que les éprouvettes soient verticales, en ayant soin que celle qui contient l'hydrogène soit en bas et l'autre en haut. On trouve que le gaz de cette dernière s'enflamme à l'approche d'une bougie allumée, tandis que celui de la première fait brûler ce combustible comme dans l'air.

L'hydrogène éteint les corps en combustion; ce que l'on démontre en plongeant une bougie allumée dans une éprouvette remplie de ce gaz et dont l'ouverture est dirigée vers la terre.

 ÉLÉMENS

La couche d'hydrogène en contact avec l'air prend feu, mais en élevant la bougie elle s'éteint; si on la retire, elle se rallume dans la couche de gaz enflammée. On peut reproduire plusieurs fois cette alternative.

$$P.\ L = 0^g,0894.\ p:\ a = 6,2398.$$

Le pouvoir réfringent de l'air étant pris pour unité, celui de l'hydrogène est 0,47.

*Propriétés organoleptiques.* L'hydrogène pur est insipide et inodore, mais celui que l'on prépare ordinairement dans les laboratoires a une odeur fétide, analogue à celle de l'ail.

L'hydrogène est impropre à la respiration, quoique n'étant pas délétère. Respiré en assez grande quantité, il change le timbre de la voix.

*État naturel.* On ne l'a pas encore trouvé pur à l'état libre dans la nature; il fait partie d'un grand nombre de combinaisons.

*Préparation.* On met dans un flacon de verre à deux tubulures, pl. II, fig. 29, une partie de grenaille de zinc, et on le remplit aux deux tiers d'eau dans laquelle on verse sept parties d'acide sulfurique à 15° de l'aréomètre de Beaumé. L'une des tubulures porte un tube droit à entonnoir par lequel on verse l'acide. A l'autre tubulure on adapte un tube propre à recueillir les gaz, et dont l'extrémité libre plonge dans un vase contenant de l'eau, et va se rendre sous un têt troué dans son milieu; c'est au-dessus de ce trou qu'on dispose l'orifice de la cloche pleine d'eau dans laquelle on doit recevoir l'hydrogène. Ce gaz n'est recueilli que lorsqu'on en a laissé perdre à peu près une fois le volume du flacon.

L'hydrogène ainsi préparé contient des traces d'une matière huileuse qui le rend odorant, et quelquefois de l'hydrogène sulfuré. Pour le séparer de ces deux dernières substances il suffit de le faire passer à travers une solution de potasse caustique.

*Théorie de la préparation de l'hydrogène.* Elle a été donnée page 63.

*Formule atomique.*

$$\overset{..}{S} + \overset{..}{Zn} + HH = 2 H + \overset{..}{S} \overset{..}{Zn}.$$

*Usages.* On s'en sert pour remplir les ballons aérostatiques et pour déterminer la quantité d'oxigène contenue dans des mélanges gazeux. Mis en contact sous l'influence de l'air avec le platine en éponge, il constitue le briquet à gaz hydrogène.

*Histoire.* Il était à peine distingué des autres gaz au commencement du dix-septième siècle; ce ne fut qu'en 1782 que Cavendish l'étudia bien.

OXIGÈNE.

*Nomenclature.* Il a été nommé *air déphlogistiqué* par Priestley, *air vital* par Condorcet, *air du feu* par Schéèle, enfin *oxigène* par Lavoisier; ce dernier nom signifie : *j'engendre acide*, parce qu'à cette époque on pensait que tous les acides contenaient de l'oxigène.

*Propriétés physiques.* Il est gazeux, incolore; on ne l'a pas encore liquéfié ni solidifié. Comprimé fortement avec la main dans un briquet à air muni d'un piston de feutre, il ne devient pas lumineux, ainsi que l'a fait voir M. Thenard, mais il enflamme du papier et du bois.

$$D = 1,1026, \quad P. L = 1^g,4323; \quad p. a = 100.$$

Son pouvoir réfringent est 0,924, suivant M. Dulong.

*Propriétés chimiques.* Lorsqu'on abandonne à lui-même

un mélange de 2 v. d'hydrogène et de 1 v. d'oxigène à la température et sous la pression ordinaires, ces gaz ne se combinent pas ; mais si ce mélange est chauffé au rouge, il s'enflamme, il se produit une forte détonation et une chaleur très intense.

Cette expérience se fait dans un flacon d'un quart de litre, qu'on remplit d'eau, et dans lequel on fait passer d'abord les deux tiers de son volume d'hydrogène, et ensuite le tiers de son volume d'oxigène. On ferme le flacon, qu'on enveloppe d'une serviette, excepté l'orifice ; ensuite on le débouche, et on présente à celui-ci une bougie allumée.

Si l'on introduit dans l'eudiomètre de Volta 2 v. d'hydrogène et 1 v. d'oxigène, puis qu'on excite l'étincelle électrique à travers le mélange, il y a inflammation, et une violente secousse si cet instrument est ouvert ; dans le cas contraire, on entend un petit bruit semblable à celui d'un coup que l'on donnerait au tube en verre de l'eudiomètre.

Nous avons vu page 62, qu'en comprimant vivement et fortement un pareil mélange, il y a détonation à cause de la chaleur dégagée par la compression.

Dans les trois expériences dont nous venons de parler, il se forme de l'eau.

Phénomènes qui accompagnent la combustion de l'hydrogène.

1° *Dégagement de calorique.*

D'après des expériences de M. Despretz, une partie d'hydrogène en poids par sa combinaison avec l'oxigène, fond 515,2 parties de glace à zéro, résultat qui montre combien la chaleur est grande.

### 2° *Dégagement de lumière.*

Si nous comparons la flamme que donne l'hydrogène avec celle d'une bougie qui brûle dans l'air, nous trouvons que celle-ci est brillante par rapport à celle-là; cependant la chaleur dégagée par la combustion de l'hydrogène est très intense; mais si nous mettons une matière solide, *par exemple* de l'amiante, dans la flamme de ce fluide élastique, à l'instant elle devient éclatante. C'est donc à la présence d'un corps solide qu'est dû l'éclat d'une flamme.

### 3° *Développement d'électricité.*

M. Pouillet a reconnu que la flamme de l'hydrogène possède l'électricité négative, tandis que la vapeur d'eau possède la positive.

### 4° *Détonation.*

On entend une détonation violente, lorsqu'on opère l'inflammation de l'hydrogène dans un flacon. Les parties du mélange qui ont pris feu, enflamment celles qui les touchent, et l'inflammation se propage avec une telle rapidité, qu'elle paraît instantanée. L'air étant violemment choqué, est mis en vibration par la production de la vapeur d'eau qui occupe un très grand espace à raison de sa haute température.

S'il n'y a pas de détonation sensible dans l'eudiomètre, c'est parce que ses parois sont assez résistantes pour ne pas permettre aux vibrations de se propager dans l'air.

Lorsqu'on mélange 1 v. d'hydrogène avec 10 v. d'oxigène, où 11 v. du premier avec 1 v. du second, l'étincelle électrique ne peut produire l'inflammation totale du mélange; mais les parties situées sur son passage sont enflammées. Il est probable que le gaz excédant la proportion qui est susceptible de brûler, empêche celle-ci de s'échauffer assez pour prendre feu.

*Propriétés organaleptiques.* L'oxigène est sans odeur, sans saveur; il est seul capable d'entretenir la respiration. Pour montrer quel rôle il joue dans l'économie animale, il suffit de faire passer un courant d'oxigène à travers du sang veineux; celui-ci, qui était d'abord d'un brun foncé, devient d'un beau rouge vermeil en se combinant avec ce gaz. C'est un phénomène semblable qui a lieu dans l'acte de la respiration; il se fait au sein des poumons une combustion par laquelle la chaleur animale est en partie entretenue.

*État naturel.* On le trouve en dissolution dans les eaux qui coulent à la surface de la terre; il fait partie d'un grand nombre de matières inorganiques, et c'est un des élémens des plantes et des animaux. Il entre pour à peu près $\frac{1}{5}$ en volume dans la composition de l'air atmosphérique.

*Préparation :* 1$^{er}$ PROCÉDÉ. On remplit aux trois quarts une cornue de grès de peroxide de manganèse pulvérisé, pl. II, fig. 3o; à son col on adapte un tube propre à recueillir les gaz, que l'on fait plonger dans une cuve hydropneumatique contenant de l'eau, et on engage l'extrémité libre du tube sous une cloche pleine de ce liquide. Cette cornue est placée dans un fourneau à réverbère, et portée peu à peu jusqu'au rouge; on laisse perdre un volume de gaz au moins égal à celui de la cornue, et on recueille le reste. Lorsque, la retorte étant portée à cette température, il ne se dégage plus d'oxigène, l'expérience est terminée.

L'oxigène ainsi obtenu est rarement pur; il renferme souvent de l'acide carbonique qu'on absorbe en faisant passer un fragment de chaux dans chaque vase, où on a soin de laisser un peu d'eau. Quelle que soit la température à laquelle on élève la cornue, le peroxide de manganèse n'est jamais ramené entièrement à l'état de protoxide : on trouve dans la retorte une combinaison de ces deux oxides en proportions définies.

*Formule atomique.*

$$3\,Mn = 2\,Mn + Mn + 2O$$

Cette formule montre qu'on n'obtient que le tiers de l'oxigène contenu dans le peroxide de manganèse.

*Théorie.* Le calorique ayant la propriété de dilater les corps, il arrive un instant où sa force expansive est plus grande que l'affinité des molécules de manganèse pour celles de l'oxigène; alors ce dernier se dégage à l'état gazeux; et si tout le peroxide n'est pas ramené à l'état de protoxide, c'est que celui-ci se combine avec le peroxide qui le touche, et en empêche la décomposition.

2° Procédé. On introduit dans un ballon de verre cinq parties de peroxide de manganèse pulvérisé, trois parties d'acide sulfurique concentré, et trois parties d'eau qui ne sont versées qu'en plusieurs fois en agitant le ballon, afin d'éviter sa rupture, qui pourrait avoir lieu par la chaleur dégagée au contact de l'acide et de l'eau. On adapte au côl du ballon un tube de sûreté propre à recueillir les gaz; on chauffe doucement le fond de ce vase; on laisse perdre une quantité convenable de gaz, et on n'arrête l'opération que lorsqu'il ne se dégage plus d'oxigène par l'action de la chaleur. Dans la réaction de l'acide sulfurique sur le peroxide de manganèse, il se forme du sulfate de protoxide de manganèse et de l'oxigène.

*Formule atomique.*

$$S + Mn = SMn + O.$$

Il se dégage donc la moitié de l'oxigène du peroxide employé.

3° Procédé. On met 1$^{gr}$ de chlorate de potasse dans une

petite cornue en verre, on adapte à son col un tube recourbé
que l'on fait plonger dans un appareil semblable à celui
que nous avons décrit dans le premier procédé; on chauffe
la cornue avec du charbon jusqu'à ce que le sel soit
fondu; alors l'oxigène se dégage en produisant une espèce
d'ébullition. L'opération est terminée lorsque, la retorte
étant presque rouge, le dégagement du gaz n'a plus lieu.
Le résidu incolore et solide est du chlorure de potassium.

*Formule atomique.*

$$Ch^2 K = Ch^2 K + 6O.$$

On a donc six atomes d'oxigène, dont cinq proviennent
de l'acide chlorique, et un du protoxide de potassium.

L'oxigène obtenu par ce procédé est quelquefois mêlé à
du chlore qu'on absorbe au moyen d'une dissolution de
potasse.

Pour reconnaître si l'oxigène est pur, il suffit de le faire
détoner dans l'eudiomètre à mercure avec le double de
son volume d'hydrogène pur; s'il n'y a pas de résidu,
c'est une preuve de sa pureté. Il vaudrait encore mieux le
mettre dans une cloche courbe sur le mercure avec un
morceau de phosphore; en chauffant, l'absorption devrait être complète, si le gaz était pur.

*Usages.* Nous venons de voir de quelle importance il est
dans l'économie animale; il est indispensable à l'acte de la
germination. C'est en se combinant avec les principes des
combustibles tels que le bois, les huiles, etc., qu'il nous
procure de la chaleur et de la lumière.

Pur, il est employé dans quelques opérations de chimie.

*Histoire.* Il fut découvert en août 1774, par Priestley,
puis un peu plus tard par Schéele; mais c'est Lavoisier qui
en fit le premier une étude approfondie.

EAU (HH).

*Nomenclature.* On devrait l'appeler *protoxide d'hydro-gène.* Lorsqu'elle est à l'état solide, on la nomme *glace, neige, gelée glanche, grêle, givre.*

*Propriétés physiques.* L'eau se présentant fréquemment à l'état liquide, à l'état solide, et à l'état gazeux, nous allons l'étudier sous ses trois formes.

*Eau liquide.* L'eau conserve l'état liquide depuis zéro, où elle se solidifie ordinairement, jusqu'à 100°, tempéra-ture à laquelle elle bout sous la pression de $0^m,76$. Je dis ordinairement, car en prenant certaines précautions, on peut tenir de l'eau à — 12° dans le vide sans qu'elle se congèle. Elle est élastique et un peu compressible.

Lorsqu'elle est fortement comprimée, elle dégage de la lumière suivant M. Dessaignes, tandis que suivant MM. Col-ladon et Sturm, elle ne donne que peu de chaleur. Elle est incolore et transparente.

Sa densité, qui varie avec la température, atteint son maximum à 4°,1. C'est le poids d'un centimètre cube d'eau à cette température qu'on a pris pour l'unité pondérale dans le système métrique.

Pure, elle conduit très mal le fluide électrique; elle propage à peine le calorique par communication; elle a un pouvoir réfringent considérable.

*Eau à l'état de vapeur.* En chauffant de l'eau dans un vase métallique au contact de l'air, elle acquiert une température de plus en plus élevée, jusqu'à 100° où elle bout, et se vaporise sous la pression de $0^m,76$.

Si le vase était de verre ou de terre, le point d'ébulli-tion pourrait s'élever jusqu'à 101°,5 d'après M. Gay-Lus-sac. Il s'élèverait aussi si l'eau était renfermée dans un vase de métal, contenant en dissolution certaines substances pour lesquelles elle aurait beaucoup d'affinité, par *exemple*, du chlorure de calcium.

La vapeur d'eau est incolore, transparente, inodore.

$$D = 0,625.$$

Il s'ensuit qu'un centimètre cube d'eau à $4°,1$ donne 1696,5 centimètres cubes de vapeur à 100°, résultat qui nous montre combien est grand le volume occupé par cette vapeur.

L'eau s'évapore, non seulement lorsqu'elle est liquide, mais encore à l'état solide; la tension de sa vapeur varie avec la température, comme le montre la table suivante que nous avons extraite du beau travail de MM. Dulong et Arago, sur la force élastique de la vapeur d'eau.

*TABLE* des forces élastiques de la vapeur d'eau et des températures correspondantes de 1 à 24 atmosphères, d'après l'observation, et de 24 à 50 atmosphères par le calcul.

| ÉLASTICITÉ de la vapeur, en prenant la pression de l'atmosph. pour unité. | COLONNE de mercure à 0° qui mesure l'élasticité. | TEMPÉRATURES correspondantes, données par le thermomètre centigrade à mercure. | PRESSION sur un centimètre carré. |
|---|---|---|---|
| 1 | 0,76 | 100° | 1,033 |
| 1 1/2 | 1,14 | 112,2 | 1,549 |
| 2 | 1,52 | 121,4 | 2,066 |
| 2 1/2 | 1,90 | 128,8 | 2,582 |
| 3 | 2,28 | 135,1 | 3,099 |
| 3 1/2 | 2,66 | 140,6 | 3,615 |
| 4 | 3,04 | 145,4 (1). | 4,132 |
| 4 1/2 | 3,42 | 149,06 | 4,648 |
| 5 | 3,80 | 153,08 | 5,165 |
| 5 1/2 | 4,18 | 153,80 | 5,681 |
| 6 | 4,56 | 160,02 | 6,198 |
| 6 1/2 | 4,94 | 163,48 | 6,714 |
| 7 | 5,32 | 166,50 | 7,231 |
| 7 1/2 | 5,70 | 169,57 | 7,747 |
| 8 | 6,08 | 172,10 | 8,264 |
| 9 | 6,84 | 177,10 | 9,297 |
| 10 | 7,60 | 181,60 | 10,330 |
| 11 | 8,36 | 186,03 | 11,363 |
| 12 | 9,12 | 190,00 | 12,396 |
| 13 | 9,88 | 193,70 | 13,429 |
| 14 | 10,64 | 197,19 | 14,462 |
| 15 | 11,40 | 200,48 | 15,495 |
| 16 | 12,16 | 203,60 | 16,528 |
| 17 | 12,92 | 206,57 | 17,571 |
| 18 | 13,68 | 209,40 | 18,594 |
| 19 | 14,44 | 212,10 | 19,627 |
| 20 | 15,20 | 214,70 | 20,660 |
| 21 | 15,96 | 217,20 | 21,693 |
| 22 | 16,72 | 219,60 | 22,726 |
| 23 | 17,48 | 221,90 | 23,759 |
| 24 | 18,24 | 224,20 | 24,792 |
| 25 | 19,00 | 226,30 | 25,825 |
| 30 | 22,80 | 236,10 | 30,990 |
| 35 | 26,60 | 244,85 | 36,155 |
| 40 | 30,40 | 252,55 | 41,320 |
| 45 | 34,20 | 259,52 | 46,485 |
| 50 | 38,00 | 265,89 | 51,650 |

(1) Les températures qui correspondent aux tensions de 1 à 4 atmosphères inclusivement, ont été calculées par la formule de Tredgold, qui, dans cette partie de l'échelle, s'accorde le mieux avec les observations de MM. Dulong et Arago.

*Eau à l'état solide.* Si l'on refroidit à 0° de l'eau liquide, elle passe à l'état solide en dégageant de la chaleur et en augmentant de volume. Nous avons vu dans les Notions de physique, pages 29 et 30, comment on apprécie le calorique latent de la glace.

La densité de l'eau à 4°,1 étant prise pour unité, celle de la glace est 0,95.

Cette diminution de pesanteur spécifique dans l'eau solidifiée explique pourquoi elle flotte à la surface d'une rivière. Lorsque ce liquide passe lentement à l'état solide, il cristallise en prismes hexaèdres, et sa force d'expansion est si grande, qu'elle est capable de rompre des obstacles offrant une très grande résistance.

Nous avons en hiver des exemples frappans de cette force expansive dans les vases remplis d'eau, qui se brisent lorsque cette dernière se congèle.

*Propriétés chimiques.* L'eau joue un rôle si important en chimie, que nous allons étudier son action sur plusieurs substances dont nous n'avons pas encore parlé.

L'eau s'unit à un grand nombre de corps en des proportions définies. La plupart des acides, les bases salifiables énergiques, une multitude de sels, sont dans ce cas. Elle se combine aussi avec beaucoup de substances en proportions indéfinies, tels sont les composés que forment avec elle les gaz qui y sont peu solubles.

100 v. d'eau bouillie dissolvent à la température de 18° :

|  | Volume. |
|---|---|
| Hydrogène. | 4,6. |
| Oxigène. | 6,5. |
| Azote. | 4,2. |
| Etc. | etc. |

L'eau froide peut dissoudre jusqu'au vingtième de son volume d'air. Cet air dissous est plus riche en oxigène que celui de l'atmosphère. Pour le démontrer on adapte à un matras de quatre à cinq litres entièrement rempli d'eau, un tube également plein de ce liquide, et propre à recueillir les gaz; on engage l'extrémité du tube sous un flacon de mercure; on porte peu à peu l'eau du matras jusqu'à l'ébullition. Alors, il se dégage un mélange de gaz que l'on fractionne, et que l'on analyse séparément. On trouve que les premières portions dégagées contiennent de 0,22 à 0,23 d'oxigène, tandis que les dernières en renferment de 0,32 à 0,34.

Si l'on met de l'oxigène pur en contact avec de l'eau saturée d'air, une portion est dissoute, et il se dégage un volume d'azote moindre que celui de l'oxigène absorbé.

Ces expériences montrent que l'eau a plus d'affinité pour l'oxigène que pour l'azote.

On peut encore, au moyen du vide, et de la congélation, priver l'eau de l'air qu'elle contient.

L'eau s'unit aux tissus organiques et leur communique des propriétés qu'ils n'avaient pas auparavant. C'est ainsi qu'un tendon est jaune et cassant lorsqu'il est desséché, tandis qu'en le faisant séjourner dans l'eau il devient incolore, et reprend toutes les propriétés qu'il avait à l'état frais. C'est encore à la présence de ce liquide que la pâte et l'argile doivent leur ductilité.

*Propriétés organoleptiques.* Elle est inodore et insipide lorsqu'elle est pure.

*État naturel.* Nous la voyons journellement à l'état liquide, et dans l'hiver à l'état solide. Nous avons donné, page 35, le moyen de constater sa présence dans l'air.

*Préparation.* On se procure de l'eau pure en distillant dans un alambic de l'eau douce contenant peu de matières salines en dissolution; ces dernières n'étant pas volatiles, restent dans la cucurbite, tandis que la vapeur d'eau condensée passe dans le récipient.

Mais, quoiqu'on fasse, l'eau distillée contient toujours de l'oxigène, de l'azote, de l'acide carbonique uni en partie à de l'ammoniaque. Il est facile de concevoir la présence des trois premiers gaz, parce qu'ils se trouvent ordinairement dans l'air; quant à l'ammoniaque, elle peut provenir d'une matière azotée contenue dans l'eau, ou bien elle était simplement dissoute dans ce liquide.

*Composition.* Nous avons déjà vu qu'à l'aide de la pile voltaïque on décompose l'eau en oxigène et en hydrogène, dont les volumes sont dans le rapport de 1 à 2. Nous savons également qu'en faisant détoner dans l'eudiomètre 2 v. d'hydrogène et 1 v. d'oxigène, on obtient de l'eau. Enfin, des expériences faites par MM. Dulong et Berzelius ont donné :

*Composition.*

|  | Poids. | Volumes. | | | Atomes. | |
|---|---|---|---|---|---|---|
| Oxigène. | 88,91 | 1 | } = 2ᵛ { | 1 | 100 |  |
| Hydrogène. | 11,09 | 2 | | 2 | 12,479 |  |
|  | 100 | | | | Poids atom. | 112,479 |

M. Gay-Lussac a trouvé que la densité de la vapeur d'eau ramenée par le calcul à 0°, et sous la pression $0^m,76$, était 0,625. Si l'on ajoute à 0,0688, densité de l'hydrogène, 0,5513, demi-densité de l'oxigène, la somme 0,6201 représente la pesanteur spécifique de la vapeur d'eau; nombre qui diffère peu de 0,625.

*Usages.* Elle est d'un usage tellement multiplié qu'il serait trop long d'énumérer les circonstances où elle est employée : celles-ci d'ailleurs sont connues de tout le monde.

*Histoire.* Ce fut Cavendish qui, en 1781, établit la composition de l'eau par la synthèse; Lavoisier confirma le résultat du savant chimiste anglais en 1785; Vauquelin, Fourcroy et Séguin en firent 500 grammes, en combinant l'oxigène avec l'hydrogène, dans un appareil convenable.

AZOTE.

*Nomenclature.* Le mot azote est composé de α privatif, ζωή, vie, parce que seul il ne peut entretenir la vie.

On le connaissait autrefois sous divers noms; aujourd'hui son seul synonyme est *nitrogène.*

*Propriétés physiques.* Soumis à une pression considérable et à un froid excessif, il conserve toujours l'état gazeux. Il est incolore.

$$D = 0,976.$$

Il est donc un peu plus léger que l'air.

$$P. L = 1^g,2675. \quad p. a = 88,518.$$

Son pouvoir réfringent est 1,03408.

*Propriétés chimiques.* L'azote ne se combine pas avec l'hydrogène, lorsqu'on les mélange sous la pression et à la température ordinaires; mais, dans certaines circonstances, ces gaz donnent naissance à l'azoture d'hydrogène nommé *ammoniaque.* L'oxigène, mêlé à l'azote, ne forme aucune combinaison avec lui à la température ordinaire; mais si l'on fait passer une série d'étincelles électriques à travers un mélange contenant 2 v. du premier et 1 v. du second, il se fait de l'acide nitreux.

Lorsque le mélange renferme 1 v. d'azote, 2 v. ½ d'oxigène, plus de la vapeur d'eau, il y a formation d'acide nitrique.

Outre ces deux combinaisons de l'azote avec l'oxigène, il en existe encore trois autres; dont l'une est acide. Mais elles ne peuvent s'effectuer que lorsque les deux gaz sont à l'état naissant, et dans des circonstances toutes particulières.

L'azote éteint les corps en combustion; c'est ce que l'on prouve en plongeant une bougie allumée dans une éprouvette qui en est pleine.

100 v. d'eau dissolvent, à 18°, 4v,2 d'azote.

*Propriétés organoleptiques.* Ce gaz est insipide, inodore, impropre à la respiration, quoiqu'il ne soit pas positivement délétère, d'après M. Berzelius ; car un animal peut y vivre un certain temps, comme dans l'hydrogène pur ; et lorsqu'il périt, c'est seulement parce qu'il manque d'oxigène.

*Etat naturel.* Mélangé avec l'oxigène, avec des traces d'acide carbonique et une petite quantité de vapeur d'eau, il constitue un peu plus des trois quarts de l'air atmosphérique que nous respirons.

Il est un des élémens de la plupart des matières animales et de quelques matières végétales.

*Préparation.* Parmi les divers procédés qu'on a proposés pour préparer l'azote, le plus simple est celui qui consiste à s'emparer de l'oxigène et de l'acide carbonique auxquels il est mêlé dans l'air. A cet effet, on place trois grammes de phosphore dans un petit têt qui repose sur un disque de liége flottant à la surface de l'eau ; on l'enflamme, et on recouvre le tout d'une cloche de trois à quatre litres, pleine d'air. Des vapeurs épaisses d'acide phosphorique apparaissent aussitôt ; elles se déposent sur les parois de ce vase, puis elles se dissolvent dans l'eau que l'on voit monter dans la cloche. Comme il reste encore de l'oxigène, on introduit le résidu dans des flacons longs et étroits ; on y fait passer de longs bâtons de phosphore placés dans des tubes creux de verre ; on les y laisse jusqu'à ce qu'ils ne soient plus lumineux dans l'obscurité ; alors on introduit quelques bulles de chlore, qui s'empare du phosphore en vapeur, puis quelques fragmens de potasse : on agite les flacons après les avoir bouchés et y avoir laissé un peu d'eau ; la potasse se combine avec le chlore qui peut être en excès, avec le chlorure de phosphore et la petite quantité d'acide carbonique provenant de l'air.

*Usages.* Il est employé quelquefois en chimie quand on veut faire réagir les corps les uns sur les autres sans le contact de l'air.

*Histoire.* Rutherfort le découvrit en 1772, et, un an après, Lavoisier démontra qu'il était l'un des élémens de l'air.

DE L'AMMONIAQUE ( Az H³ ).

*Nomenclature.* On l'appelle *alcali volatil,* et *alcali fluor* lorsqu'elle est dissoute dans l'eau. Son nom devait être *azoture d'hydrogène.*

*Propriétés physiques.* 1° *A l'état gazeux.* L'ammoniaque est gazeuse à la pression et à la température ordinaires ; mais refroidie et comprimée convenablement, elle se liquéfie. Elle est incolore.

$$D = 0,591.$$

Son pouvoir réfringent est 1,309.

2° *A l'état liquide.* Elle a une tension de 6,5 atmosphères à 10°. Elle est incolore et très fluide.

$$D = 0,76.$$

Son pouvoir réfringent est plus grand que celui de l'eau.

*Propriétés chimiques.* Elle a une réaction alcaline très forte sur le sirop de violette et sur le papier de tournesol rougi par un acide ; elle se combine avec tous les acides ; son affinité pour l'eau est très grande ; elle s'y unit en proportions indéfinies en dégageant de la chaleur. 1 v. d'eau absorbe 670 v. de gaz ammoniac. On remplit de ce gaz une éprouvette que l'on place sur une soucoupe contenant du mercure ; on porte le tout dans une terrine pleine d'eau ; en appuyant la main gauche sur la soucoupe, et soulevant avec la main droite l'éprouvette, l'eau s'y élance comme dans le vide : le plus souvent ce vase est brisé; aussi convient-il d'entourer sa main d'une serviette.

Un morceau de glace introduit sous une éprouvette de gaz ammoniac, fond en l'absorbant.

Une dissolution aqueuse d'ammoniaque soumise à l'action de la chaleur, perd une grande quantité de cet alcali.

Son exposition à l'air produit un effet semblable; seulement l'acide carbonique de l'atmosphère se porte sur l'ammoniaque qui reste dans l'eau. On voit d'après cela qu'il est nécessaire de conserver cette dissolution dans un flacon bien bouché.

Lorsqu'on soumet pendant long-temps le gaz ammoniac à une série d'étincelles électriques, il se décompose lentement en hydrogène et en azote, et il arrive un instant où le volume est double de ce qu'il était au commencement de l'expérience.

En dirigeant un courant de gaz ammoniac sec à travers un tube de porcelaine où l'on a placé du fil de fer en faisceaux, puis en le chauffant jusqu'au rouge, on obtient de l'azote et de l'hydrogène, dont les volumes sont dans le rapport de 1 à 3. Le fer devient cassant, et augmente, d'après M. Despretz, jusqu'à 11 pour 100 de son poids primitif: sa densité se réduit a 6,2. Il paraît que ce métal se combine avec l'azote.

L'ammoniaque mise en contact avec l'oxigène à une température élevée, se décompose; il en résulte de l'eau, et l'azote est mis en liberté. Si donc on présente une bougie allumée à l'orifice d'un flacon contenant un mélange de 1 ½ volume d'oxigène et de 2 volumes d'ammoniaque, il en résulte une vive détonation.

On explique d'après cela comment il se fait qu'en plongeant lentement une bougie allumée dans une éprouvette de gaz ammoniac, la flamme s'agrandisse d'abord, puis qu'elle s'éteigne.

*Propriétés organoleptiques.* L'odeur de cet alcali est forte et stimulante ; sa saveur est âcre et caustique.

M. Chevreul est le premier qui ait fait remarquer que la saveur urineuse, développée par les alcalis fixes, tels que la potasse, la soude, la chaux, etc., appartient à l'ammoniaque agissant sur l'odorat et non sur le goût ; car en plaçant de la potasse étendue d'eau sur la langue, elle décompose les sels ammoniacaux contenus dans la salive, met en liberté l'ammoniaque, qui vient affecter l'organe de l'odorat. Pour faire voir que c'est cet organe qui est seul excité, on se pince les narines avec les doigts ; et alors on ne sent ni odeur ni saveur.

En mêlant de la salive avec de la potasse dans un tube fermé à une extrémité et ouvert à l'autre, il se déve - loppe une odeur urineuse.

*État.* L'ammoniaque se trouve dans la nature rarement à l'état caustique, mais presque toujours en combinaison avec les acides carbonique, hydro-chlorique et sulfurique. Elle prend naissance dans beaucoup de décompositions spontanées des matières organiques azotées.

*Préparation.* L'ammoniaque gazeuse se prépare en employant parties égales d'hydrochlorate d'ammoniaque et de chaux vive pulvérisés, que l'on mélange rapidement. On remplit aux trois quarts une cornue de verre de ce mélange, à son col on adapte un tube recourbé que l'on engage sous une éprouvette pleine de mercure ; on chauffe ensuite la retorte ; le gaz recueilli n'est pur que lorsqu'il est complètement absorbé par l'eau.

La dissolution aqueuse d'ammoniaque s'obtient en plaçant le mélange ci-dessus dans une cornue de grès, au col de laquelle on adapte un tube de sûreté d'un diamètre assez large : pl. I fig. 11. Dans le premier flacon on met un peu d'eau pour laver le gaz ; dans le second et dans le troisième, de l'eau distillée jusqu'aux deux tiers de leur capacité : on marque avec une bande de papier le niveau de l'eau dans chacun de ces deux flacons, et, à la fin de l'expérience, on voit une augmentation très sensible dans le volume du liquide.

### Théorie de la préparation du gaz ammoniac.

En chauffant le mélange d'hydrochlorate d'ammoniaque et de chaux, il en résulte du chlorure de calcium, du gaz ammoniac qui se dégage et de l'eau qui se vaporise. L'acide hydrochlorique est donc décomposé, l'hydrogène se porte sur l'oxigène pour donner naissance à de l'eau, et le chlore se combine avec le calcium pour produire du chlorure de calcium qui, étant fixe, reste dans la cornue, combiné avec une partie de la chaux en excès, et donne lieu à un composé nommé oxi-chlorure de calcium.

### Formule atomique.

$$Ca + 2\ (Ch\ H\ Az\ H^3) = 2\ Az\ H^3 + HH + Ch^2\ Ca.$$

*Composition.* Nous venons de voir que le gaz ammoniac soumis à une série d'étincelles électriques, double de volume en se décomposant. On prend :

| | |
|---|---|
| Gaz décomposé. | 100ᵛ |
| Oxigène. | 50ᵛ |
| Somme. | 150 |

Résidu après l'introduction du mélange dans l'eudiomètre à mercure et le passage de l'étincelle électrique. . . . 37ᵛ,5

Absorption. . . . 112ᵛ,5

Cette absorption étant due à la formation d'eau, il s'ensuit qu'il y a sur ces 112ᵛ,5, une quantité d'hydrogène égale en volume à 75 ; retranchant ce nombre de 100, on obtient 25 pour la quantité d'azote.

Pour le prouver par l'expérience, il suffit d'introduire un bâton de phosphore dans un tube gradué où on fait passer le résidu 37,5 ; l'oxigène se combine avec le phosphore, et on a 25 d'azote pur.

D'après cela la composition de l'ammoniaque est

|  | Poids. | Volume. |  | Atomes. |
|---|---|---|---|---|
| Azote. . . . | 82,542 | . . . . 1 | $\big\{$ condensés en $2^v \big\{$ | 1 . . . . . 88,51 |
| Hydrogène . | 17,458 | . . . . 3 |  | 3 . . . . . 18,71 |
|  | 100,000 |  |  | poids ato. 107,22 |

*Usages.* L'ammoniaque s'emploie le plus souvent en dissolution dans l'eau ; elle sert à enlever les taches de certaines matières grasses, et celles que font les acides sur les étoffes. Administrée à l'intérieur, elle est fortement stimulante ; elle diminue le gonflement auquel sont sujets les bestiaux qui ont mangé du trèfle ou de la luzerne. Ce gonflement, connu sous le nom d'empansement, est dû à de l'acide carbonique qui s'est formé en abondance dans l'estomac. L'ammoniaque, en se combinant avec cet acide, le fait passer à l'état solide, en donnant naissance à du carbonate d'ammoniaque. Enfin cet alcali est un précieux réactif pour les chimistes.

*Histoire.* Priestley est le premier qui ait obtenu l'ammoniaque gazeuse, mais c'est Berthollet qui l'a analysée.

## AIR ATMOSPHÉRIQUE.

*Propriétés physiques.* L'air est un gaz incolore ; transparent, et pesant. Son pouvoir réfringent est pris pour unité.

$$D = 1, \ P. \ L = 1^s,299.$$

*Propriétés chimiques.* L'action de l'air sur les corps,

est semblable à celle de l'oxigène, sinon cependant qu'elle
est moins vive. Nous n'entrerons ici dans aucun détail sur
cette action puisque. nous l'examinons lorsque nous étu-
dions chaque corps.

*Propriétés organoleptiques.* Il est insipide et inodore.

*Composition.* L'air renferme de l'acide carbonique, de
la vapeur d'eau, de l'oxigène et de l'azote; la présence de
ces deux derniers gaz ayant été constatée en étudiant l'a-
zote, il nous reste à déterminer les proportions de chacun
d'eux.

A cet effet on introduit dans l'eudiomètre à mercure :

| | |
|---|---|
| Air. | 100ᵛ |
| Hydrogène. | 100ᵛ |
| Somme. | 200 |

Après le passage de l'étincelle électrique, il y a un
résidu égal à . . . . . . . . . . 137.
Absorption. . . . . . . . . . 63

Or, comme il s'est formé de l'eau, il s'ensuit que le
tiers de 63, ou 21, est de l'oxigène. Retranchant 21 de
100 v. d'air, il reste 79 v. d'azote.

On peut encore faire l'analyse de l'air au moyen du phosphore. On introduit sur le mercure, dans un tube étroit et
gradué, 100 v. d'air, en ayant soin de noter la température
et la pression, et un bâton de phosphore assez long pour
qu'il touche le sommet du tube; l'extrémité inférieure
de ce bâton est attachée à un fil de fer. On fait passer une
petite quantité d'eau dans le tube, et on abandonne l'expérience à elle-même. L'oxigène se combine avec le phosphore, et donne lieu à de l'acide hypophosphorique qui
est dissous par la vapeur d'eau. L'expérience est terminée, lorsqu'en portant le tube dans l'obscurité on
n'aperçoit plus d'auréole lumineuse. Alors on retire le
phosphore et on agite le tube après y avoir introduit une

dissolution de potasse, puis on mesure le résidu, qu'on doit trouver égal à 79, en tenant compte de la température et de la pression.

La présence de l'acide carbonique se démontre en exposant à l'air dans une capsule une dissolution de chaux; bientôt il apparaît à sa surface une pellicule qui, étant brisée, se précipite sous forme de petites plaques au fond du vase; peu de temps après il s'en produit encore une nouvelle, et ainsi de suite; au bout d'un jour on a assez de précipité pour qu'en versant dessus un peu de vinaigre on voie se dégager un gaz qui, étant recueilli, possède toutes les propriétés de l'acide carbonique. La détermination de la proportion de cet acide dans l'air exige des moyens d'analyse trop compliqués pour que nous les présentions ici.

Nous avons constaté en physique, page 55, la présence de la vapeur d'eau dans l'air.

D'après ce que nous venons de voir, la composition de l'air est :

$$\begin{array}{ll} \text{Azote.} & 79 \\ \text{Oxigène.} & 21 \\ \hline & 100 \end{array}$$

Il renferme en outre quelques millièmes d'acide carbonique, et une quantité de vapeur d'eau qui varie avec la température.

L'air a été regardé, par quelques chimistes, comme étant une combinaison d'oxigène et d'azote. Pour prouver que cette manière de voir n'est pas exacte, il suffit de dire que son pouvoir réfringent, d'après M. Dulong, est égal à la somme de ceux de l'azote et de l'oxigène qui le constituent; tandis que nous savons que tous les gaz composés sont doués d'un pouvoir réfringent qui diffère de celui de leurs élémens.

A cette preuve nous ajouterons que si l'air était le résultat d'une combinaison, il devrait se dissoudre entièrement dans l'eau; c'est ce qui n'est pas, puisque nous avons vu que l'air, dissous par ce liquide, contenait plus d'oxigène que l'air atmosphérique.

L'air n'est donc qu'un simple mélange d'oxigène et d'azote.

*Usages.* Seul il peut entretenir la vie des animaux et celle des plantes. C'est de ce gaz que nous extrayons l'oxigène nécessaire à la production de la chaleur et de la lumière artificielles. Ses autres usages sont trop connus pour que nous nous y arrêtions.

*Histoire.* Jean Rey et Bayen avancèrent que l'air renfermait quelque chose de pesant, mais ce sont surtout les travaux de Lavoisier et des chimistes modernes qui ont contribué à nous faire connaître sa nature et sa composition.

PROTOXIDE D'AZOTE.

*Nomenclature.* Oxidule d'azote, oxide nitreux.

*Propriétés physiques.* 1° *État gazeux:*

$$D = 1,527 \quad P. \quad L = 1^g,9836.$$

Il n'a pas de couleur.

2° *État liquide.* Soumis à une pression considérable et à un grand froid, le protoxide d'azote gazeux se réduit en un liquide incolore et très coulant.

A 7° sa tension est de cinquante atmosphères, et son pouvoir réfringent est plus faible que celui d'aucun liquide connu.

*Propriétés chimiques.* 100 v. d'eau à 18° en absorbent 78 v.

L'alcool en dissout un peu plus d'une fois et demie son volume.

L'électricité ou une forte chaleur le transforme en un mélange d'azote et de deutoxide d'azote, ce qu'il est facile

de concevoir d'après sa composition atomique et celle de
ce dernier gaz ; car on a

$$\text{Protoxide d'azote} = \text{AzAz}.$$

$$\text{Deutoxide d'azote} = \text{AzAz ou Az}.$$

Par suite :

$$\text{AzAz} = \text{Az} + \text{Az}.$$

Comme l'oxigène, il rallume les bougies présentant
quelques points en ignition.

Lorsqu'on introduit dans un eudiomètre à mercure,
1 v. de protoxide d'azote et 1 v. d'hydrogène, puis qu'on
excite une étincelle électrique, il se produit 1 v. de vapeur d'eau qui se condense, et il reste 1 v. de gaz azote.

La chaleur rouge agit de la même manière.

*Propriétés organoleptiques.* Sa saveur est sucrée. Il n'a
pas d'odeur.

Respiré pur en assez grande quantité, il produit une
sorte d'ivresse; sans cependant qu'il en résulte des effets
nuisibles à la santé.

*État naturel.* On ne le rencontre pas dans la nature.

*Préparation.* On met à peu près 20ᵉ de nitrate d'ammoniaque desséché dans une petite cornue de verre munie d'un tube recourbé, que l'on engage sous des flacons
pleins d'eau.

On chauffe modérément la cornue, le sel fond, se décompose en donnant de l'eau et du protoxide d'azote.

Il se dégage en outre de l'eau de cristallisation.

*Formule atomique.*

$$\text{AzAz2AzH}^3 = 3\,\text{HH} + 2\,\text{AzAz}.$$

*Composition.* Lorsqu'on chauffe, dans une cloche.

courbe, sur le mercure, 1 v. de protoxide d'azote avec du sulfure de barium, il en résulte du sulfate de baryte et 1 v. d'azote. En retranchant la densité de l'azote égale à 0,976 de celle du protoxide d'azote égale à 1,527, le reste 0,551 est sensiblement la moitié de la densité de l'oxigène. Nous avons donc pour la composition du protoxide d'azote :

|  | Poids. | Volumes. | | | Atomes. | |
|---|---|---|---|---|---|---|
| Oxigène. | 63,901 | $\frac{1}{2}$ | } | = $1^v$ { | 1 | 100 |
| Azote. | 36,099 | 1 | } | ) | 2 | 177,02 |
|  | 100,000 | | | | Poids ato. | 277,02 |

*Usages.* Il n'en a aucun.

*Histoire.* Priestley le découvrit en 1776, et Davy en détermina la nature en 1799.

### DEUTOXIDE D'AZOTE.

*Nomenclature.* Gaz nitreux, oxide nitrique.

*Propriétés physiques.* C'est un gaz incolore et transparent.

$$D = 1,0391. \quad P. L = 1^s,3499.$$

*Propriétés chimiques.* Il n'a aucune action sur la teinture de tournesol.

100 v. d'eau bouillie en absorbent 5 v.

Il éteint les corps en combustion. Il a une grande affinité pour l'oxigène, car à peine est-il en contact avec ce gaz qu'il passe de suite à l'état d'acide nitreux ayant la forme de vapeurs rouges orangées. Cette expérience se fait en introduisant sous l'eau de l'oxigène, ou de l'air, dans une éprouvette contenant du deutoxide d'azote : les vapeurs sont bientôt dissoutes par ce liquide.

La chaleur ne le décompose pas; il en est de même de l'hydrogène.

Mais si l'on fait dans l'eudiomètre un mélange de 2 v. d'hydrogène, de 1 v. de protoxide d'azote et de 1 v. de deutoxide d'azote, puis qu'on fasse passer une étincelle électrique, on obtient 2 v. de vapeur d'eau et 1 v. $\frac{1}{2}$ d'azote.

Il est probable que l'hydrogène ne décompose le deutoxide d'azote qu'à l'aide de la chaleur qu'il dégage par sa combinaison avec l'oxigène du protoxide d'azote.

*Propriétés organoleptiques.* Son odeur et sa saveur sont inconnues, puisque nous ne pouvons le respirer et le goûter sans le contact de l'air, où il passe à l'état d'acide nitreux.

*Préparation.* On met dans une fiole une partie de mercure et cinq parties d'acide nitrique ordinaire; on adapte à son col un tube recourbé qu'on engage sous des flacons pleins d'eau, et l'on chauffe légèrement. Il se dégage du deutoxide d'azote, qui, mêlé d'abord avec l'air, passe à l'état d'acide nitreux; on laisse perdre les premières portions de cet oxide; il se forme en outre du nitrate de deutoxide de mercure qui reste dans la fiole.

*Formule atomique.*

$$3\ Hy + 8\ AzAz = 2\ AzAz + 3\ Hy\ AzAz^2.$$

On peut substituer le cuivre au mercure, mais le deutoxide d'azote n'est jamais aussi pur.

*Composition.* On détermine la composition de ce gaz comme celle du protoxide d'azote. On trouve :

| | Poids. | Volumes. | | Atomes. | |
|---|---|---|---|---|---|
| Oxigène. | 53,19 | 1 | $= 2^v$ | 2 | 200 |
| Azote. | 46,81 | 1 | | 2 | 177,02 |
| | 100 | | | Poids atom. | 377,02 |

*Usages.* Il est employé dans les fabriques, pour convertir l'acide sulfureux en acide sulfurique.

*Histoire.* Hales le découvrit, et Priestley en décrivit les propriétés caractéristiques en 1772.

8

ACIDE NITREUX ( AzAz ).

*Nomenclature.* Beaucoup de chimistes l'appellent aujourd'hui acide *hyponitrique.*

*Propriétés physiques.* Il conserve sa liquidité jusqu'à 28°, où il bout, et jusqu'à — 45°, température à laquelle il se congèle en une masse blanche.

$$D = 1,451$$

A — 20° il n'a point de couleur, à —10° il est faiblement coloré, à 0° il est d'un jaune fauve, à 15° il est d'un jaune orangé; enfin, lorsqu'il bout, il a une couleur orangée rouge.

*Propriétés chimiques.* La chaleur ne le décompose pas; il rougit le tournesol; gazeux, il entretient la combustion d'une bougie. Son action est nulle sur l'oxigène sec; mais s'il est en contact avec ce gaz humide, il y a formation d'acide nitrique. L'hydrogène lui enlève son oxigène à une température élevée; il en est de même du fer et du cuivre; il dissout le deutoxide d'azote, en se colorant en vert; il nous offre des phénomènes remarquables avec l'eau.

Si l'on verse quelques gouttes d'acide nitreux dans une grande quantité d'eau, en agitant rapidement le mélange, il se décompose en donnant lieu à du deutoxide d'azote qui se dégage, et à de l'acide nitrique qui se dissout. Il est facile de se rendre compte de cette réaction d'après la composition de l'acide nitreux, car si l'on en prend trois atomes, on aura deux atomes d'acide nitrique, et un atome de deutoxide d'azote; la formule atomique est donc

$$3\,AzAz = 2\,AzAz + AzAz.$$

Lorsqu'on laisse tomber de l'acide nitreux dans très peu

d'eau, une portion se réduit en acide nitrique qui reste en dissolution, et en deutoxide d'azote, dont une très petite partie se dégage, et dont l'autre s'unissant avec la portion d'acide nitreux non décomposé, donne un liquide vert qui se précipite.

Enfin, en ajoutant successivement de l'acide nitreux à une même quantité d'eau, il se dégage d'abord du deutoxide d'azote; mais le dégagement va en diminuant à mesure qu'on ajoute de cet acide, et il cesse bientôt. Alors, l'eau dissout encore de l'acide nitreux, et prend une couleur bleue verdâtre, verte, et jaune orangée.

*Propriétés organoleptiques.* Sa saveur est corrosive, son odeur provoque fortement la toux; c'est un poison violent; il tache la peau en jaune; il attaque les poils, la laine, etc.

*État.* On ne l'a pas encore trouvé dans la nature. En étudiant l'azote, nous avons vu qu'il se formait de l'acide nitreux lorsque cet élément et l'oxigène étaient soumis à l'électricité. Il est probable que dans l'atmosphère, où il y a de fortes décharges électriques, cet acide se produit, si toutefois il n'est pas en présence d'une base salifiable, car alors il passe à l'état d'acide nitrique.

*Préparation.* Après avoir desséché du nitrate de plomb à une température de 100 à 120°, on l'introduit dans une petite cornue de verre également desséchée, dont le col s'engage dans un tube ayant la forme d'un U, pl. II, fig. 31. On plonge la courbure de ce tube dans un mélange réfrigérant de glace et de sel marin; on chauffe doucement la retorte, le nitrate de plomb se décompose en acide nitrique, et en oxide de plomb; le premier, ne trouvant pas d'eau, se réduit en acide nitreux qui se condense, et en oxigène qui se dégage par le tube effilé : l'oxide reste dans la cornue.

*Formule atomique.*

$$\text{AzAz Pb} = \text{Pb} + \text{O} + \text{AzAz}.$$

*Composition.* On dispose dans un tube de porcelaine des fils de cuivre bien décapés ; à l'une de ses extrémités on adapte une petite cornue de verre contenant de l'acide nitreux ; à l'autre on met un tube de verre plein de chlorure de calcium ; à ce tube on en adapte un autre recourbé pour recueillir les gaz sur le mercure. On porte au rouge le tube de porcelaine ; ensuite on fait bouillir l'acide ; celui-ci en passant sur le cuivre est décomposé en oxigène qui se combine avec ce métal, et en azote qui se dégage. En pesant le cuivre, avant et après l'expérience, ainsi que l'acide nitreux, et en mesurant le volume de l'azote recueilli, on peut, avec toutes ces données, résoudre le problème qu'on s'était proposé.

M. Dulong, en opérant comme il vient d'être dit, a trouvé :

| | Poids. | Volumes. | Atomes. | |
|---|---|---|---|---|
| Oxigène. | 69,321 | 2 | 4 | 400,00 |
| Azote. | 30,679 | 1 | 2 | 177,02 |
| | 100,000 | | Poids atom. | 577,02 |

*Usages.* Il n'en a aucun.

*Histoire.* Quoique connu peu de temps après l'acide nitrique, ce n'est qu'en 1816 que M. Dulong en a fait une étude complète.

Acide nitrique anhydre (AzAz).

Composition.

| | Poids. | Volumes. | Atomes. | |
|---|---|---|---|---|
| Oxigène. | 73,85 | 2,5 | 5 | 500,00 |
| Azote. | 26,15 | 1 | 2 | 177,02 |
| | 100,00 | | Poids atom. | 677,02 |

L'acide nitrique ne peut exister qu'en combinaison avec l'eau.

ACIDE NITRIQUE HYDRATÉ, ( AzAz $+$ $aq$ ).

*Nomenclature.* Il a été connu sous les noms d'*acide du nitre*, *esprit de nitre :* on le nomme *eau forte ,* lorsqu'il est étendu d'eau.

*Propriétés physiques.* L'acide nitrique hydraté est liquide jusqu'à — 5o°, où il a l'aspect du beurre. Le plus concentré bout à 86°; il est incolore.

$$D = 1,513.$$

*Propriétés chimiques.* C'est un des acides les plus puissans; il n'éprouve aucune altération à la température ordinaire, s'il est privé du contact de la lumière.

En mêlant quatre parties d'acide nitrique fumant avec trois parties d'eau, le thermomètre s'élève de 25°. Il se combine en toutes proportions avec ce liquide.

L'acide nitrique étendu d'eau, versé sur de la glace, produit du froid.

Lorsqu'on fait bouillir de l'acide nitrique de différentes densités, on observe que le point d'ébullition s'élève, à partir de l'acide dont la densité est 1,5o jusqu'à celui dont la densité est 1,42. La densité décroissant jusqu'à 1,15, la température décroît jusqu'à 1o4°.

En distillant de l'acide nitrique, ayant pour densité 1,42, il n'éprouve aucune variation dans cette propriété; mais s'il possède une densité plus grande que celle-ci, le liquide distillé en premier lieu est plus dense que celui qui distille ensuite. Si la densité est plus petite que 1,42, c'est le contraire.

Cet acide concentré, exposé à l'air, y répand des fumées blanches qui sont dues à ce que la force élastique de la combinaison, résultant de l'acide et de la vapeur d'eau, étant moindre que la tension de chacun de ces fluides aériformes, ce composé apparaît sous la forme d'un nuage.

Soumis au courant de la pile, l'acide nitrique se décompose en azote qui se rend au pôle négatif, et en oxigène qui va au pôle positif.

Exposé à la chaleur rouge, il se décompose presque entièrement en oxigène et en acide nitreux, et l'eau est mise en liberté. La lumière agit de la même manière sur cet acide; la décomposition s'arrête au bout d'un certain temps, parce que l'eau provenant de l'acide décomposé se portant sur celui qui ne l'a pas été, rend celui-ci plus stable. En outre, l'affinité de l'acide nitrique pour l'acide nitreux augmente encore cette stabilité.

L'hydrogène le décompose à une chaleur rouge; il se produit de l'eau, et il se dégage de l'azote.

Lorsqu'on fait passer un courant de deutoxide d'azote dans des flacons contenant de l'acide nitrique de différentes densités, on obtient des résultats dignes d'attention. L'acide marquant 20° à l'aréomètre de Beaumé ne se colore pas; celui qui est à 29° devient bleuâtre; celui qui marque 33° prend une couleur verte; enfin, celui qui est à 40° devient orangé.

On admet généralement que le deutoxide d'azote décompose l'acide nitrique et le ramène à l'état d'acide nitreux en y passant lui-même; car en chauffant ces diverses dissolutions, il se dégage de l'acide nitreux, et pas de deutoxide d'azote. Si l'on verse de l'eau dans celles qui sont colorées, il se dégage de l'acide nitreux, du deutoxide d'azote, et il en résulte des liqueurs incolores contenant de l'acide nitrique.

Pour reconnaître si cet acide renferme de l'acide nitreux, il suffit d'y verser du sulfate rouge de manganèse; si celui-ci est décoloré, c'est une preuve qu'il y a de l'acide nitreux. Si l'on voulait chasser ce dernier, il faudrait chauffer à 40° l'acide nitrique.

*Propriétés organoleptiques.* Son odeur est forte, et sa saveur excessivement caustique. C'est un violent poison qui détruit presque toutes les matières organiques en les colorant en jaune. Aussi est-il employé avec succès contre les verrues et les cors.

*État naturel.* L'acide nitrique se rencontre libre dans les pluies d'orage, ou en combinaison avec l'ammoniaque. On le trouve uni à la potasse, à la chaux, au manganèse et à la soude.

*Préparation.* On introduit dans une cornue de verre d'abord cinq parties de nitrate de potasse, puis trois parties d'acide sulfurique à 66°, à l'aide d'un entonnoir à long bec; le col de la cornue s'engage dans celui d'un matras qui porte, au lieu d'une tubulure, une pointe effilée : le volume de la retorte doit être au moins double de celui du mélange. On la chauffe doucement à feu nu : on voit d'abord une vapeur de couleur orangée, qui est due à de l'acide nitreux provenant de la décomposition d'une partie d'acide nitrique en acide nitreux et en oxigène; cette vapeur est bientôt remplacée par de l'acide nitrique hydraté incolore. Au bout d'un certain temps, de nouvelles vapeurs orangées se dégagent encore, ce qui annonce la fin de l'opération; alors la matière se boursoufle, on retire le feu, et on laisse refroidir la cornue.

Le dégagement d'acide nitreux et d'oxigène qui a lieu au commencement et à la fin de l'opération s'explique facilement. En effet, lorsqu'on vient de verser de l'acide sulfurique sur le nitrate de potasse, et qu'on commence à chauffer la cornue, il n'y a qu'une petite quantité d'acide nitrique mise en liberté; celui-ci rencontrant une grande quantité d'acide sulfurique libre qui s'empare de son eau, est décomposé en oxigène et en acide nitreux. Aussitôt que le nitre est fondu, le contact est plus intime, l'acide sulfurique se combinant avec la potasse, abandonne son eau à l'acide nitrique, qui à son tour prédomine, et échappe par ce moyen à l'action de l'acide sulfurique. L'acide nitrique enlevant à chaque instant de l'eau à l'acide sulfurique, il arrive une époque où ce dernier est en excès par rapport au premier ; dès lors, on aperçoit de nouvelles vapeurs orangées.

Si l'on fait usage d'acide sulfurique étendu d'eau, il ne se forme pas de vapeurs d'acide nitreux.

On ne décompose complètement le nitrate de potasse qu'autant qu'on emploie une quantité d'acide sulfurique telle, qu'il se forme un bisulfate de cet alcali.

*Formule atomique.*

$$AzAz \; K + 2 (S + aq) = S^2 K + (AzAz + aq) + aq.$$

Il est à remarquer que l'acide nitrique qu'on obtient par ce procédé renferme toujours plus d'un atome d'eau ; le second atome se répartit entre cet acide et le bisulfate de potasse.

Pour purifier l'acide nitrique préparé comme je viens de l'indiquer, on y verse du nitrate d'argent qui donne un précipité qu'on laisse déposer ; on ajoute alors une nouvelle quantité de ce sel jusqu'à ce qu'il ne se forme plus de précipité. On décante le liquide avec une pipette, puis on le distille en ayant soin d'arrêter l'opération dès qu'il n'y a plus de vapeurs orangées dans la cornue. On remet un nouveau matras tubulé, et on continue la distillation jusqu'à ce qu'il ne reste plus que très peu de liquide.

Le nitrate d'argent précipite le chlore et l'acide sulfurique ; le premier forme un chlorure d'argent insoluble, et le second un sulfate d'argent également insoluble. L'acide nitreux, qui est presque toujours dissous par l'acide nitrique, se vaporise aux premières impressions de la chaleur.

*Composition.* On remplit d'eau un tube de verre long, et d'un diamètre de 10 millimètres ; on y fait passer 2 v. de deutoxide d'azote et 2 v. d'oxigène ; on abandonne l'expérience à elle-même pendant un quart d'heure sans agiter le tube. On trouve un résidu de $\frac{1}{2}$ v. d'oxigène, et il se forme de l'acide nitrique qui est dissous par l'eau.

Voici ce qui se passe dans cette expérience.

Le deutoxide d'azote se trouvant en contact avec l'oxigène passe à l'état d'acide nitreux qui est décomposé par l'eau en acide nitrique qui se dissout, et en deutoxide d'azote qui se dégage. Ce dernier, rencontrant de l'oxigène, repasse à l'état d'acide nitreux, etc., et cette action continue jusqu'à ce que tout le deutoxide d'azote ait été transformé en acide nitrique.

Puisque nous avons un résidu de $\frac{1}{2}$ v. d'oxigène, il y en a eu 1 v. $\frac{1}{2}$ qui a été absorbé par les 2 v. de deutoxide d'azote. Or, 2 v. de deutoxide d'azote renferment 1 v. d'oxigène et 1 v. d'azote, par conséquent l'acide nitrique renferme 1 v. d'azote, et 2,5 oxigène.

*Usages.* L'acide nitrique a une foule d'usages que nous indiquerons à mesure que l'occasion s'en présentera.

*Histoire.* Ce fut dans le xiiie siècle que Raimond Lulle prépara cet acide avec de l'argile et du nitrate de potasse. Plus tard, Glaubert employa ce dernier sel et l'acide sulfurique. Mais ce ne fut qu'en 1784 que Cavendish fit connaître la nature de ses élémens.

SOUFRE.

*Propriétés physiques.* 1° *Etat solide.*

Le soufre conserve l'état solide jusqu'à 108°, température à laquelle il fond. Si on le laisse refroidir lentement, il cristallise en prismes obliques à bases rhombes, qui sont durs, cassans et opaques.

Si on le dissout dans du sulfure de carbone, et qu'on abandonne la dissolution à une évaporation spontanée, on obtient des octaèdres alongés à bases rhombes.

Le soufre a une couleur jaune-citron.

$$D = 1,99. \qquad p. a = 201,16.$$

Il conduit très mal le calorique et le fluide électrique. Tenu dans la main, il fait entendre un craquement particulier, et finit par se rompre. Frotté, il acquiert l'électricité négative.

2° *Etat liquide.*

Le soufre fondu à 108° est très fluide, et possède une couleur citrine. D'après M. Dumas, il conserve sa couleur et sa fluidité jusqu'à 160°, où il commence à s'épaissir, et prend une teinte légèrement rouge ; il est tellement épais à 235°, que lorsqu'on renverse le vase dans lequel on fait l'expérience, le soufre paraît immobile. Si l'on porte la température de ce corps très près de 400°, il devient un peu fluide, et sa couleur est rouge-brune. En le laissant refroidir jusqu'à 108°, il redevient fluide ; si on le chauffe de nouveau jusqu'à le faire bouillir, il manifeste toutes les propriétés que nous venons de signaler.

Le soufre liquide porté à 240° et projeté subitement par petites portions dans une grande quantité d'eau, acquiert une ductilité et une mollesse telles, qu'il peut être tiré en fils de la finesse d'un cheveu : il conserve ces deux propriétés à peu près pendant trente-six heures, époque à laquelle il cristallise, et reprend sa couleur jaune citron.

Les propriétés si différentes dont jouit cet élément ne peuvent être attribuées qu'à un changement dans l'arrangement de ses molécules.

3° *A l'état gazeux.* La force élastique de la vapeur de soufre est de 0$^m$,76 à la température d'environ 400° ; sa couleur est d'un rouge orangé. Cette vapeur, condensée dans un grand récipient, apparaît sous la forme d'une poudre qui porte le nom de *fleur. de soufre.*

La densité du soufre gazeux n'a pas été déterminée directement.

*Propriétés chimiques.* Le soufre, en se combinant avec l'hydrogène à une certaine température, donne l'acide hydro-sulfurique.

Il forme avec l'oxigène quatre composés acides.

Si. l'on chauffe du soufre à 150°. dans une coupelle de phosphate de chaux, et qu'on le plonge dans un flacon d'oxigène, on aperçoit une flamme pâle et bleuâtre; et il se forme du gaz acide sulfureux. En opérant la combustion du soufre dans une cloche courbe sur le mercure, on devrait trouver un volume d'acide égal à celui de l'oxigène employé; mais il n'en est pas ainsi: le volume du premier est toujours un peu plus petit que celui du dernier. M. Berzelius pense que cela tient probablement à ce que l'acide sulfureux est plus coërcible que l'oxigène, comme l'a démontré M. OErsted.

L'eau est indécomposable par le soufre.

Porté à une température élevée dans du protoxide d'azote, il en résulte $\frac{1}{2}$ volume d'acide sulfureux et 1 volume d'azote. Le deutoxide d'azote n'a pas d'action sur ce métalloïde.

Le soufre s'enflamme dans la vapeur nitreuse à une température plus élevée que 150°.

Traité par l'acide nitrique bouillant, il se transforme en acide sulfurique.

*Propriétés organoleptiques.* Il est insipide, il a une légère odeur qui est augmentée par le frottement.

*État naturel.* On le trouve dans la nature à l'état de sulfure et de sulfate; à l'état natif principalement dans les terrains volcaniques; il affecte la forme de masses translucides ou opaques, d'octaëdres alongés à bases rhomboïdales.

Les matières organiques, telles que la laine, les poils, et quelques plantes, contiennent des quantités très notables de soufre.

*Extraction.* Lorsque le soufre est mélangé avec des matières terreuses, on les chauffe dans des pots de terre placés dans un fourneau appelé *galère.* Ces pots communiquent avec d'autres qui sont percés à leur fond, de manière que le soufre distillé tombe dans l'eau. Pl. II, fig. 32.

Si le soufre était en combinaison, comme par exemple dans le bisulfure de fer, alors on chauffe ce minerai dans des cylindres de terre qui communiquent à des récipiens pleins d'eau.

Purification du soufre.

Le soufre préparé par ces deux moyens contient toujours des matières étrangères qui le colorent en gris. Pour le purifier, on le fait volatiliser dans une chambre de plomb, où on obtient à volonté du soufre liquide ou de la fleur de soufre. On coule le premier dans des moules légèrement coniques de sapin mouillé; sous cette forme on le nomme *soufre en canon.*

*Usages.* On l'emploie pour la fabrication des allumettes, à cause de sa combustibilité et de son bas prix. Il sert encore à faire des moules ou à prendre des empreintes.

Il entre dans la préparation des acides sulfurique et sulfureux, dans celle de la poudre à canon, etc., etc.

*Histoire.* On ignore l'époque à laquelle le soufre a été découvert. On sait seulement qu'il est connu de la plus haute antiquité.

ACIDE SULFUREUX.

*Nomenclature.* Esprit de soufre.

*Propriétés physiques.* 1° *A l'état gazeux.*

$$D = 2,234.. PL = 2,9019.$$

Il est incolore; soumis à un froid de 20° au-dessous de zéro, il se liquéfie.

2° *A l'état liquide.* L'acide sulfureux bout sous la pression ordinaire à — 10°.

$$D = 1,45.$$

Lorsqu'on entoure la boule d'un thermomètre de coton mouillé de cet acide, et qu'on l'expose à l'air, cet instrument descend à — 57°, et dans le vide jusqu'à — 68°.

Si l'on verse de l'acide sulfureux dans une petite quantité d'eau, une portion s'évapore, une autre se dissout; enfin une troisième se dépose au fond du vase sous la forme de globules. En touchant ceux-ci avec un tube de verre, ils bouillent aussitôt, et le froid qui en résulte congèle l'eau.

*Propriétés chimiques.* Il rougit la teinture de tournesol, qu'il décompose avec le temps.

Le calorique n'a aucune action sur lui.

1 volume d'eau à 18° en dissout 44 volumes, tandis qu'un volume d'alcool en dissout 116.

La dissolution aqueuse de cet acide soumise à l'ébullition ne peut en être complètement privée.

L'oxigène, les oxides d'azote et le gaz nitreux sec n'ont aucune action sur le gaz sulfureux.

Si l'on fait un mélange sur le mercure de 1 v. d'oxigène et de 2 v. de gaz sulfureux, et qu'on introduise un peu d'eau, on voit d'abord une absorption très rapide; mais ensuite elle diminue, parce que l'acide sulfureux dissous dans l'eau se combine lentement avec l'oxigène pour donner lieu à de l'acide sulfurique.

L'hydrogène à froid n'agit pas sur le gaz sulfureux,

mais à l'aide d'une température moindre que la chaleur rouge, il se produit de l'eau, et du soufre se dépose. Dans le cas où ce métalloïde est en excès, il y a formation d'acide hydro-sulfurique.

Après avoir fait le vide dans un ballon de verre, si on y introduit

> 2ᵛ acide sulfureux,
> 2ᵛ deutoxide d'azote,
> 2ᵛ oxigène,

1 v. d'oxigène se combine avec 2 v. de deutoxide d'azote pour donner de l'acide nitreux ; il reste un mélange d'acides sulfureux, nitreux, et d'oxigène, qui n'exercent aucune action les uns sur les autres. Mais verse-t-on quelques gouttes d'eau, la vapeur rouge orangée disparaît peu à peu, et il se dépose sur les parois du vase, des cristaux incolores qui contiennent en combinaison de l'acide sulfurique, de l'acide nitreux et de l'eau. D'après M. Gaultier de Claubry, ils sont formés de cinq atomes d'acide sulfurique, deux atomes d'eau et de deux atomes de d'acide hypo-nitreux.

Ces cristaux mis en contact avec l'eau fournissent, suivant M. Gay-Lussac, du gaz nitreux, et sans doute du deutoxide d'azote; le liquide contient de l'acide sulfurique, un peu d'acide nitrique, et peut-être de l'acide nitreux lorsqu'on emploie une petite quantité d'eau.

*Propriétés organoleptiques.* Cet acide a une odeur qui suffoque, il excite les larmes et provoque la toux.

*Etat naturel.* On le rencontre dans les cratères et dans les environs des volcans, d'où il sort de la vapeur de soufre qui passe à l'état d'acide sulfureux par son contact avec l'air atmosphérique.

*Préparation.* On introduit dans une fiole de verre une partie de mercure et cinq parties d'acide sulfurique concentré, à son col on adapte un tube recourbé que l'on engage sous une éprouvette pleine de mercure ; on chauffe jusqu'à ce qu'il se manifeste une légère ébullition qui est due à l'acide sulfureux ; ce gaz est pur lorsque l'eau l'absorbe complètement. Il reste dans la fiole du sulfate de protoxide ou de deutoxide de mercure. Nous raisonnerons dans l'hypothèse de la formation du premier sel.

*Formule atomique.*

$$2\,\overset{\cdot\cdot\cdot}{S} + \overset{\cdot\cdot}{Hg} = \overset{\cdot\cdot\cdot}{S}\,\overset{\cdot\cdot}{Hg} + \overset{\cdot\cdot}{S}.$$

Lorsqu'on veut obtenir une dissolution aqueuse d'acide sulfureux, on emploie, pl. II, fig. 34, un très grand matras dans lequel on met des copeaux de bois et de l'acide sulfurique ; le reste de l'appareil est disposé comme celui dont nous nous sommes servis pour préparer une dissolution d'ammoniaque. Cet acide doit être conservé à l'abri du contact de l'air, parce qu'il absorbe l'oxigène, et passe à l'état d'acide sulfurique.

On se procure encore de l'acide sulfureux par la combustion du soufre dans l'air.

*Composition.* En brûlant du soufre dans un certain volume d'oxigène, on trouve que le volume du gaz acide sulfureux est sensiblement le même que celui de l'oxigène. Si on admet l'égalité entre ces deux volumes, et qu'on retranche 1,1026, densité de l'oxigène, de 2,234, densité du gaz sulfureux, le reste 1,1314 diffère peu de la demi-densité de la vapeur du soufre. D'après ce résultat, nous avons pour la composition de l'acide sulfureux :

|  | Poids. | Atomes. |  |
|---|---|---|---|
| Oxigène. | 49,86 | 2 | 200 |
| Soufre. | 50,14 | 1 | 201,16 |
|  | 100,00 | Poids atom. | 401,16 |

*Usages.* Cet acide est employé pour blanchir la soie, la

laine, le ligneux , et pour enlever les taches faites par
des fruits sur des étoffes; on en fait aujourd'hui un fréquent usage pour guérir les maladies de la peau.

*Histoire.* Stahl est le premier qui le distingua des autres
corps. En 1771, Schééle le prépara, en dissolution dans
l'eau. Priestley, en 1774, donna le procédé pour l'obtenir
à l'état gazeux.

### ACIDE SULFURIQUE ANHYDRE ( $S$ ).

*Propriétés physiques.* 1° *A l'état solide.*
L'acide sulfurique solide se présente sous la forme de
longues aiguilles cristallines réunies parallèlement les unes
aux autres, qui ressemblent à de l'asbeste ; il est flexible et
difficile à couper.

2° *A l'état liquide.* Il est incolore et transparent ; il
réfracte fortement la lumière; il fond à 25°, et se volatilise
sans décomposition.

$$D = 1{,}97.$$

*Propriétés chimiques.* Il est très déliquescent ; aussi à
peine est-il exposé à l'air, qu'il répand d'épaisses fumées blanches ; il a tant d'affinité pour l'eau, que lorsqu'on
en jette un petit fragment dans ce liquide, on entend un
sifflement semblable à celui que produirait, dans les mêmes
circonstances, un morceau de fer chauffé à rouge. Ce sifflement est dû à une portion de l'eau qui se réduit subitement en vapeur.

Lorsque cet acide est liquéfié, il dissout le soufre ; il
en résulte une liqueur qui passe du brun au vert, ou
au bleu, suivant la plus ou moins grande quantité de soufre
dissous. Si l'on verse de l'eau dans ces dissolutions, il se
précipite du soufre, et la couleur disparaît.

*Etat.* Il ne se rencontre dans la nature qu'en combinaison avec l'eau, et certaines bases salifiables.

*Préparation.* On se procure d'abord de l'acide sulfurique *fumant* au moyen du sulfate-de fer desséché et chauffé au rouge blanc. Ensuite, en le distillant à une douce chaleur, on obtient des cristaux d'acide sulfurique anhydre.

*Composition.* En faisant passer à travers un tube de porcelaine chauffé à une température très élevée, un poids déterminé de cet acide, il en résulte 2 v. de gaz sulfureux et 1 v. d'oxigène ; par conséquent, il est composé :

|  | Poids. | Volumes. | Atomes. | |
|---|---|---|---|---|
| Oxigène. | 59,86 | 3 | 3 | 300 |
| Soufre. | 40,14 | 1 | 1 | 201,16 |
|  | 100,00 |  | Poids atom. | 501,16 |

ou volumes.

Acide sulfureux. . . . . . . . . . . . 2
Oxigène. . . . . . . . . . . . . . . . 1

*Histoire.* MM. Bussy et Vogel l'ont extrait de l'acide fumant de Nordhausen.

ACIDE SULFURIQUE HYDRATÉ $(S + aq)$.

*Nomenclature.* Huile de vitriol.

*Propriétés physiques.* Il est liquide ; il bout à 326° ; sa congélation a lieu à — 20°.

$$D = 1,845$$

Il possède une transparence parfaite ; sa consistance est oléagineuse.

*Propriétés chimiques.* L'acide sulfurique est un des acides les plus forts que l'on connaisse ; il rougit fortement la teinture de tournesol. Lorsqu'il a pour densité 1,78, il renferme un atome d'acide réel et deux atomes d'eau ; il se congèle à quelques degrés au-dessous de zéro, et peut rester solide jusqu'à 7°. Son ébullition a lieu à 224° ; on peut lui enlever un atome d'eau en le faisant bouillir; mais il se volatilise en même temps une petite quantité d'acide.

Lorsqu'on mélange quatre parties d'acide sulfurique, et une partie de neige ou de glace pilée, la température s'élève à 100°. Si l'on remplace la proportion d'acide par celle de la neige, et celle de la neige par celle de l'acide, on a un froid de 20°.

Ces deux résultats, qui paraissent contradictoires, s'expliquent facilement en se rappelant ce que nous avons dit sur le froid produit par la fusion des corps, et sur la chaleur dégagée dans les combinaisons.

L'acide sulfurique exposé à l'air en attire l'humidité, au point qu'il peut doubler de poids en quelques jours.

Si l'on verse de l'acide sulfurique dans de l'acide nitreux, il se dépose des cristaux dont nous avons parlé en traitant de l'acide sulfureux.

En préparant l'acide nitrique, nous avons vu qu'il était décomposé par l'acide sulfurique, en acide nitreux et en oxigène.

Lorsqu'on soumet l'acide sulfurique au courant de la pile, ses élémens se séparent de manière que l'oxigène va au pôle positif, et le soufre au pôle négatif.

L'acide sulfurique en vapeur, traversant un tube de porcelaine rouge de feu, se décompose en donnant lieu à 2 v. d'acide sulfureux, à 1 v. d'oxigène, plus à de la vapeur d'eau.

L'hydrogène agit sur cet acide, comme sur l'acide sulfureux.

En tenant de l'acide sulfurique en ébullition avec du soufre, il se dégage de l'acide sulfureux qui provient d'une part de l'acide sulfurique, à qui le soufre a enlevé de l'oxigène, et de l'autre de la combinaison de l'oxigène avec le soufre.

*Propriétés organoleptiques.* Il n'a point d'odeur, sa saveur est insupportable. Lorsqu'on met deux gouttes de cet acide dans un litre d'eau, elle acquiert un goût agréable ; on l'emploie quelquefois à la place du citron pour faire la limonade.

*État naturel.* On a trouvé l'acide sulfurique dissous dans l'eau. Il existe dans la nature combiné avec beaucoup de bases salifiables.

*Préparation.* On fait un mélange de neuf parties de soufre et d'une partie de nitrate de potasse, que l'on chauffe dans une chambre de plomb. Il en résulte du gaz sulfureux, du deutoxide d'azote, qui, par l'intermédiaire de l'oxigène, de l'air atmosphérique, et de l'eau, produisent de l'acide sulfurique.

Description d'une chambre de plomb.

Cette chambre est formée de lames de plomb soudées les unes aux autres, et soutenues par une charpente de bois ; sa capacité moyenne est de dix-huit à vingt mille pieds cubes. ABCD, pl. II, fig. 33, représente la coupe verticale d'une telle chambre. En BC se trouve un fourneau dont la cheminée est extérieure, et qui est muni d'une plaque en fonte EF à bords relevés ; le sol CH est incliné, et couvert d'acide sulfurique à 10°.

On introduit par une porte E, pratiquée dans la paroi AB, le mélange de soufre et de nitrate de potasse que l'on place sur la plaque de fonte EF, dont la température détermine l'inflammation du soufre. La combustion est entretenue à l'aide d'un courant d'air qui s'établit par une petite ouverture O, et par la cheminée D. En R, se trouve un robinet pour faire écouler l'acide sulfurique. Il y a production d'acide sulfureux aux dépens de l'oxigène de l'air atmosphérique, et d'une portion de l'oxigène provenant de l'acide nitrique décomposé ; il se forme aussi de l'acide sulfurique qui se combine avec la potasse : enfin,

il se dégage du deutoxide d'azote, qui par son contact avec
l'oxigène de l'atmosphère passe à l'état d'acide nitreux. La
chambre renferme donc de l'acide sulfureux, de l'acide
nitreux, et de l'eau. D'après ce que nous avons vu précédemment, il doit se produire des cristaux contenant de
l'acide sulfurique, de l'acide nitreux et de l'eau : ceux-ci
se trouvant en présence d'un excès de ce dernier liquide,
en dégagent de l'acide nitreux, qui, en redevenant libre,
forme encore, avec l'acide sulfureux et l'eau, un composé
cristallin, etc. Il est facile de voir, d'après cela, pourquoi la
chambre doit être humide. A cet effet, on y dirige un courant de vapeur d'eau au moyen d'une chaudière.

Lorsque l'acide de la chambre de plomb marque 45° à
l'aréomètre de Beaumé, on l'en retire à l'aide du robinet R.
Dans cet état il contient de l'acide sulfureux, de l'acide nitreux, des sulfates de fer, de plomb, de potasse et de chaux.
Ce dernier sel s'y trouve lorsqu'on fait usage d'eau de puits.
L'acide sulfurique est versé dans une chaudière de plomb,
où on le chauffe pour chasser les acides sulfureux et nitreux, et une certaine quantité d'eau. Quand il marque 55°,
on le met dans une chaudière de platine, recouverte d'un
chapiteau du même métal, on le concentre jusqu'à ce qu'il
marque 66° ; alors on le transvase avec un siphon de
platine dans un réservoir de grès, où on le laisse refroidir
et se clarifier ; enfin on le soutire dans des *dames jeannes*
en grès, que l'on bouche convenablement.

L'acide sulfurique ainsi préparé peut être employé pour
quoi que ce soit dans les arts ; mais, comme il contient encore une petite quantité de sulfates, on l'obtient pur en
le distillant.

Pour cela, on l'introduit dans une cornue de verre
avec un fil de platine roulé en spirale ; on assujettit la cornue dans un fourneau à réverbère, et on fait rendre son

col dans un matras à pointe dont le col a été usé à l'émeri sur celui de la cornue; on porte peu à peu le liquide à l'ébullition.

D'après M. Berzelius, au lieu de mettre un fil de platine roulé en spirale, il vaut mieux ne chauffer que les parois latérales et la partie supérieure de la cornue.

L'acide sulfurique a tant d'affinité pour l'eau, qu'on doit le conserver dans des flacons à l'émeri bien fermés.

*Composition.* L'acide sulfurique hydraté le plus concentré contient un atome d'eau, en sorte qu'il est composé comme suit :

|  | Poids. | Atomes. |  |
|---|---|---|---|
| Acide sulfurique. | 81,68 | 1 | 501,16 |
| Eau. | 18,32 | 1 | 112,47 |
|  | 100,00 | Poids atom. | 613,63 |

*Usages.* C'est un des acides les plus employés en chimie et dans les arts.

### ACIDE HYDROSULFURIQUE (SH$^2$).

*Nomenclature.* Cet acide a porté les noms d'*air puant*, de *gaz hépathique*; on le nomme encore aujourd'hui *hydrogène sulfuré.*

*Propriétés physiques.* 1° *État gazeux.* A la température et sous la pression ordinaires, il est gazeux et incolore; mais, comprimé et refroidi convenablement, il se liquéfie.

$$D = 1,1912 \quad . \quad P. L = 1^g,5475.$$

2° *État liquide.* Il possède une très grande fluidité ($D = 0,9$); sa force élastique est de 17 atmosphères à 10°; son pouvoir réfringent est un peu plus grand que celui de l'eau.

*Propriétés chimiques.* Il rougit faiblement la teinture de tournesol; il éteint les corps en combustion.

L'eau en dissout à peu près trois fois son volume; si on

expose cette dissolution à l'action de la chaleur, tout l'acide se dégage.

Lorsqu'on fait passer lentement de l'acide hydrosulfurique à travers un tube de porcelaine rouge de feu, il se décompose presque en totalité en hydrogène et en soufre. Une série d'étincelles électriques en opère complètement la décomposition. L'oxigène sec n'a aucune action sur lui à la température ordinaire; mais s'il est en présence de cet acide dissous dans l'eau, il se dépose peu à peu du soufre et il se forme de l'eau.

Si on introduit dans l'eudiomètre à mercure 1 v. d'acide hydrosulfurique et 1 v. $\frac{1}{2}$ d'oxigène, et si on excite une étincelle électrique à travers le mélange, il en résulte 1 v. de vapeur d'eau, qui se condense, et 1 v. d'acide sulfureux, en supposant qu'il ne se forme pas d'acide sulfurique. Si on eût mis 2 v. d'oxigène, on aurait trouvé, outre les produits énoncés, un peu d'acide sulfurique.

En approchant une éprouvette pleine de ce gaz d'une bougie allumée, on aperçoit une flamme bleuâtre; il y a formation d'eau, d'acide sulfureux, et dépôt de soufre, parce que l'air ne se renouvelle pas assez rapidement pour brûler tout celui-ci.

L'acide nitreux décompose instantanément l'hydrogène sulfuré à la température ordinaire; l'acide nitrique concentré détruit sa dissolution aqueuse en donnant lieu à de l'eau, à de l'acide nitreux et à un dépôt de soufre. L'action prolongée de l'acide sulfurique conduit au même résultat, à l'exception de l'acide nitreux.

2 v. d'acide hydrosulfurique et 1 v. de gaz sulfureux secs n'agissent que lentement; mais, s'ils sont humides, on voit apparaître de suite du soufre, et il se produit de l'eau.

*Propriétés organoleptiques.* Son odeur est semblable à celle des œufs pourris, sa saveur est acide et sucrée; respiré en petite quantité, il est très délétère, d'après les expériences de MM. Thenard et Dupuytren.

*Etat.* L'acide hydrosulfurique se rencontre dans certaines eaux minérales, et dans toutes celles qui contiennent du sulfate de chaux et des matières organiques n'ayant pas le contact de l'air. Ces matières font passer ce sel à l'état d'hydrosulfate de chaux.

*Préparation.* On introduit dans un matras une partie de sulfure d'antimoine pulvérisé et six parties d'acide hydrochlorique fumant. A son col on adapte un tube propre à recueillir les gaz et un tube de sûreté à boule par lequel on verse l'acide. Le gaz est reçu sur le mercure ou sur l'eau. On chauffe légèrement le fond du matras; il se produit du chlorure d'antimoine, et il se dégage de l'hydrogène sulfuré qui est pur lorsqu'une dissolution de potasse l'absorbe complètement.

*Formule atomique.*

$$S^3Sb + 6\,ChH = Ch^6Sb + 3\,SH^2.$$

*Composition.* On fait passer dans une cloche courbe, sur le mercure, 1 v. d'hydrogène sulfuré, et l'on porte un fragment d'étain dans la partie courbe de la cloche, que l'on chauffe avec la lampe à alcool de manière à fondre le métal; au bout d'une demi-heure, l'action est terminée; on laisse refroidir l'appareil, et on trouve pour résidu de l'hydrogène qui occupe le même volume que l'acide hydrosulfurique. Ce dernier contient donc un volume d'hydrogène égal au sien. Si l'on retranche 0,0688, densité de l'hydrogène, de 1,1912, densité de l'acide hydrosulfurique, il reste 1,1224 qui est la demi-densité de la vapeur de soufre; par conséquent, l'hydrogène sulfuré est composé de

| | Poids. | Volumes. | | Atomes. | |
|---|---|---|---|---|---|
| Soufre. | 94,16 | $\frac{1}{2}$ | $=$ | 1 | 201,16 |
| Hydrogène. | 5,84 | 1 | | 2 | 12,47 |
| | 100,00 | | | Poids atom. | 213,63 |

*Usages.* On l'administre en médecine sous forme de bains ; telles sont les eaux minérales sulfureuses. On s'en sert dans les laboratoires pour différentes opérations.

*Histoire.* Il fut découvert par Schéèle en 1777. Ce fut Berthollet qui le regarda le premier comme un acide.

PHOSPHORE.

*Nomenclature.* Le nom de ce corps est dérivé de deux mots grecs qui signifient *porte-lumière.*

*Propriétés physiques.* Le phosphore est incolore, mou et ductile ; il conserve l'état solide jusqu'à 43°, où il fond ; il bout à 290° ; il cristallise en dodécaèdres réguliers. Si on le laisse refroidir très lentement, il offre un multitude de petites lames. A zéro il est cassant, mais au-dessus de 10° il est ductile.

$$D = 1,77 \quad p.\, a = 196,14.$$

En faisant fondre du phosphore qui avait été distillé plusieurs fois, et en le plongeant rapidement dans l'eau froide, M. Thenard a vu qu'il prenait une couleur noire, qu'il a fait disparaître et reparaître à volonté en le fondant et en le refroidissant ; tandis que ce célèbre chimiste a trouvé que le même phosphore fondu à 45°, et refroidi lentement, était incolore et transparent.

D'après M. Dumas, la vapeur de phosphore a pour densité 2,1836.

*Propriétés chimiques.* Du phosphore exposé à la lumière, dans le vide barométrique, dans l'azote, l'hydrogène, l'hydrogène proto-carboné, dans l'eau privée d'air., etc., prend une teinte rouge.

Lorsqu'on introduit dans une cloche courbe sur le mercure un bâton de phosphore dans de l'oxigène dont la tension est 0$^m$,76, et dont la température ne dépasse pas

25°, il n'y a aucune combinaison entre ces deux corps; mais, si la température s'élève jusqu'à 38°, il y a formation d'acide phosphorique, avec dégagement de chaleur et de lumière.

Si la pression de l'oxigène n'est plus que de 5 à 10 centimètres, la température étant comprise entre 5° et 27°, le phosphore s'entoure d'une vapeur blanche, due à de l'acide hypophosphorique, et devient lumineux dans l'obscurité. C'est ce que l'on voit très bien en introduisant un bâton de phosphore dans le vide barométrique, et en y faisant passer quelques bulles d'oxigène.

On conçoit, d'après cette dernière expérience, pourquoi le phosphore est lumineux dans l'air, à la température et sous la pression ordinaires, tandis qu'il ne l'est pas dans l'oxigène toutes choses égales d'ailleurs; c'est que, dans le premier de ces gaz, ce corps est environné d'oxigène qui a une faible tension, parce qu'il est mêlé à quatre fois son volume d'azote. Le phosphore ayant une grande action sur l'oxigène de l'air, doit être conservé dans de l'eau bouillie renfermée dans un flacon bouché à l'émeri.

Ce corps s'unit au moins en cinq proportions avec l'oxigène et donne naissance à quatre acides et à un oxide.

L'hydrogène forme avec le phosphore deux combinaisons gazeuses, qui sont l'*hydrogène proto-phosphoré* et l'*hydrogène per-phosphoré*.

D'après les expériences de M. Pelouze, la matière blanche qui recouvre les bâtons de phosphore abandonnés pendant long-temps dans l'eau est de l'hydrate de phosphore renfermant quatre atomes de phosphore et un atome d'eau.

Le soufre s'unit au phosphore en toutes sortes de proportions.

*Propriétés organoleptiques.* Le phosphore a une odeur analogue à celle de l'ail; il est insipide.

*Etat.* Il n'existe dans la nature qu'à l'état de combinaison. On trouve plusieurs phosphates; les plus abondans sont ceux de chaux, d'ammoniaque, de soude et de magnésie. Enfin le phosphore est uni à l'oxigène, à l'hydrogène, à l'azote et au carbone dans la laitance de carpe, et dans la matière grasse du cerveau.

*Préparation.* Nous ne la donnerons qu'en parlant des *phosphates de chaux.*

*Usages.* Il est employé en chimie. Dans les arts on en fait des *briquets phosphoriques.*

Ces briquets se préparent en remplissant presqu'entièrement de phosphore sec un petit tube de verre fermé à une extrémité, que l'on expose à l'aide d'une pince au-dessus de quelques charbons ardens. Lorsqu'on aperçoit une légère flamme, on retire le tube du feu et on le ferme avec un bouchon de liége.

Pour se servir d'un tel briquet, on plonge dans ce tube une allumette soufrée avec laquelle on gratte la surface du phosphore, dont on détache quelques parcelles; on frotte le bout de l'allumette sur un bouchon de liége, ou mieux sur un morceau de feutre; aussitôt elle s'enflamme.

*Histoire.* Il fut découvert par Brandt, en 1669.

ACIDE PHOSPHORIQUE ANHYDRE ($PP$).

*Propriétés physiques.* Il est solide, incolore, fusible, et ne se volatilise pas lorsqu'il est complètement privé d'eau. Sa densité est plus grande que celle de ce liquide.

*Propriétés chimiques.* Projeté dans l'eau, il s'y dissout en produisant un sifflement semblable à celui d'un fer rouge qu'on y plonge.

Il est très déliquescent.

*Etat.* On ne le trouve dans la nature qu'en combinaison avec les bases salifiables.

*Préparation.* On place une soucoupe contenant de la chaux vive sur un bain de mercure ; on la recouvre d'une grande cloche remplie d'air. Au bout de trois heures environ ce dernier gaz est dépouillé de son humidité. On dispose sur une nouvelle soucoupe très sèche une coupelle contenant du phosphore bien déséché ; on l'enflamme et on recouvre le tout de la cloche pleine d'air sec ; on voit apparaître une épaisse fumée blanche, et bientôt après une multitude de flocons de même couleur qui se déposent sur les parois de la cloche et sur la soucoupe. La combustion étant terminée, et la vapeur étant condensée, on enlève la cloche et l'on met promptement l'acide dans un flacon bouché à l'émeri bien sec.

Quoi qu'on fasse, l'acide ainsi obtenu renferme toujours une petite quantité d'eau qu'il absorbe pendant le temps qu'il est en contact avec l'air.

*Composition.*

|  | Poids. | Atomes. |  |
|---|---|---|---|
| Oxigène. | 56,03 | 5 | 500,00 |
| Phosphore. | 43,97 | 2 | 392,28 |
|  | 100,00 | Poids atom. | 892,28 |

ACIDE PHOSPHORIQUE HYDRATÉ.

*Propriétés physiques.* Il est solide, incolore, fusible et volatil ; on peut le faire cristalliser ; il est plus dense que l'eau. Lorsqu'on le fond dans un creuset de platine muni de son couvercle, et qu'on le laisse refroidir à l'abri du contact de l'air humide, il ressemble à du verre transparent.

*Propriétés chimiques.* Il rougit fortement la teinture de tournesol. L'eau et l'air humide agissent sur cet acide comme ils le font sur l'acide phosphorique anhydre.

Si l'on dissout dans l'eau de l'acide phosphorique fondu à une chaleur rouge, cette dissolution, récemment préparée, précipite celle de l'albumine ; elle précipite également la dissolution de nitrate d'argent, en donnant du phosphate neutre d'argent incolore.

L'acide phosphorique dissous depuis quelque temps, ne précipite plus l'albumine, et produit avec le nitrate d'argent un précipité jaune, qui est un sous-sel.

Si l'on fait évaporer à siccité la dissolution d'acide phosphorique préparée depuis long-temps, puis qu'on chauffe au rouge le résidu, qu'on le redissolve dans l'eau, et qu'on verse de suite de cette liqueur dans des solutions aqueuses d'albumine et de nitrate d'argent, il se forme des précipités incolores.

*Propriétés organoleptiques.* Il est inodore ; sa saveur est très aigre et caustique.

*État.* Cet acide est un produit de l'art.

*Préparation.* Parmi les différens procédés qu'on indique pour obtenir l'acide phosphorique, nous avons choisi le suivant :

On introduit 8 parties d'acide nitrique à 34° dans une cornue de verre bouchée à l'émeri ; on la place sur un fourneau ordinaire, et on adapte à son col un matras dont la tubulure porte un long tube ouvert à ses deux extrémités ; cela fait, on coupe sous l'eau une partie de phosphore en petits morceaux ; on en jette quelques uns dans la cornue, que l'on chauffe très peu, après l'avoir bouchée. L'acide nitrique cède une portion de son oxigène au phosphore, qui passe à l'état d'acide phosphorique, il se dégage du gaz nitreux et du deutoxide d'azote. Quand le phosphore a disparu, on en ajoute une nouvelle quantité, et on continue ainsi jusqu'à ce que tout ce métalloïde ait été dissous. Comme il distille beaucoup d'acide nitrique pendant l'opération, on *cohobe*, c'est-à-dire qu'on remet cet acide dans la cornue ; on entretient le feu sous cette dernière jusqu'à ce que le liquide prenne un aspect sirupeux, alors on le met dans un creuset de platine que l'on couvre et que l'on porte peu à peu jusqu'au rouge-brun. L'acide fondu est versé dans un flacon à l'émeri très chaud, qui doit être bouché rapidement.

*Composition.* D'après M. Dulong, l'acide phosphorique hydraté renfermé 100 parties d'acide phosphorique réel combiné avec 20,6 parties d'eau, que la chaleur rouge n'enlève pas.

*Usages.* Il a peu d'usages; mais ses combinaisons avec quelques bases salifiables en ont que nous étudierons dans la s uite.

### ACIDE HYPO-PHOSPHORIQUE OU PHOSPHATIQUE.

*Propriétés physiques.* Cet acide est liquide, incolore, plus dense que l'eau, dont on ne peut le priver.

*Propriétés chimiques.* Il rougit fortement le tournesol. Exposé à l'action de la chaleur, il se décompose en acide phosphorique et en hydrogène proto-phosphoré.

*Propriétés organoleptiques.* Il a une légère odeur d'ail; sa saveur est très aigre.

*Préparation.* On introduit des bâtons de phosphore dans des tubes de verre, dont l'une des extrémités a été effilée à la lampe, en ayant soin qu'ils soient moins longs que les tubes qui les contiennent. Ces derniers sont placés dans un entonnoir dont le bec s'engage dans l'orifice d'un flacon, reposant sur une assiette contenant de l'eau. On recouvre l'appareil d'une grande cloche à deux tubulures. Par cette disposition l'air se renouvelle, le phosphore brûle lentement, l'acide hypo-phosphorique est dissous par la vapeur d'eau, et coule dans le flacon.

L'acide ainsi obtenu renferme beaucoup d'eau qu'on fait évaporer en partie à une douce chaleur. On achève de le concentrer en le plaçant sous le récipient de la machine pneumatique, au-dessous d'un vase contenant de l'acide sulfurique.

*Composition.* M. Thenard a analysé cet acide en déterminant la quantité d'oxigène absorbée à froid par un poids donné de phosphore. M. Dulong a cherché combien il fallait de chlore pour le transformer en acide phosphorique. Il résulte des recherches de ces illustres chimistes, que l'acide hypo-phosphorique peut être représenté, abstraction faite de l'eau qu'il contient, par

|  | Atomes. |
|---|---|
| Acide phosphorique. . . . . . . | 2 |
| Acide phosphoreux. . . . . . . | 1 |

M. Dulong regardant le second de ces composés comme jouant le rôle de base, et le premier celui d'acide, l'a appelé par cette raison *phosphatique*, afin de rappeler la dénomination des sels formés par l'acide phosphorique.

### HYDROGÈNE PERPHOSPHORÉ ( $P^3 H^6$ ).

*Propriétés physiques.* Il est gazeux, et incolore.
D = 1,751 d'après M. Dumas.

*Propriétés chimiques.* En faisant arriver lentement à la surface de l'eau ce gaz contenu dans un flacon, il s'enflamme dès qu'il a le contact de l'air, en donnant naissance à des cercles d'une vapeur vésiculaire formée d'acide phosphoreux et d'eau; ces cercles vont en grandissant dans une atmosphère tranquille.

Si l'on fait passer bulle à bulle de l'hydrogène perphosphoré dans une éprouvette pleine d'oxigène, il se produit une série de détonations, une inflammation des plus vives, et il se dépose du phosphore en pellicules jaunâtres.

M. Dumas brûle complètement ce gaz, en le mélangeant avec de l'oxigène et de l'acide carbonique, et en chauffant le mélange jusqu'à 120°.

Si l'on introduit dans un tube étroit de l'hydrogène perphosphoré, puis qu'on y fasse arriver bulle à bulle de l'oxigène, on voit des vapeurs blanches sans qu'il ait inflammation, et l'hydrogène est mis en liberté. Les parois du tube absorbent assez de chaleur pour empêcher que l'hydrogène ne s'enflamme.

Le soufre chauffé dans ce gaz donne de l'acide hydro-sulfurique et du sulfure de phosphore. Lorsqu'on abandonne de l'hydrogène perphosphoré à lui-même, il se décompose au bout de quelque temps en phosphore et en hydrogène protophosphoré. Mais d'après des expériences récentes de M. Rose, on peut le conserver long-temps sans qu'il s'altère. La chaleur rouge, ou une série d'étincelles électriques, le décompose.

100 v. d'eau bouillie dissolvent 2ᵛ,14 de ce gaz. Cette dissolution réduit plusieurs sels à bases d'oxides métalliques, en produisant de l'eau et un phosphure.

*Propriétés organoleptiques.* Il a une odeur alliacée; dissous dans l'eau, sa saveur est amère.

*Etat.* Il prend naissance dans les lieux humides où sont enfouis des animaux.

*Préparation.* On prend quatre parties de chaux éteinte, et une partie de phosphore qu'on coupe en petits morceaux sous l'eau; on fait une bouillie épaisse avec ces substances, et on la met dans une fiole que l'on remplit de chaux éteinte jusqu'aux cinq sixièmes. Après avoir adapté à son col un tube recourbé, on chauffe légèrement; et quand le gaz s'enflamme au bout du tube, on engage ce dernier sous des flacons pleins d'eau.

On obtient par ce procédé du gaz hydrogène perphosphoré, de l'hydrogène et de l'hypo-phosphite de chaux.

Si l'on continuait long-temps à chauffer, on décomposerait ce sel; il se dégagerait de l'hydrogène, et une petite quantité d'hydrogène protophosphoré.

_Composition._ On détermine d'abord combien l'hydrogène perphosphoré contient d'hydrogène libre; à cet effet, on emploie une solution aqueuse de sulfate de cuivre qui n'absorbe que le premier gaz. Ensuite, on introduit dans une cloche courbe sur le mercure, 1 v. d'hydrogène perphosphoré, et un morceau de sublimé corrosif, puis on chauffe. On obtient 3 v. d'acide hydrochlorique, renfermant 1 v. $\frac{1}{2}$ d'hydrogène. En outre, 1 v. d'hydrogène perphosphoré exige 2 v. $\frac{5}{8}$ d'oxigène pour détoner dans l'eudiomètre à mercure, sur lesquels $\frac{3}{4}$ v. ont été employés pour donner de l'eau avec 1 v. $\frac{1}{2}$ hydrogène; il reste 1 v. $\frac{7}{8}$ d'oxigène qui, en se combinant avec le phosphore, ont donné de l'acide phosphorique. Or, cet acide est formé de 2 v. de phosphore et de 5 v. d'oxigène; par conséquent 1 v. $\frac{7}{8}$ d'oxigène sont combinés avec $\frac{3}{4}$ v. de phosphore. Ainsi donc :

1ᵛ hydrogène perphosphoré $=$ 1ᵛ $\frac{1}{2}$ hydrogène $+\frac{3}{4}$ᵛ vapeur de phosphore.

ou

4 hydrogène perphosphoré $=$ 6ᵛ hydrogène $+$ 3ᵛ vapeur de phosphore.

Nous aurons donc pour la composition de l'hydrogène perphosphoré :

|  | Poids. | Volumes. |  | Atomes. |  |
|---|---|---|---|---|---|
| Phosphore. | 94,02 | 3 | $=$ 4ᵛ | 3 | 588,42 |
| Hydrogène. | 5,98 | 6 |  | 6 | 37,44 |
|  | 100,00 |  |  | Poids atom. | 625,86 |

_Histoire._ Il fut découvert en 1783, par Gingembre; mais ce n'est que depuis les travaux de M. Dumas que sa composition est bien connue,

HYDROGÈNE PROTOPHOSPHORÉ ($PH^3$).

*Propriétés physiques.* C'est un gaz incolore.

$$D = 1,214 \quad P. L. = 1^{z},5777.$$

*Propriétés chimiques.* L'eau en dissout la huitième partie de son volume. Il ne s'enflamme pas par son contact avec l'oxigène ou l'air à la température et sous la pression ordinaires ; mais si on diminue la pression, il détone et offre des produits divers. Si l'hydrogène protophosphoré est en excès, par rapport à l'oxigène, il se forme de l'eau et de l'acide phosphoreux, ou de l'acide phosphoreux et de l'hydrogène libre. Si c'est au contraire l'oxigène qui domine, il y a production d'eau et d'acide phosphorique. L'étincelle électrique ou une température peu élevée remplace la diminution de pression.

Il se comporte avec le soufre comme le fait l'hydrogène perphosphoré.

*Propriétés organoleptiques.* Elles sont semblables à celles du gaz précédemment étudié.

*Etat.* Il se forme dans la nature, probablement dans les mêmes circonstances que l'hydrogène perphosphoré.

*Préparation.* On chauffe dans une petite cornue de verre munie d'un tube recourbé, de l'acide hypophosphorique, ou de l'acide phosphoreux ou de l'acide hypophosphoreux en dissolution concentrée. Il reste dans la cornue de l'acide phosphorique, et il se dégage de l'hydrogène protophosphoré. Il est facile de voir que l'eau est décomposée de telle sorte que son oxigène se porte sur une portion du phosphore, pour le faire passer à l'état d'acide phosphorique, et son hydrogène sur l'autre portion, pour donner lieu à l'hydrogène protophosphoré. Supposons que nous employons de l'acide phosphoreux, dans ce cas nous avons :

*Formule atomique.*

$$3\ \overset{\cdots}{H}H + 4\ \overset{\cdots}{P}P = 3\ \overset{\cdots}{P}P + 2\ PH^3.$$

10

*Composition.* Le moyen d'analyse est le même que pour l'hydrogène perphosphoré.

On trouve 1 v. $\frac{1}{2}$ d'hydrogène renfermé dans 1 v. d'hydrogène protophosphoré. De plus, en faisant détoner 1 v. de ce gaz avec de l'oxigène en excès, il faut 2 v. de ce dernier pour le transformer en acide phosphorique et en eau ; de là on déduit :

|  | Poids. | Volumes. |  | Atomes. |  |
|---|---|---|---|---|---|
| Phosphore. | 91,29 | 1 } | = 2ᵛ | { 1 | 196,14 |
| Hydrogène. | 8,71 | 3 } |  | { 3 | 18,72 |
|  | 100,00 |  |  | Poids atom. | 214,86 |

*Histoire.* Ce fut H. Davy qui le découvrit en 1812 ; mais c'est à M. Dumas que nous sommes redevables de la connaissance de sa composition.

M. Rose d'après des expériences récentes sur les deux composés d'hydrogène et de phosphore que nous venons d'étudier, les regarde comme ayant la même composition ; et par conséquent comme *isomères.*

CARBONE (C).

On appelle du nom de carbone un corps fixe, qui, en s'unissant à l'oxigène sans en changer le volume, donne naissance au gaz acide carbonique.

Si l'on prend des poids égaux de diamant et de noir de fumée pur, et qu'on les expose à une chaleur rouge blanche dans un appareil convenable, où il y a de l'oxigène, on trouve qu'ils produisent la même quantité d'acide carbonique. En outre, le poids de celui-ci représente exactement la somme des poids de l'oxigène, et du corps qui s'y est combiné. Ces expériences nous portent à confondre le carbone noir avec le diamant, quoique ces deux substances paraissent très différentes en apparence.

*Propriétés physiques du diamant.* Il est tantôt incolore, tantôt coloré de diverses couleurs; il cristallise en octaèdres.

$$D = 3,55.$$

C'est le plus dur de tous les corps; son pouvoir réfringent est considérable; il ne conduit pas le calorique ni l'électricité. Exposé pendant quelques instans aux rayons solaires, il répand une faible lumière dans l'obscurité. Il est infusible.

*Du carbone noir.* Il est solide, infusible; on n'a pu le faire cristalliser : $D = 2$ environ. Mais si on prenait sa densité lorsqu'il est réduit en poudre très fine privée d'air, elle serait un peu plus grande.

Il est opaque; il conduit le calorique et l'électricité quand il a été calciné.

On connaît sous le nom d'*anthracite* du carbone noir compacte qu'on rencontre dans la terre, et qui cristallise confusément en lames; il est doué de l'éclat métallique.

Le poids atomique du carbone est 76,63.

*Propriétés chimiques.* L'hydrogène et le carbone à l'état de gaz naissans peuvent se combiner en un grand nombre de proportions définies; mais on n'a pas encore déterminé avec exactitude s'ils s'unissaient directement.

L'oxigène forme avec ce métalloïde trois composés parfaitement distincts, qui sont, l'oxide de carbone, l'acide carboneux ou oxalique, et l'acide carbonique.

Si l'on porte dans de l'oxigène du carbone chauffé au rouge, la combustion est très vive; il y a dégagement de chaleur, de lumière et d'électricité.

Pour faire cette expérience, on fixe dans un bouchon l'une des extrémités d'un fil de fer, l'autre est roulée en forme d'anneau, dans lequel on place un cône de charbon de manière que son sommet regarde le bouchon; on allume ce cône et on le plonge dans un flacon rempli d'oxigène, en ayant soin de ménager une issue pour laisser échapper les gaz.

Dans cette combustion, il se dégage une grande quantité de chaleur, car, d'après M. Despretz, une p. de charbon en brûlant fond 109,9 p. de glace à zéro.

La lumière est très vive, parce que le carbone non brûlé la réfléchit, mais il y a peu de flamme produite. M. Pouillet a vu que le charbon qui brûle possède l'électricité négative, tandis que l'acide carbonique formé possède la positive. On n'entend pas de détonation, par la raison que, le carbone brûlant à l'état solide, la couche extérieure s'embrase d'abord, et échauffe en même temps la couche suivante, qui brûle à son tour; la combustion se propage lentement d'une couche à l'autre.

Le diamant et l'anthracite exigent, pour se combiner avec l'oxigène, une chaleur plus élevée que le charbon ordinaire.

Le charbon très divisé, tel que celui de sapin, brûle lentement, de 280° à 300°, sans répandre de lumière. Enfin, du charbon poreux peut brûler avec lenteur à la température ordinaire; mais on observe que la combustion cesse dès que le volume de l'acide carbonique se trouve en assez grande quantité pour saturer le pouvoir absorbant du charbon qui reste.

Lorsque le carbone et l'azote se combinent atome à atome, ils donnent lieu à un fluide élastique, qui est l'*azoture de carbone* ou *cyanogène*.

Un atome de carbone, en s'unissant à deux atomes de soufre, produit un composé liquide, nommé *sulfure de carbone*.

Si l'on fait passer rapidement plusieurs charbons rouges de feu sous une éprouvette pleine d'eau, on obtient un mélange d'acide carbonique, d'hydrogène, d'oxide de carbone et d'hydrogène proto-carboné.

Les deux oxides d'azote et l'acide nitreux sont réduits à la chaleur rouge par le carbone en azote et en acide carbonique. Le protoxide d'azote se décompose plus facilement que le deutoxide, car le carbone incandescent s'éteint dans celui-ci tandis qu'il brûle dans celui-là.

L'acide nitrique versé sur cet élément, porté à une température peu élevée, donne du protoxide, du deutoxide d'azote, et de l'azote. Si la température atteignait la chaleur rouge, il se formerait de l'acide carbonique, ou de l'oxide de carbone, et de l'azote.

L'acide sulfurique hydraté traité par le carbone à 150°, laisse dégager de l'acide sulfureux et de l'acide carbonique. De 500° à 600°, on aurait de l'acide carbonique, de l'oxide de carbone, du soufre, du sulfure de carbone, de l'hydrogène proto-carboné, et de l'acide hydrosulfurique.

Un atome d'acide sulfureux, en passant sur un atome de carbone rouge de feu, est transformé en un atome de soufre et en un atome d'acide carbonique.

Les oxacides du phosphore perdent leur oxigène lorsqu'on les chauffe convenablement avec du carbone.

*Propriétés organoleptiques.* Il n'a ni saveur, ni odeur.

*Remarque.* L'action du carbone sur les gaz à la température ordinaire ne pouvant être attribuée à de simples propriétés physiques, j'ai cru devoir l'examiner après avoir décrit les propriétés physiques et chimiques de ce corps.

On distingue deux espèces de charbon, le *charbon végétal* et le *charbon animal.*

Le premier provient du bois, le second des animaux.

M. Chevreul a fait voir que les épithètes de *végétal* et d'*animal* n'étaient pas convenables, et qu'on devrait appeler plutôt le premier *charbon hydrogéné,* et le second *charbon azoté.*

Absorption des fluides élastiques par le charbon végétal.

*Les différentes espèces de fluides élastiques sont absorbées en des proportions diverses par le charbon d'une même espèce de bois.*

On est arrivé à établir cette proposition d'après les expériences de MM. Morozzo, Rouppe et Norden, et surtout d'après celles de M. Th. de Saussuré, à qui sont dus les résultats suivans :

Un volume de charbon de bois, préalablement porté au rouge, et refroidi sans le contact de l'air, absorbe de 11 à 13°, et sous la pression 0$^m$,724.

| | | |
|---|---|---|
| 90 | volumes de | gaz ammoniac. |
| 85 | — | acide hydrochlorique. |
| 65 | — | acide sulfureux. |
| 55 | — | acide hydrosulfurique. |
| 40 | — | protoxide d'azote. |
| 35 | — | acide carbonique. |
| 35 | — | hydrogène bicarboné. |
| 9,42 | — | oxide de carbone. |
| 9,25 | — | oxigène. |
| 7,50 | — | azote. |
| 1,75 | — | hydrogène. |

On voit, d'après ce tableau, que les gaz simples sont moins absorbables que les gaz composés, et que, parmi ces derniers, ceux-là sont les plus absorbables qui sont les plus solubles dans l'eau, et qui possèdent des propriétés acides ou alcalines énergiques.

Il résulte encore des expériences de M. Th. de Saussure :

1° Que l'absorption des gaz par le charbon n'est jamais instantanée, et qu'elle est accompagnée d'un dégagement de chaleur d'autant plus sensible qu'elle se fait plus rapidement ;

2° Que du charbon saturé d'un gaz à une certaine température, en abandonne lorsqu'il est exposé à une tempé-

rature plus élevée, ou à une pression moindre que celle
où il a été saturé;

3° Que le charbon saturé d'un gaz en perd une portion
lorsqu'il est plongé dans l'eau;

4° Que le charbon saturé d'un gaz mis dans un autre gaz,
laisse constamment dégager une partie du premier en absorbant plus ou moins du second;

5° Que les charbons provenant de bois différens n'ont
pas tous, au même degré, le pouvoir d'absorber les gaz.

### Absorption des corps odorans par le charbon.

Les substances odorantes laissant dégager des fluides
élastiques sensibles à l'odorat, on conçoit aisément,
d'après ce qui précède, comment le charbon peut absorber certaines odeurs. *Par exemples,* si l'on fait bouillir
de la *viande très avancée* dans de l'eau contenant du charbon grossièrement concassé, elle perd sa mauvaise odeur;
lorsqu'on filtre de l'eau *croupie* à travers une couche de
charbon, elle devient inodore et potable.

Cependant ce combustible n'est pas susceptible d'absorber indistinctement tous les corps odorans : il y en a sur lesquels il n'a pas d'action bien sensible, tel est le camphre.

### Absorption des matières colorantes par le charbon.

Lorsqu'on agite pendant un quart d'heure une partie de
vin rouge avec le quart de son poids de charbon ordinaire
pulvérisé et préalablement calciné, et qu'on jette le tout sur
un filtre, on obtient un liquide complètement incolore.

Le vin rouge pouvant être regardé comme essentiellement composé d'eau, d'alcool et de matière colorante
dissoute dans ces deux liquides, puisque le charbon s'est
emparé de celle-ci, il faut en conclure qu'il a plus
d'affinité pour elle que n'en a le mélange d'eau et d'alcool;

et il est certain, suivant l'observation de M. Chevreul, que, si le charbon était incolore, comme l'est le diamant, il se colorerait en rouge.

On a peu étudié le charbon animal sous le rapport de la propriété qu'il possède d'absorber les gaz et les matières odorantes : mais on a fait une multitude d'expériences sur son pouvoir décolorant, qui a été trouvé beaucoup plus grand que celui du charbon végétal.

*Préparation.* Le charbon végétal se prépare de trois manières :

1° En brûlant lentement des morceaux de bois assemblés en forme de cône ;

2° En introduisant des morceaux de bois dans des cylindres en tôle, que l'on chauffe.

3° En brûlant des résines dans des chambres construites d'après un mode particulier, on obtient du *noir de fumée*.

Enfin, on extrait la houille, ou charbon de terre, par des fouilles faites dans le sein de la terre.

Quant au charbon animal, on se le procure en chauffant convenablement des os, de la chair ou du sang.

*Usages.* Le carbone à l'état cristallin a peu d'usages, mais le charbon impur en a beaucoup ; il sert de combustible, pour décolorer et désinfecter certaines matières, et pour une foule d'autres opérations.

OXIDE DE CARBONE (Ca).

*Propriétés physiques.* C'est un gaz incolore qui n'a pas encore été liquéfié.

$$D = 0{,}9732 \quad P. L = 1^{g}{,}2643.$$

*Propriétés chimiques.* Il éteint les corps en combustion : 100 v. d'eau purgée d'air par l'ébullition en dissolvent, à 18°, 6,2. Le calorique et le fluide électrique sont sans action sur ce gaz.

Parmi les corps simples précédemment étudiés, il n'y a que l'oxigène qui s'y combine, en donnant lieu à une flamme bleue et pâle, et à de l'acide carbonique. Si l'on présente une bougie allumée à l'ouverture d'un flacon contenant 1 v. d'oxide de carbone et $\frac{1}{2}$ v. d'oxigène, il se produit une forte détonation. Mêlé avec de l'air, il s'enflamme par le contact de l'éponge de platine.

*Propriétés organoleptiques.* L'oxide de carbone est insipide, inodore et délétère.

*État.* On ne le rencontre pas dans la nature.

*Préparation.* On introduit de l'oxalate de plomb sec dans une petite cornue de verre portant un tube propre à recueillir les gaz ; on la chauffe lentement jusqu'au rouge ; il se dégage de l'acide carbonique et de l'oxide de carbone ; le premier est absorbé par une dissolution de potasse ; il reste au fond de la cornue de l'oxide de plomb et un peu de plomb métallique.

M. Dumas prépare l'oxide de carbone en chauffant une partie de bi-oxalate de potasse et six parties d'acide sulfurique concentré ; il en résulte un mélange à volumes égaux d'oxide de carbone et d'acide carbonique. Celui-ci est isolé, comme nous venons de le dire.

*Composition.* On fait passer dans l'eudiomètre à mercure 1 v. d'oxide de carbone et 1 v. d'oxigène ; on excite l'étincelle électrique, et on introduit de la potasse ; on trouve pour résidu $\frac{1}{2}$ v. d'oxigène. Or, on sait que 1 v. d'acide carbonique est composé, d'après M. Berzelius, de $\frac{1}{2}$ v. vapeur de carbone et 1 v. d'oxigène ; il en résulte que 1 v. oxide de carbone contient $\frac{1}{2}$ v. vapeur de carbone et $\frac{1}{2}$ v. oxigène. Il est donc composé

| | Poids. | Volumes. | | Atomes | |
|---|---|---|---|---|---|
| Oxigène. | 56,65 | $\frac{1}{2}$ | $\Big\} = $ 1 v | 1 | 100 |
| Carbone. | 43,35. | $\frac{1}{2}$ | | 1 | 76,44 |
| | 100,00 | | | Poids atom. | 176,44 |

*Histoire.* Il fut découvert par Priestley; mais c'est à Cruiskhank, et à MM. Clément et Désormes que nous devons la connaissance de sa composition.

ACIDE CARBONIQUE ( C ).

*Nomenclature.* Air fixé, air méphytique, acide crayeux.

*Propriétés physiques.* 1° *A l'état gazeux.*

Cet acide incolore conserve son état de fluide aériforme aux températures les plus basses sous la pression ordinaire; mais si on le soumet à de fortes pressions, il se liquéfie.

$$D = 1{,}5245.$$

Aussi peut-on le transvaser facilement d'une éprouvette dans une autre.

$$P.\ L = 1^{g},98033.$$

Son pouvoir réfringent est 1,526.

L'électricité le décompose en partie en oxigène et en oxide de carbone. Le calorique n'agit pas sur ce gaz.

2° *A l'état liquide.* A la température o, sa tension est de 36 atmosphères. Il distille avec rapidité entre o et—17°; il a un pouvoir réfringent plus petit que celui de l'eau.

*Propriétés chimiques.* L'acide carbonique rougit à peine la teinture de tournesol; mais il n'a pas d'action sur le papier teint avec cette substance.

L'eau en dissout à peu près son volume à la température et sous la pression ordinaires.

Il éteint les corps en combustion.

L'hydrogène, à une température rouge, s'empare de la moitié de son oxigène pour donner de l'eau, et le réduit en oxide de carbone. Pour faire cette expérience, on introduit volumes égaux d'acide carbonique et d'hydrogène, dans une vessie que l'on adapte à l'une des extrémités d'un tube de porcelaine traversant un fourneau à réverbère; à l'autre extrémité on met un tube propre à recueillir les gaz, qu'on engage sous des flacons contenant du mercure. On chauffe au rouge le tube en porcelaine, et on presse faiblement la vessie pour que le mélange gazeux le traverse lentement. On recueille de l'eau et de l'oxide de carbone.

$$1^v \text{ hydrogène} + 1^v \text{ acide carbonique} = 1^v \text{ vapeur d'eau} + 1^v \text{ oxide de carbone.}$$

Le carbone décompose l'acide carbonique dans les mêmes circonstances que l'hydrogène, en lui enlevant la moitié de son oxigène; il en résulte un volume d'oxide de carbone double du volume de l'acide carbonique employé. Le phosphore n'opère la décomposition de l'acide carbonique qu'autant que ce dernier est uni à une base alcaline, et que le carbonate peut être chauffé au rouge sans que l'acide se dégage.

*Propriétés organoleptiques.* Il communique à l'eau qui en est chargée une saveur aigrelette agréable; il a une odeur piquante; il est très délétère.

*État naturel.* Il existe dans l'air atmosphérique, qui en contient à peu près $\frac{1}{1655}$ de son poids d'après M. Thenard. Il sourd du sein de la terre, et se trouve en assez grande quantité dans certaines eaux minérales.

Enfin, on le rencontre uni à plusieurs bases salifiables.

*Préparation.* Pl. II, fig. 29. On introduit des fragmens de marbre, et de l'eau jusqu'aux deux tiers du flacon, ensuite on verse de l'acide hydrochlorique par le tube à entonnoir. Il se forme de l'hydrochlorate de chaux qui reste en dissolution dans l'eau, et de l'acide carbonique qu'on recueille. On est certain de sa pureté lorsqu'il est complètement absorbé par la potasse.

Lorsqu'on veut se procurer une dissolution aqueuse de cet acide, il suffit de remplacer dans cet appareil le tube propre à recueillir les gaz par un autre deux fois courbé à angle droit, et dont l'une des extrémités plonge dans un flacon contenant très peu de ce liquide pour laver le gaz; on fait suivre ce second flacon d'un troisième qu'on remplit d'eau refroidie autant que possible.

*Composition.* En brûlant du diamant ou du carbone très pur dans de l'oxigène, on trouve que le volume de l'acide carbonique formé est le même que celui de l'oxigène employé; en prenant la différence entre les densités de ces deux gaz, on a, d'après M. Berzelius, 0,4219 pour la demi-densité de la vapeur de carbone. La composition de l'acide carbonique est donc

| | Poids. | Volumes. | | Atomes. | |
|---|---|---|---|---|---|
| Oxigène. | 72,32 | 1 | | 2 | 200 |
| Carbone. | 27,68 | ½ | $\Big\} = $ IV $\Big\{$ | 1 | 76,44 |
| | 100,00 | | Poids atom. | | 276,44 |

*Usages.* L'acide carbonique dissous dans l'eau est le principe essentiel des eaux gazeuses naturelles ou artificielles. C'est lui qui fait mousser le vin de Champagne et la bière. Il est nécessaire à la végétation, en fournissant aux plantes le carbone dont elles ont besoin.

*Histoire.* Ce fut Lavoisier qui le premier nous fit connaître la nature de l'acide carbonique, et qui détermina synthétiquement les proportions de ses élémens.

HYDROGÈNE BI-CARBONÉ ($CH^2$).

*Nomenclature.* Gaz oléifiant, gaz hydrogène deuto-carboné, gaz hydrogène per-carboné.

*Propriétés physiques.* C'est un gaz incolore qui n'a pas été liquéfié.

$$D = 0,9816 \quad P. L = 18,2752.$$

*Propriétés chimiques.* Il éteint les corps en combustion; il brûle avec une flamme blanche et fuligineuse.

Exposé à la chaleur rouge-cerise dans un tube de

porcelaine; il double de volume, en déposant du carbone.

Une série d'étincelles électriques le transforme en hydrogène et en carbone.

Mêlé avec trois fois son volume d'oxigène dans un flacon épais, de la capacité d'un quart de litre, et entouré
d'une serviette, il produit une forte détonation lorsqu'on
en approche un corps enflammé; il se forme de l'eau et de
l'acide carbonique.

Il est peu soluble dans l'eau.

L'hydrogène bi-carboné chauffé au rouge naissant avec
du soufre, se décompose en carbone, qui se précipite, et
en acide hydro-sulfurique gazeux.

*Propriétés organoleptiques.* Il a une odeur empyreumatique; il est insipide et délétère.

*Etat naturel.* Ce gaz est un produit de l'art.

*Préparation.* Dans une cornue de verre on introduit
une partie d'alcool, sur laquelle on verse peu à peu quatre
parties d'acide sulfurique concentré, en ayant soin d'agiter
le mélange. Après avoir adapté à son col un tube à gaz qui
s'engage sous des flacons pleins d'eau, on porte le liquide à
l'ébullition : il se dégage de l'hydrogène bi-carboné, et l'on
voit au bout de quelque temps la liqueur prendre une
teinte brune. Sur la fin de l'opération, on recueille de l'a-
cide carbonique, de l'acide sulfureux, de l'hydrogène bi-
carboné, et il se dépose du charbon. Enfin, des vapeurs
blanches apparaissent, la liqueur de la cornue se boursoufle : c'est à cet instant qu'il faut enlever l'appareil de
dessus le feu. Outre les deux gaz acides, il se forme encore de l'éther sulfurique, de l'huile douce du vin et
du bi-sulfate d'hydrogène bi-carboné, qui, s'il n'est pas
détruit, reste dans la cornue. Les acides sulfureux et carbonique sont absorbés par une dissolution de potasse;
l'huile douce du vin et l'éther sont dissous par de l'alcool;

l'hydrogène bi-carboné est enfin agité avec de l'eau, qui s'empare des vapeurs de l'esprit-de-vin.

Pour concevoir ce qui se passe dans cette opération, il faut savoir que l'alcool peut être représenté par de l'eau, plus de l'hydrogène bi-carboné. Au commencement de l'opération, l'acide sulfurique, s'emparant de l'eau, rend libre l'hydrogène bi-carboné, qui se dégage. Il arrive une époque où l'alcool n'est plus qu'en petite quantité, alors l'acide sulfurique est décomposé par l'hydrogène bi-carboné naissant : il en résulte de l'eau, de l'acide carbonique, de l'acide sulfureux et un dépôt de charbon.

*Composition.* Après avoir introduit dans l'eudiomètre 1 v. d'hydrogène bi-carboné et 5 v. d'oxigène, on excite une étincelle électrique à travers le mélange : on a un résidu de 4 v. Faisant passer une dissolution de potasse, l'absorption est de 2 v.; il reste donc 2 v. d'oxigène.

Or, 2 v. d'acide carbonique représentent 1 v. de vapeur de carbone, qui a absorbé 2 v. d'oxigène. Le volume de ce gaz qui manque pour faire les cinq volumes, s'est combiné avec 2 v. d'hydrogène pour donner de l'eau, en sorte que l'hydrogène bi-carboné est composé de

|  | Poids. | Volumes. | | Atomes. | |
|---|---|---|---|---|---|
| Carbone. | 85,98 | 1 | = 1ᵛ | 1 | 76,44 |
| Hydrogène. | 14,02 | 2 | | 2 | 12,48 |
|  | 100,00 | | | Poids atom. | 89,92 |

*Usages.* Pur, il est sans usages ; mais mélangé avec divers hydrogènes carbonés et d'autres substances aériformes, il constitue le gaz de l'éclairage.

*Histoire.* Il fut découvert par les chimistes hollandais en 1796, et analysé plus tard par M. T. de Saussure.

[HYDROGÈNE PROTOCARBONÉ ($C^4H$).

*Nomenclature.* Gaz hydrogène des marais, air ou gaz inflammable des marais.

*Propriétés physiques.* L'hydrogène protocarboné est un gaz incolore qui n'a pas été liquéfié.

$$D = 0,5595 \quad . \quad P. L = 0^s,727. ]$$

*Propriétés chimiques.* L'eau n'en dissout qu'une petite quantité. Il brûle avec une flamme bleue, qui n'éclaire pas ; il est indécomposable par la chaleur, mais non par l'électricité ; mêlé avec le double de son volume d'oxigène, il détone fortement lorsqu'on en approche une bougie allumée, ou par l'étincelle électrique ; il se forme de l'eau et de l'acide carbonique.

Il est à remarquer que ce mélange n'est pas enflammé par la plupart des corps solides rouges de feu qui enflamment l'hydrogène bi-carboné, parce qu'il exige une température beaucoup plus élevée que celui-ci. Un fer chauffé au rouge-blanc n'en détermine pas l'inflammation. C'est sur la haute température qu'il exige pour prendre feu qu'est fondé l'usage de la *lampe de sûreté* de Davy dont nous allons donner une idée.

Concevons dans une atmosphère détonante d'hydrogène protocarboné et d'oxigène un espace cylindrique de quelques pouces cubes, limité de tous côtés par une toile métallique dont les fils ne laissent entre eux que des interstices très petits, et supposons dans cet espace un corps enflammé tel que la mèche d'une lampe ; la partie de cette atmosphère qui y sera contenue détonera, et la toile métallique absorbera une certaine quantité de chaleur à l'eau et à l'acide carbonique résultans de la combustion. Si la température de cette toile n'atteint pas celle qui est nécessaire pour enflammer l'hydrogène protocarboné, toute la partie du mélange détonant placée en dehors de l'espace cylindrique ne prendra pas feu.

Telle est en résumé la lampe de sûreté de Davy, dont la clarté suffit pour éclairer le mineur.

*Propriétés organoleptiques.* Il a une légère odeur; il est délétère.

*État naturel et préparation.* Le gaz hydrogène protocarboné se dégage de la vase des marais, des eaux stagnantes au fond desquelles se trouvent des matières végétales en décomposition. Pour le recueillir, on agite la vase au-dessous de l'orifice d'un flacon plein d'eau, muni d'un large entonnoir. Le gaz qu'on se procure ainsi contient de l'acide carbonique, de l'azote en petite quantité, de l'oxigène, et quelquefois de l'acide hydrosulfurique. On le débarrasse des deux gaz acides au moyen de la potasse; l'oxigène est absorbé par du phosphore; quant à l'azote, on en détermine la proportion en faisant détoner le gaz purifié dans l'eudiomètre à mercure avec un excès d'oxigène.

L'hydrogène protocarboné sourd de la terre dans plusieurs lieux de l'Italie; on en a tiré parti en le brûlant pour cuire de la chaux, des poteries, etc.

Il se dégage dans les galeries des mines de houille; on évite son inflammation au moyen de la lampe de sûreté de Davy.

Enfin, le gaz employé pour l'éclairage, et qu'on retire de la distillation du charbon de terre, est en grande partie formé d'hydrogène protocarboné; il contient en outre de l'hydrogène bi-carboné, et plusienrs autres composés inflammables.

*Composition.*

| | Poids. | Volumes. | | Atomes. | |
|---|---|---|---|---|---|
| Carbone. | 75,41 | $\frac{1}{2}$ | $= 1^{v}$ | 1 | 76,44 |
| Hydrogène.. | 24,59 | 2 | | 4 | 24,96 |
| | 100,00 | | Poids atom. | | 101,40 |

On arrive à cette composition de la même manière qu'à celle de l'hydrogène bi-carboné.

CHLORE (Ch).

*Nomenclature.* Acide marin déphlogistiqué, acide muriatique oxigéné.

*Propriétés physiques.*—1° *Etat gazeux.* Ce corps est d'une couleur jaune-verdâtre à la température et sous la pression ordinaires; soumis à une pression de quatre atmosphères et à une basse température, il se liquéfie.

$$D = 2,4216.$$

Son pouvoir réfringent, d'après M. Dulong, est 2,623.

2°. *Etat liquide.* Le chlore liquide est jaune.

$$D = 1,33.$$

A — 17°,8 il conserve encore sa liquidité;

A — 15°,5 sa tension est de quatre atmosphères.

*Propriétés chimiques.* Lorsqu'on plonge la flamme d'une bougie dans ce gaz, elle pâlit d'abord, rougit, puis s'éteint.

Si l'on fait un mélange de volumes égaux de chlore et d'hydrogène, et qu'on le place dans un lieu très obscur, il n'y a aucune action, même après plusieurs jours; mais si on l'expose à la lumière diffuse, ces gaz se combinent peu à peu, et donnent de l'acide hydrochlorique fumant à l'air, dont le volume est égal à la somme des volumes mélangés.

Exposé aux rayons solaires, ce mélange s'enflamme et détone subitement. Pour faire cette expérience sans courir aucun danger, on introduit à une lumière très diffuse, dans un flacon d'un demi-litre, parties égales en volume de chlore et d'hydrogène. On l'enveloppe d'une toile noire; puis, se plaçant à l'ombre, on le lance dans l'air de manière qu'il soit frappé par le soleil.

La chaleur rouge et l'électricité produisent le même effet que la lumière solaire.

11

L'oxigène et l'azote ne se combinent avec le chlore que lorsqu'ils sont à l'état de gaz naissans.

. Le chlore agit à froid sur le soufre et le phosphore. Que l'on plonge un petit bâton de celui-ci dans un flacon de chlore, à l'instant il y aura dégagement de lumière et production d'une fumée blanche, qui sera du chlorure de phosphore.

○ Lorsqu'on projette de l'arsenic ou de l'antimoine en poudre dans un flacon plein de ce métalloïde, il en résulte une vive lumière, et par suite un chlorure.

L'eau, à la température de 15°, et sous la pression de o^m,76, en dissout deux fois son volume. Si la température est de 2 à 5°, il se produit des feuillets jaunes qui sont un hydrate de chlore, renfermant un atome de ce dernier et cinq atomes d'eau.

Une solution aqueuse de chlore, exposée aux rayons solaires, dans un flacon muni d'un tube propre à recueillir les gaz, laisse dégager de l'oxigène dans une éprouvette où pénètre ce tube. On trouve de l'acide hydrochlorique et de l'acide chlorique dans la liqueur.

En faisant passer simultanément du chlore et de la vapeur d'eau dans un tube de porcelaine rouge de feu, on a de l'acide hydrochlorique et de l'oxigène.

Lorsqu'on mêle dans une éprouvette sur le mercure 8 v. d'ammoniaque gazeuse, avec 3 v. de chlore, que l'on fait passer bulle à bulle, il se produit un grand dégagement de chaleur et de lumière; on voit apparaître des vapeurs blanches d'hydrochlorate d'ammoniaque, qui se condensent sous forme solide sur les parois de ce vase dans lequel il reste 1 v. d'azote.

Il est facile de se rendre compte de cette réaction. En effet, 3 v. de chlore exigeant 3 v. d'hydrogène pour constituer 6 v. d'acide hydrochlorique, il y a 2 v. d'ammoniaque décomposés, on obtient 1 v. de gaz azote, et

6 v. d'acide hydrochlorique qui se combinent avec les 6 v. d'ammoniaque non décomposés.

Le chlore et l'ammoniaque en dissolution dans l'eau, réagissent l'un sur l'autre sans dégager de lumière. L'expérience réussit très bien dans un long tube étroit, fermé à une extrémité. On y verse d'abord une dissolution de chlore jusqu'aux cinq sixièmes, on finit de l'emplir avec une dissolution d'ammoniaque, on le renverse et on plonge l'extrémité ouverte dans l'eau. La dissolution d'ammoniaque, plus légère que celle de chlore, la traverse et donne lieu à une multitude de petites bulles d'azote qui gagnent le haut du tube. La liqueur contenue dans ce dernier étant évaporée, fournit de l'hydrochlorate d'ammoniaque.

Enfin, si l'on fait rendre un courant de chlore dans une dissolution aqueuse d'ammoniaque, ou réciproquement, il y aura de la chaleur et de la lumière dégagées à l'instant où les bulles de gaz viendront toucher le liquide.

En mettant en contact 1 v. de gaz hydrosulfurique et 1 v. de chlore, il en résulte 2 v. d'acide hydrochlorique et un dépôt de soufre ; si le chlore est en excès, il se forme du chlorure de soufre.

Quand on fait passer bulle à bulle du chlore dans de l'hydrogène proto ou perphosphoré, on observe une très vive inflammation, il se produit de l'acide hydrochlorique et du proto ou deutochlorure de phosphore, selon qu'il y a moins ou plus de chlore.

Une bougie allumée, plongée dans un flacon qui contient 1 v. d'hydrogène bi-carboné et 2 v. de chlore, produit un dégagement de lumière et une violente détonation ; il se forme de l'acide hydrochlorique et un dépôt de charbon. L'électricité et les rayons solaires agissent comme la bougie enflammée.

Lorsqu'on introduit sous l'eau dans une éprouvette,

d'abord 1 v. d'hydrogène bicarboné, puis bulle à bulle
1 v. de chlore, on obtient un liquide oléagineux, qui a
été appelé par quelques chimistes *hydro-carbure de chlore*,
et que M. Chevreul propose de nommer *éther chlorurique*.

*Propriétés organoleptiques.* Le chlore a une forte odeur
et une saveur astringente; il excite la toux, resserre la
poitrine, et produit un rhume de cerveau. S'il est respiré
en grande quantité, il détermine des crachemens de sang
suivis de la mort.

*État naturel.* Ce corps n'existe pas libre dans la nature.

*Préparation.* 1ᵉʳ PROCÉDÉ. On introduit dans une fiole
1 partie de peroxide de manganèse pulvérisé, et 4 parties
d'acide hydrochlorique du commerce, et on y adapte un
tube recourbé. Le volume de la fiole doit être au moins
double de celui du mélange. Le chlore se dégage à la
température ordinaire ; mais on aide la réaction par une
légère chaleur. On laisse perdre les premières portions du
gaz, et on le recueille ensuite dans des flacons pleins
d'eau lorsqu'il est complètement soluble dans une dissolution de potasse.

Il arrive presque toujours dans cette opération que le
chlore, en se dégageant, forme une mousse qui s'élève dans
la fiole, et qui tend à passer dans le tube. Pour parer
à cet inconvénient, il suffit de verser un peu d'huile d'o-
live à la surface du mélange.

Ce qui se passe dans cette préparation est fort simple. L'a-
cide hydrochlorique du commerce n'est autre chose qu'une
dissolution concentrée de gaz hydrochlorique dans l'eau.
Cet acide ne pouvant se combiner avec le peroxide de
manganèse, se partage en deux parties, l'une par son
hydrogène ramène le peroxide à l'état de protoxide en
produisant de l'eau et du chlore ; l'autre partie non décomposée se combine avec ce dernier oxide, et donne naissance à de l'hydrochlorate de protoxide de manganèse ou

à du protochlorure de ce métal; en sorte que l'eau formée se joint à celle que renferme l'acide hydrochlorique, et tient le sel en dissolution. En évaporant celle-ci, on a le chlorure de manganèse.

*Formule atomique.*

$$Mn + 4\,H\,Ch = 2\,Ch + 2\,HH + Ch^2\,Mn.$$

**1ᵉ PROCÉDÉ.** Cette formule nous montre qu'il ne se dégage que la moitié du chlore renfermé dans l'acide hydrochlorique employé. Pour obtenir l'autre moitié, il suffit d'ajouter aux quantités de matières dont on s'est servi dans le premier procédé, une partie de peroxide de manganèse, et 2 ½ parties d'acide sulfurique concentré. La formule atomique sera

$$2\,Mn + 4\,HCh + 2\,S = 4\,Ch + 2\,HH + 2\,S\,Mn.$$

**3ᵉ PROCÉDÉ.** Ce procédé ne diffère du second qu'en ce qu'au lieu d'extraire le chlore de l'acide hydrochlorique, on le retire du chlorure de sodium ou sel marin. On prend une partie de peroxide de manganèse, trois parties de chlorure de sodium, deux parties d'acide sulfurique, deux parties d'eau. On mélange d'abord ces deux derniers liquides, en ayant soin de verser peu à peu l'acide sulfurique dans l'eau, et d'agiter. Cet acide étendu est introduit dans le vase, où on a placé le mélange de sel marin et de peroxide pulvérisés ensemble dans un mortier de fer.

Sous l'influence de l'acide sulfurique et du chlorure de sodium, une portion de l'eau est décomposée; son oxigène se porte sur le sodium pour former de la soude, qui s'unit à une portion d'acide sulfurique et produit du sulfate de soude. L'hydrogène de l'eau se combine avec le chlore, et donne de l'acide hydrochlorique, qui se trouve en contact avec du peroxide de manganèse et de l'acide sulfurique; ce qui rentre dans le deuxième procédé. On trouve du sulfate de soude et du sulfate de protoxide de manganèse dans le vase où on opère.

La formule atomique est :

$$\ddot{M}n + Ch^2So + 2\dddot{S} + \dot{H}H = 2\,Ch + \dddot{S}Mn + \dot{S}\,So + \dddot{H}H.$$

On peut encore supposer qu'une partie de l'acide sulfurique fait passer le peroxide de manganèse à l'état de protoxide avec lequel il se combine; et que l'oxigène dégagé s'unit au sodium pour donner de la soude qui s'empare de l'autre partie de l'acide, et qu'ainsi le chlore est mis en liberté.

La troisième hypothèse, qui consiste à concevoir que l'eau est décomposée et recomposée instantanément, n'étant pas probable, nous la rejetterons.

Lorsqu'on se propose de recueillir du chlore sec, on fait communiquer le tube destiné à donner issue au gaz et légèrement modifié, avec l'une des extrémités d'un autre tube, long et plus large que le premier, renfermant quelques morceaux de chaux caustique, suivis de fragmens de chlorure de calcium; à l'autre extrémité de ce dernier tube, on en ajoute un nouveau, qui touche presque le fond d'une éprouvette à pied desséchée et fermée par un bouchon percé d'un petit trou pour laisser échapper l'air et le chlore excédant. Celui-ci étant plus lourd que l'air, le déplace et l'expulse du vase.

Pour obtenir une dissolution aqueuse de chlore, pl. II, fig. 34, il suffit de faire rendre ce gaz dans un premier flacon, où on a placé un peu d'eau, destinée à le laver; ce flacon est suivi de deux autres, contenant les cinq sixièmes de leur volume d'eau. Le dernier communique à une éprouvette à pied, où on a mis de la chaux éteinte destinée à absorber le chlore excédant. La dissolution étant faite, on la renferme dans un vase bouché à l'émeri dont la surface extérieure est recouverte d'un papier noir.

*Usages.* Le chlore gazeux, ou en dissolution dans l'eau, est employé pour le blanchîment des toiles de coton, de lin, de chanvre, des estampes, de la pâte de papier ; des vieux livres, des vieilles gravures, pour enlever les taches d'encre ordinaire, enfin, pour désinfecter l'air chargé de miasmes.

Lorsque le chlore agit sur un composé en donnant lieu à des combinaisons dont la nature est très bien connue, son action est facile à expliquer, *par exemple* celle qu'il exerce sur l'acide hydrosulfurique ; mais, lorsque ce sont des substances organiques, on peut concevoir le résultat produit des deux manières :

1° Le chlore s'unit à l'hydrogène de la substance organique et il en résulte de l'acide hydrochlorique ;

2° Il agit sur l'eau que contient la substance, et forme avec son hydrogène de l'acide hydrochlorique ; l'oxigène mis en liberté se porte sur la partie combustible de la substance organique.

*Remarque.* Aujourd'hui on n'emploie plus, ou que très rarement, le chlore gazeux ordinaire ; on l'a remplacé par du chlorure de chaux.

*Histoire.* C'est à Schéèle que l'on doit la découverte du chlore ; il la fit en 1774. Plusieurs autres chimistes s'en sont occupés depuis cette époque, mais ce sont MM. Gay-Lussac et Thenard qui firent voir les premiers qu'on pouvait le considérer comme un corps simple, auquel M. Ampère donna le nom qu'il porte.

ACIDE HYDROCHLORIQUE. (HCh.)

*Nomenclature.* Acide marin.

*Propriétés physiques.* 1° *Etat gazeux.* L'acide hydrochlorique sous la pression ordinaire, et à — 50°, conserve son état de fluide élastique ; il est incolore.

$$D = 1,2474 \cdot P. \quad L = 1^8,6205.$$

Son pouvoir réfringent est 2,625. Une série d'étincelles électriques le décompose, ce que ne fait pas une température très élevée.

2° *Etat liquide.* Il est incolore ; sa force élastique à 10° est de 40 atmosphères ; son pouvoir réfringent est plus petit que celui de l'eau.

*Propriétés chimiques.* Il éteint les corps en combustion, il rougit fortement la teinture de tournesol.

L'oxigène et l'hydrogène n'ont aucune action sur cet acide ; mais il n'en est pas de même de l'eau, qui, sous quelque état qu'elle soit, se combine rapidement avec lui.

Vient-on à dégager ce gaz dans l'air, il répand une fumée blanche.

L'acide hydrochlorique est absorbé par la glace, qui fond par la chaleur que dégage la combinaison.

Si l'on ouvre sous l'eau un flacon plein de ce gaz, elle s'y élance, comme dans le vide, et le brise.

1 v. d'eau à 4° dissout 480 v. de gaz hydrochlorique, en produisant de la chaleur ; la densité de cette dissolution est 1,21 ; à quelques degrés au-dessus de cette température, elle laisse dégager une partie de son acide ; on évite ce dégagement en étendant la liqueur d'un peu d'eau. Exposée à — 50°, elle se prend, pour la plus grande partie, en une masse butireuse.

L'acide hydrochlorique versé dans l'acide nitrique en proportions convenables constitue l'*eau régale,* qui est un mélange d'acides nitrique, hydrochlorique, nitreux et de chlore.

Pour concevoir cette réaction, on peut supposer qu'une portion d'acide hydrochlorique est décomposée en chlore et en hydrogène, qu'une portion d'acide nitrique l'est en acide nitreux et oxigène, lequel, se combinant avec l'hydrogène, donne de l'eau qui se joint à celle que renferme la dissolution d'acide hydrochlorique et d'acide nitrique : le chlore et l'acide nitreux se trouvent en liberté. Ces deux gaz ayant une grande tension, se dégagent du sein de la liqueur; la décomposition mutuelle des acides nitrique et hydrochlorique s'arrête bientôt, parce que l'eau qu'ils contiennent affaiblit leur action; mais, si on les chauffe, il y a de nouveau décomposition réciproque.

*Propriétés organoleptiques.* Cet acide a une odeur piquante très forte qui excite la toux; il est impropre à la respiration. Lorsqu'on l'applique sur la peau, à l'état de concentration, il y produit une irritation vive. En plongeant la main dans un vase contenant du gaz hydrochlorique, on éprouve une sensation de chaleur due à sa combinaison avec l'eau hygrométrique et le liquide de transpiration que contient cet organe.

*Etat naturel.* On le rencontre dans les cratères des volcans.

*Préparation.*

1° *A l'état gazeux.* On remplit à moitié une fiole à médecine de 4 parties de chlorure de sodium, de 3 parties d'acide sulfurique concentré, étendu préalablement de 1 partie d'eau. Au col de la fiole on adapte un tube recourbé, dont on engage l'extrémité libre sous une cloche pleine de mercure. Le gaz se dégage à la température ordinaire. Quand le dégagement se ralentit, on chauffe graduellement : on ne recueille l'acide que quand il est entièrement absorbé par l'eau. On trouve dans la fiole du sulfate de soude dissous.

Sous l'influence de l'acide sulfurique et du chlorure de sodium, l'eau est décomposée; son oxigène se porte sur le sodium, et donne de la soude, qui, se combinant avec l'acide sulfurique, produit du sulfate de soude; son hydrogène s'empare du chlore, qu'il fait passer à l'état d'acide hydrochlorique.

*Formule atomique.*

$$\text{Ch}^2\text{So} + \overset{\cdots}{\text{S}} + \text{HH} = 2\ \text{HCh} + \overset{\cdots}{\text{S}}\ \text{So.}$$

2° *En dissolution dans l'eau.* On introduit du chlorure de sodium dans un matras placé sur un bain de sable, pl. II, fig. 34; le premier flacon contient très peu d'acide hydrochlorique, les deux autres sont à moitié pleins d'eau, dont le poids ne doit pas surpasser celui du sel marin. Les tubes qui conduisent le gaz dans l'eau ne s'y enfoncent que très peu. On verse par petites portions l'acide sulfurique par le tube en S; on n'en ajoute que quand l'effervescence a cessé. Lorsque le dégagement du gaz se ralentit, on chauffe doucement le matras. Au bout de quelque temps, on voit le volume du liquide augmenter dans les flacons.

*Composition.* Nous avons prouvé en parlant du chlore qu'il s'unit volume à volume avec l'hydrogène et donne de l'acide hydrochlorique, dont le volume est égal à la somme des gaz mélangés. Aussi, en ajoutant la demi-densité du chlore à la demi-densité de l'hydrogène, on obtient a sensiblement celle de l'acide hydrochlorique. On a d'après cela :

|  | Poids. | Volumes. | | Atomes. | |
|---|---|---|---|---|---|
| Chlore. | 97,26 | 1 | | 1 | 221,32 |
| Hydrogène. | 2,74 | 1 | = 2ᵛ | 1 | 6,24 |
|  | 100,00 | | | Poids atom. | 227,56 |

*Usages.* L'acide hydrochlorique est employé avec l'acide nitrique pour faire l'eau *régale,* qui dissout l'or et le platine. C'est avec cet acide qu'on prépare le proto-chlorure d'étain. Il sert de réactif aux chimistes.

*Histoire.* Il fut découvert par Glauber

### ACIDE HYDROFLUORIQUE.

*Propriétés physiques.* Il est liquide et incolore à la température ordinaire : D = 1,0609. Il bout au-dessous de 30° ; il ne se congèle pas à — 40°.

*Propriétés chimiques.* Il rougit fortement la teinture de tournesol ; répandu dans l'air, il donne une vapeur blanche très épaisse.

Il n'exerce aucune action sur les corps combustibles non métalliques.

Le potassium, le sodium, le fer, le zinc et le manganèse, mis en contact avec cet acide à des températures conve nables, dégagent de l'hydrogène et donnent des fluures métalliques analogues aux chlorures des mêmes métaux.

En laissant tomber quelques gouttes d'acide hydrofluorique dans l'eau, on entend un bruit semblable à celui d'un fer rouge plongé dans ce liquide.

Il attaque le verre, ou plutôt la silice avec une grande énergie ; il en résulte du gaz acide fluosilicique et de l'eau.

*Propriétés organoleptiques.* Il a une odeur piquante et une saveur insupportable. Son action sur la peau est telle que, si on en met sur un doigt avec la pointe d'une aiguille, la partie touchée est désorganisée ; on sent une vive douleur, il se forme une ampoule qui se remplit de pus.

*Etat.* Cet acide n'existe pas libre dans la nature, ni en combinaison, car les composés qu'on rencontre sont plutôt des fluures que des hydrofluates.

*Préparation.* On emploie une cornue de plomb composée d'une partie A, pl. II, fig. 35, d'une partie B entrant à frottement l'une dans l'autre, et d'un récipient R de plomb dans l'ouverture O duquel on engage le col de la cornue ; en t se trouve un petit trou. Dans le fond A on met 100$^g$ de fluure de calcium tamisé exempt de silice, et 350ᵉ d'acide sulfurique concentré; on délaie le tout; ensuite on adapte la partie B à la partie A; on lute la jointure de la panse avec de l'argile et celle du col avec du lut gras. La cornue est placée sur un fourneau dans lequel on met quelques charbons incandescens. En prêtant l'oreille très près de la partie B, on entend l'ébullition de l'acide hydrofluorique; lorsqu'en soutenant la chaleur ce bruit cesse, alors l'opération tire à sa fin.

L'acide sulfurique contenant toujours de l'eau, il en résulte du sulfate de chaux qui reste dans la cornue avec l'excès d'acide sulfurique employé, et de l'acide hydrofluorique qui se dégage.

*Formule atomique.*

$$\overset{...}{S} + HH + F^2Ca = 2FH + \overset{...}{S}Ca.$$

*Composition.* On n'a pas analysé ce gaz. On est porté à supposer qu'il est formé d'un volume de fluor et d'un volume d'hydrogène, par analogie avec les acides hydrochlorique, hydrobromique, hydriodique. D'après cette hypothèse on a

|  | Poids. | Volumes. | | Atomes. | |
|---|---|---|---|---|---|
| Fluor. | 94,93 | 1 | | 1 | 116,90 |
| Hydrogène. | 5,17 | 1 | $= 2^v$ | 1 | 6,24 |
|  | 100,00 | | | Poids atom. | 123,14 |

*Usages.* Il est employé dans les laboratoires pour dissoudre certains corps.

Dans les arts on s'en sert pour graver sur le verre. A cet effet, on coule sur l'objet, parfaitement desséché et chauffé, une couche très mince de mastic, composé de trois parties de cire et d'une partie de térébenthine. Cette couche étant solidifiée, on y grave un dessin en faisant pénétrer les traits jusqu'à la surface du verre. Dans le cas où l'on veut que ceux-ci soient opaques, on emploie l'acide gazeux qu'on obtient en mettant dans une boîte de plomb une partie de fluure de calcium et deux parties d'acide sulfurique concentré. Cette boîte est chauffée avec quelques charbons incandescens, et recouverte avec la pièce à graver. L'action de l'acide hydrofluorique gazeux a lieu au bout de quelques minutes. On fond le vernis, on l'enlève et on essuie le verre avec un linge doux.

Si l'on se proposait d'avoir des traits transparens, on plongerait la pièce à graver dans de l'acide hydrofluorique étendu de six fois son poids d'eau.

### ACIDE SILICIQUE.

*Nomenclature.* Oxide de silicium, silice.

*Propriétés physiques.* L'acide silicique est incolore, rude au toucher, infusible à la chaleur de nos fourneaux ; mais à la flamme d'une lampe à esprit-de-vin, soufflée avec du gaz oxigène, il se fond en un verre limpide et incolore. Il cristallise en rhomboëdres.

$$D = 2,66.$$

*Propriétés chimiques.* Il ne rougit pas le tournesol ; il est indécomposable par la pile. A l'état d'hydrate, il se dissout en petite quantité dans l'eau ; mais lorsqu'il a été fortement chauffé, il y est tout-à-fait insoluble.

L'acide silicique n'est décomposé par aucun métalloïde ; pour en opérer la décomposition, il faut faire agir sur lui à la fois un corps qui s'unisse à l'oxigène et un autre au silicium. Tels sont le chlore et le carbone réunis, ainsi que d'autres substances ; l'acide hydrofluorique seul l'attaque, il se forme de l'eau et du gaz fluo-silicique. Chauffé au rouge avec l'acide borique ou phosphorique, il s'y combine, et joue alors le rôle d'une base faible. Il s'unit au contraire très bien aux bases salifiables.

*Propriétés organoleptiques.* L'acide silicique n'a ni odeur ni saveur.

*État naturel.* Il se trouve dans l'épiderme des plantes

de la famille des graminées, tantôt à l'état de pureté, tantôt à celui de silicate. Il constitue les pierres siliceuses, et
celles qui donnent des étincelles sous le choc du briquet.

*Préparation.* On fond à l'aide de la chaleur rouge,
dans un creuset de terre, une partie de sable et huit parties de carbonate de soude ; la fusion est soutenue pendant au moins une demi-heure, en ayant soin de remuer
la masse avec une spatule. Au bout de ce temps, on retire
le creuset du feu, et on le laisse refroidir ; la matière est
traitée par l'eau bouillante, dans laquelle elle se dissout
en grande partie. On verse dans la dissolution un excès
d'acide hydrochlorique ; l'acide silicique se précipite à
l'état de gelée, on évapore jusqu'à siccité en remuant
continuellement vers la fin de l'opération ; on ajoute au
résidu de l'eau aiguisée d'acide hydrochlorique, on jette
la matière sur un filtre qu'on lave à l'eau bouillante ;
la silice reste sur celui-ci.

Dans cette opération, l'acide silicique chasse l'acide
carbonique qui se dégage ; il se produit du silicate de soude
que l'on décompose par l'acide hydrochlorique, qui donne
du chlorure de sodium, et l'acide silicique se précipite.

*Composition.*

|  | Poids. | Atomes. | |
|---|---|---|---|
| Oxigène. | 51,92 | 3 | 300,00 |
| Silicium. | 48,08 | 1 | 277,31 |
|  | 100,00 | Poids atom. | 577,31 |

*Usages.* A l'état de pureté il constitue des pierres es-
timées dans l'art du bijoutïer ; il entre dans la composition des mortiers, des pierres à fusil ; combiné avec la potasse ou la soude, il donne lieu au verre, etc.

# LIVRE DEUXIÈME.
### DES MÉTAUX ET DES ALLIAGES.

## CHAPITRE I.
### DES MÉTAUX.

*Définition des métaux.* Les métaux sont des corps simples, bons conducteurs du calorique et du fluide électrique, ne pouvant se combiner avec les acides qu'autant qu'ils sont oxidés. Ils sont toujours opaques lorsqu'on ne les réduit pas en lames minces, et ils possèdent un éclat qu'on a nommé métallique.

Nous diviserons, d'après M. Berzelius, les métaux en quatre sections.

La première comprendra ceux qui décomposent l'eau à la température ordinaire. Ce sont : le potassium, le sodium, le lithium, le barium, le strontium, le calcium, et le magnésium.

La seconde sera composée de ceux qui décomposent l'eau à une température au moins de 90° et au plus de 450°. Tels sont : l'aluminium, le glucinium, l'yttrium, le zirconium et le thorium.

Dans la troisième section nous placerons les métaux électro-négatifs, c'est-à-dire ceux qui en se combinant avec l'oxigène, ont plus de tendance à former des acides qu'à produire des bases salifiables. Ce sont : l'arsenic, le chrôme, le molybdène, le vanadium, le tungstène, l'antimoine, le tellure, le tantale et le titane.

Nous rangerons dans la quatrième section les métaux électro-positifs, qui jouent de préférence le rôle d'élément électro-positif dans les combinaisons salines. Tels sont : l'or, le platine, l'osmium, l'iridium, le rhodium, le palladium, l'argent, le mercure, l'urane, le cuivre, le bismuth, l'étain, le plomb, le cadmium, le zinc, le nickel, le cobalt, le fer, le manganèse et le cérium.

Nous allons d'abord faire une étude générale des métaux, en suivant l'ordre que nous avons adopté dans celle des métalloïdes. Ensuite nous nous occuperons d'une manière toute spéciale de ceux qui sont le plus généralement employés dans les arts.

*Propriétés physiques des métaux.*

*État.* Ils sont tous solides à la température ordinaire, excepté le mercure.

*Couleur.* Ils sont diversement colorés. La couleur d'un corps pouvant varier suivant qu'on le regarde par transmission ou par réflexion ; ce sera toujours d'après ce dernier mode de vision que nous donnerons celle d'un métal, à moins que nous ne prévenions du contraire.

Nous ne présenterons pas le tableau de la couleur des métaux, parce que plusieurs d'entre eux étant colorés de même, cette propriété devient peu importante pour les distinguer les uns des autres.

*Cristallisation.* Les formes régulières que prennent les métaux, connus à l'état cristallin, sont l'octaèdre régulier, le cube, et toutes celles qui dérivent de ces deux derniers solides.

Quelques uns se trouvent cristallisés dans la nature ; tels sont l'or, le cuivre, l'argent : d'autres cristallisent quand on les chauffe, comme nous l'avons vu p. 56 et 57 ; ce sont le bismuth, le zinc, l'antimoine, le plomb, l'étain, l'arsenic.

Enfin, il en est beaucoup qu'on ne connaît pas sous une forme géométrique déterminable.

*Structure ou tissu* ( Notions de physique, page 24 ). Le bismuth, le zinc et l'antimoine ont un tissu *lamelleux*, tandis que le fer en a un *fibreux*.

*Eclat.* On donne le nom d'*éclat métallique* à la propriété que possèdent les métaux de réfléchir une grande quantité de rayons lumineux. C'est principalement sur les métaux pris en masse qu'on l'observe; on la retrouve aussi sur ceux qui se présentent sous une forme pulvérulente. Cependant il est quelquefois nécessaire de frotter la poussière pour qu'elle acquière du brillant.

Ceux qui ont le plus d'éclat, sont l'or, l'argent, le platine, le cuivre, le fer, etc.

*Opacité.* Les métaux ne jouissent pas d'une opacité absolue, puisque l'or, qui est l'un des plus denses, étant réduit en feuilles très minces, laisse passer les rayons lumineux. Mais toutes les fois qu'un lame métallique a une épaisseur de quelques millimètres, elle intercepte la lumière.

*Densité.* La densité des métaux varie beaucoup, comme le fait voir le tableau suivant, où toutes les densités sont rapportées à celle de l'eau prise pour unité.

| | | | |
|---|---|---|---|
| Platine. | 20,980 | Cadmium. | 8,604 |
| Or. | 19,258 | Nickel. | 8,279 |
| Iridium. | 18,680 | Fer. | 7,788 |
| Tungstène. | 17,600 | Molybdène. | 7,400 |
| Mercure. | 13,568 | Etain. | 7,291 |
| Palladium. | 11,500 | Zinc. | 6,861 |
| Plomb. | 11,352 | Manganèse. | 6,850 |
| Argent. | 10,474 | Antimoine. | 6,702 |
| Bismuth. | 9,822 | Tellure. | 6,115 |
| Cobalt. | 8,538 | Titane. | 5,300 |
| Urane. | 9,000 | Sodium. | 0,972 |
| Cuivre. | 8,895 | Potassium. | 0,865 |

*Ductilité* (Notions de physique, pages 22 et 23).

Métaux rangés dans l'ordre de leur plus grande facilité à passer à la filière.

| | |
|---|---|
| Or. | Zinc. |
| Argent. | Etain. |
| Platine. | Plomb. |
| Fer. | Nickel. |
| Cuivre. | |

*Malléabilité* (Notions de physique, page 22).

Métaux rangés dans l'ordre de leur plus grande facilité
à passer au laminoir.

| | |
|---|---|
| Or. | Plomb. |
| Argent. | Zinc. |
| Cuivre. | Fer. |
| Etain. | Nickel. |
| Platine. | |

Il y en a qui ne peuvent passer ni à la filière, ni au laminoir, sans se briser; c'est pourquoi on les a nommés métaux cassans. Le tableau suivant présente leur liste non
pas dans l'ordre de leur plus grande facilité à se briser,
mais bien dans un ordre alphabétique.

Métaux cassans.

| | |
|---|---|
| Antimoine. | Manganèse. |
| Arsenic. | Molybdène. |
| Bismuth. | Rhodium. |
| Cerium. | Tellure. |
| Chrôme. | Titane. |
| Cobalt. | Tungstène. |
| Colombium. | Urane. |

*Ténacité* (Notions de physique, page 23).

Nombre de kilogrammes nécessaires pour rompre un fil
de deux millimètres de diamètre.

| | | | |
|---|---|---|---|
| Fer, | 249,659 kil. | Or. | 68,216 kil. |
| Cuivre. | 137,399 | Zinc. | 49,790 |
| Platine. | 124,690 | Nickel. | 47,670 |
| Argent. | 85,062 | Etain. | 15,740 |

*Dureté* (Notions de physique, page 22).

Métaux rangés par ordre de leur plus grande dureté.

| | |
|---|---|
| Manganèse. | Cuivre. |
| Chrôme. | Or. |
| Rhodium. | Argent. |
| Nickel. | Tellure. |
| Cobalt. | Bismuth. |
| Fer. | Cadmium. |
| Antimoine. | Etain. |
| Zinc. | Plomb. |
| Palladium, | Potassium. |
| Platine. | Sodium. |

*Elasticité et sonorité.* On observe en général qu'un métal est d'autant plus sonore qu'il est plus élastique ; quelquefois les métaux les plus sonores le sont moins que certains alliages. C'est ainsi que le cuivre est moins sonore que l'alliage qu'il forme avec une certaine quantité d'étain.

*Dilatabilité* (Notions de physique, page 6).

Cette propriété est très variable dans les métaux, cependant chacun d'eux se dilate à peu près uniformément depuis 0° jusqu'à 100°.

*Fusibilité.* Tous sont fusibles à des températures plus ou moins élevées.

Le mercure fond à — 39°, tandis que le platine ne peut être fondu qu'à l'aide de la chaleur produite par le chalumeau à gaz oxigène et hydrogène.

Point de fusion des métaux fondant au-dessous de la chaleur rouge.

| | Thermomètre à air. |
|---|---|
| Mercure. | — 39° |
| Potassium. | 58 |
| Sodium. | 90 |
| Etain. | 210 |
| Bismuth. | 256. |
| Plomb. | 260 |
| Tellure. | un peu au-dessus du plomb. |
| Zinc. | 370 |
| Antimoine. | un peu au-dessous de la chaleur rouge. |
| Cadmium. | *idem.* |

Point de fusion des métaux infusibles au-dessous de la chaleur rouge.

| | Pyromètre de Wedgw[ood]. |
|---|---|
| Argent. | 20° |
| Cuivre. | 27 |
| Or. | 32 |
| Cobalt. | un peu au-dessous du fer. |
| Fer. | 130 |
| Manganèse. | 160 |
| Nickel. | *idem.* |
| Palladium. | très peu fusible. |

Métaux qui ne font que s'agglomérer à la forge.

| | |
|---|---|
| Molybdène. | Tungstène. |
| Urane. | Chrôme. |

Métaux qui ne s'agglomèrent pas à la forge.

| | |
|---|---|
| Titane. | Rhodium. |
| Cérium. | Platine. |
| Osmium. | Tantale. |
| Iridium. | |

Les métaux contenus dans ces deux derniers tableaux ne peuvent être fondus qu'à l'aide du chalumeau à gaz hydrogène et oxigène.

*Volatilité.* On n'en connaît aujourd'hui que cinq qui soient volatils; ce sont le *mercure*, le *cadmium*, le *potassium*, le *tellure* et le *zinc*. Mais en dirigeant un courant de gaz sur quelques uns chauffés au rouge blanc, on parvient à les volatiliser; exemples, le bismuth, le sodium et l'antimoine. Nous pensons qu'on pourrait par ce moyen en réduire encore d'autres en vapeur.

### Conductibilité du calorique.

D'après les expériences de M. Despretz, les métaux qui conduisent le mieux la chaleur, peuvent être rangés comme il suit :

| | |
|---|---|
| Or. | Zinc. |
| Argent. | Etain. |
| Cuivre. | Plomb. |
| Fer. | |

### Conductibilité du fluide électrique.

On est loin d'être d'accord aujourd'hui sur l'ordre suivi par les métaux dans leur pouvoir conducteur de l'électricité. MM. Davy, Becquerel et Pouillet ont trouvé des résultats qui diffèrent beaucoup les uns des autres. Suivant M. Becquerel, on aurait le tableau ci-dessous :

| | | | |
|---|---|---|---|
| Potassium. | 8 | Etain. | 91 |
| Mercure. | 21 | Zinc. | 174 |
| Plomb. | 50 | Argent. | 447 |
| Fer. | 95 | Or. | 571 |
| Platine. | 100 | Cuivre. | |

*Propriétés organoleptiques.* Odeur et saveur.

On attribue généralement l'odeur développée par un corps à la propriété qu'il a d'être volatil, et la saveur à sa solubilité dans un liquide. (Notions de physique, page 23.)

Il n'y a que le cuivre, le fer, le plomb et l'étain qui soient regardés comme sapides et odorans; mais aucun de ces quatre métaux n'est soluble ni volatil, en sorte qu'on ignore encore à quoi tiennent la saveur et l'odeur de ces élémens.

*Remarque.* On confond souvent la saveur avec l'odeur : c'est ainsi que le cuivre, qui est regardé généralement comme ayant de la saveur, en est tout-à-fait dépourvu, comme l'a démontré M. Chevreul. A cet effet, on place une lame de ce métal sur sa langue, et on se bouche les narines en se pinçant le nez, on n'éprouve aucune sensation; mais cesse-t-on de pincer, aussitôt on sent une odeur très prononcée, qui se confond avec la saveur.

Je pense qu'en appliquant ce moyen d'épreuve aux substances qui passent pour être douées d'odeur et de saveur, on en trouverait plusieurs qui seraient privées de celle-ci.

Propriétés chimiques des métaux.

*Action de l'oxigène sec.* L'oxigène sec est absorbé à la température ordinaire par les métaux de la première section (le sodium excepté). Mais il ne l'est par aucun de ceux des autres sections. Si l'on élève convenablement la température, tous l'absorbent, excepté certains métaux de la quatrième section, qui sont l'or, le platine, l'iridium, le rhodium, le palladium et l'argent. Beaucoup s'y combinent à une température élevée, avec un grand dégagement de calorique et de lumière.

Lorsque la température à laquelle la combinaison a lieu

n'est pas plus haute que celle de là lampe à alcool, l'expérience peut être faite dans une cloche courbe de verre sur le mercure : on remplit en partie cette cloche d'oxigène et on porte avec une tige un morceau de métal dans la partie courbe, que l'on chauffe avec cette lampe.

Dans le cas où la température doit être plus élevée, on fait usage d'un tube de porcelaine contenant le métal, et traversant un fourneau à réverbère. L'une des extrémités du tube communique avec une première vessie pleine d'oxigène sec; l'autre extrémité avec une seconde vessie vide. On chauffe ce tube au rouge et on y fait passer lentement l'oxigène en pressant sur la vessie pleine; on renouvelle cette manœuvre jusqu'à ce qu'il n'y ait plus d'absorption de gaz.

*Action de l'oxigène humide.* L'oxigène humide se combine avec les métaux des deux premières sections et avec quelques uns des deux dernières. Lorsqu'un métal des deux premières sections se trouve en contact avec l'oxigène humide, non seulement il absorbe ce gaz, mais encore il décompose la vapeur d'eau en s'emparant de son oxigène et rend libre l'hydrogène qui alors se dégage.

Quant à ceux des deux dernières sections, ils ne s'oxident que par l'oxigène libre. L'eau, dissolvant ce gaz, lui enlève son élasticité et le met dans un contact plus immédiat avec le métal. On peut supposer aussi que ce dernier après s'être ainsi oxidé, forme une paire de la pile avec la partie du métal non oxidée, de sorte que l'eau est décomposée. C'est ce qui a lieu pour le fer en limaille qu'on humecte et qu'on expose à l'air. Quand l'oxide a une grande affinité pour l'eau, et qu'il peut constituer un *hydrate,* on conçoit facilement que ce liquide favorise la combinaison du métal avec l'oxigène.

Les métaux qui s'oxident de cette manière avec le plus de facilité, sont l'arsenic, le manganèse, le fer, le zinc, le plomb, le cuivre, etc.

Ce que nous venons de dire pour l'oxigène sec et humide, a lieu pour l'air pris dans les mêmes circonstances; seulement l'action est moins prompte. On doit aussi remarquer que ce gaz contenant de l'acide carbonique, il se forme souvent un carbonate.

Parmi les métalloïdes, l'hydrogène s'unit au potassium, à l'arsenic et au tellure;

L'azote, au potassium et au sodium;

Le charbon, au fer et à d'autres métaux;

Le bore, au fer et au platine;

Le silicium, au fer, etc.

Le phosphore, le soufre, le chlore, le brôme et l'iode se combinent avec tous les métaux.

Il y a peu de métaux qui ne s'unissent entre eux.

*État naturel.* On en trouve quelques uns à l'état natif, c'est-à-dire à l'état de pureté dans la nature; ce sont ceux qui ont peu d'affinité pour l'oxigène; tels sont l'*or*, l'*argent*, le *mercure*:

Le plus grand nombre se rencontre à l'état d'oxide, de sulfure, d'arséniure, et enfin à l'état de sel.

*Gisement des métaux.* Les métaux forment des *filons*, des *amas* et des *couches*.

*Extraction.* Il est impossible de présenter d'une manière générale l'extraction des métaux, parce qu'il y a presque toujours un mode particulier de traitement pour chacun d'eux.

*Usages.* On en emploie un grand nombre dans les arts. Nous nous occuperons d'une manière spéciale de ceux qui sont les plus usités, savoir, le fer, le cuivre, le plomb, l'étain, l'argent, l'or, le mercure, le zinc et le platine.

FER.

*Nomenclature.* Les alchimistes le nommaient *mars.*

*Propriétés physiques.* Le fer fond à 158° du pyromètre de Wedgwood. En le laissant refroidir lentement, on n'a pas encore pu l'obtenir cristallisé.

Il n'est pas volatil, ou du moins il ne se volatilise qu'aux températures les plus élevées ; sa cassure est, en général, fibreuse, cependant quelquefois elle est légèrement lamelleuse ; il jouit d'une très grande dureté ; à chaud il est très ductile ; toutefois il passe mieux à la filière qu'au laminoir.

La tôle n'est autre chose que le fer laminé en feuilles minces.

Il est le plus tenace de tous les métaux : un fil de deux millimètres de diamètre supporte, sans se rompre, un poids de 249$^k$,659.

$$D = 7,783 \qquad p. \; a = 339,20.$$

Lorsque ce métal a été poli, il a une couleur d'un gris bleuâtre très éclatant.

Il est plus magnétique que le cobalt et le nickel, mais il ne conserve cette propriété qu'autant qu'il est à l'état d'acier.

*Propriétés chimiques.* Le fer ne se combine pas avec l'hydrogène : à froid il ne s'unit pas à l'oxigène sec, ce n'est qu'à chaud que l'action a lieu ; il en résulte un grand dégagement de calorique et de lumière.

On prend un faisceau de fils de fer très fins, qu'on roule en spirale dont l'une des extrémités est attachée à un bouchon de liége, et dont l'autre porte un morceau d'amadou, qu'on allume ; on plonge l'appareil dans un flacon plein d'oxigène, en ayant soin de laisser de l'eau au fond de ce vase et une issue au bouchon, afin que le gaz dilaté puisse sortir. Le produit de cette combustion est une combinaison d'un atome de peroxide et d'un atome de protoxide de fer, laquelle est représentée par la formule

$$Fe + Fe^2.$$

Le briquet ordinaire, composé d'une pierre à fusil, d'un morceau de fer et d'amadou, nous offre un exemple de la combustion vive du fer. En frappant ce métal contre la pierre, il s'en détache de petites parcelles, qui sont assez chaudes pour prendre feu dans l'air et pour embraser l'amadou bien sec sur lequel elles tombent.

Calciné dans un têt à rôtir, le fer en limaille ou en tournure se change en peroxide rouge.

Chauffé dans le chlore, il devient incandescent et donne du perchlorure.

Le soufre, le phosphore, l'arsenic, le carbone, s'unissent au fer à l'aide de la chaleur; ce dernier par son union en différentes quantités avec ce métal constitue la fonte et l'acier.

Il forme un grand nombre d'alliages.

A froid il est sans action sur l'eau non aérée; il ne la décompose qu'à la chaleur rouge. Pour le prouver, on fait rendre un courant de vapeur d'eau dans un tube de porcelaine chauffé au rouge, contenant du fil de fer en faisceaux. On recueille de l'hydrogène, et il reste dans le tube un oxide de fer qui a la même composition que celui qui provient du fer brûlé dans l'oxigène.

Exposé à la température ordinaire au contact de l'air humide, il se change en peroxide ou en oxide intermédiaire. Il passe au premier état lorsqu'il reçoit l'eau sous forme de rosée; il en résulte un hydrate de peroxide;

l'eau agit en dissolvant l'oxigène, et aussi par sa tendance à s'unir avec cet oxide.

Si l'on recouvre du fer d'une couche d'eau ayant quelques lignes d'épaisseur, l'oxigène de l'air dissous dans ce liquide convertit le métal en peroxide hydraté jaune, qui passe ensuite au verdâtre ; dans ce dernier état il constitue un hydrate de l'oxide intermédiaire de fer.

Pour expliquer ce qui se passe, M. Gay-Lussac suppose que le peroxide de fer par son contact avec le métal forme une paire de la pile, dans laquelle le peroxide est l'élément électro-négatif, et le fer l'élément électro-positif. L'eau est décomposée ; son oxigène possédant l'électricité négative se porte sur le fer, tandis que l'hydrogène, doué de l'électricité positive, va trouver le peroxide auquel il enlève une portion d'oxigène ; il se produit de l'eau et un oxide de fer intermédiaire ; ces deux derniers, en se combinant, donnent lieu à l'hydrate vert.

Le fer chauffé au rouge décompose le gaz hydrochlorique anhydre ; on obtient de l'hydrogène et du chlorure de fer.

L'acide hydrochlorique en solution dans l'eau le dissout en dégageant de l'hydrogène.

L'acide nitrique concentré attaque vivement le fer ; il se dégage de l'azote, du deutoxide d'azote et de l'acide nitreux ; il y a production d'un sous-nitrate jaune de peroxide insoluble et d'un nitrate soluble. L'acide nitrique marquant 20° à l'aréomètre de Beaumé dissout le fer à froid ; on a du nitrate de protoxide et du nitrate d'ammoniaque.

Le gaz nitreux, en passant sur du fer chauffé au rouge, est décomposé en oxigène qui s'unit au métal et en azote pur qui se dégage.

Il en est de même de l'acide hydrosulfurique, qui donne du sulfure de fer et de l'hydrogène.

L'acide sulfurique concentré fournit à froid de l'hydrogène, de l'acide sulfureux, du sulfate de fer anhydre, et du soufre.

Le gaz acide sulfureux fait passer à l'état d'hyposulfite de protoxide, le fer placé dans l'eau.

D'après quelques chimistes, l'acide carbonique peut tenir en dissolution dans l'eau le fer à l'état de carbonate de protoxide.

*Propriétés organoleptiques.* Il est sans saveur ; il a une odeur très sensible, surtout lorsqu'il est frotté.

*État naturel.* On le rencontre à l'état natif, à l'état d'oxide intermédiaire, de peroxide, de sulfure, d'arséniure, à l'état de sels de protoxide et de peroxide.

*Extraction.* On extrait ordinairement le fer de ses oxides, et du carbonate de protoxide : en calcinant ces composés avec du charbon, on obtient de l'acide carbonique, de l'oxide de carbone, et du fer contenant du charbon, dont on se débarrasse par des procédés qui sont trop longs pour être exposés dans cet ouvrage.

*Usages.* Ils sont si nombreux que nous ne pouvons les énumérer ici : nous en parlerons à mesure que l'occasion se présentera.

CUIVRE.

*Nomenclature.* On le connaissait autrefois sous le nom de *vénus.*

*Propriétés physiques.* Le cuivre est rouge-jaunâtre, très tenace et très malléable : c'est le plus sonore des métaux.

$$D = 8,895 \qquad p.\ a = 791,39.$$

Il entre en fusion à 27° du pyromètre de Wedgwood : il ne se volatilise qu'à une très haute température.

En faisant fondre une grande masse de cuivre très pur,

et en la laissant refroidir lentement, trouve des pyramides quadrangulaires.

*Propriétés chimiques.* L'oxigène et l'air secs n'ont aucune action sur ce métal à la température ordinaire ; mais
à une température élevée celui-là s'y combine pour donner lieu à un protoxide rouge, ou à un deutoxide brun.
On observe qu'aux premières impressions de la chaleur il
acquiert des nuances d'orangé, de jaune et de bleu. Il est
employé dans cet état pour l'ornement des jouets d'enfant.

Si le cuivre est exposé au contact de l'oxigène et de l'air
humides, il s'oxide avec le premier, et avec le second il
passe à l'état de sous-carbonate hydraté. C'est ce dernier
sel qui recouvre ordinairement les statues d'airain.

L'acide nitrique, même faible, le dissout avec dégagement de deutoxide d'azote : l'action est aidée par le
calorique.

L'acide sulfurique concentré bouillant attaque à peine le
cuivre, ce qui tient à ce que le sulfate de cuivre est peu
soluble dans l'acide sulfurique, et à ce qu'il forme à la
surface du métal une couche qui le préserve de l'action de
l'acide. Si celui-ci est étendu d'eau, il n'a aucune action
sur le cuivre à l'abri du contact de l'air.

L'acide hydrochlorique n'agit pas sur lui à la température ordinaire, à moins que l'air ne soit présent. Si
l'acide est concentré et bouillant, il y a un faible dégagement d'hydrogène ; il en résulte du protochlorure de cuivre
dissous dans de l'acide hydrochlorique ; en versant de
l'eau dans cette dissolution, le protochlorure se précipite
à l'état d'hydrate incolore, et la liqueur peut être colorée
en bleu ou en vert par du deutochlorure.

L'acide hydrosulfurique gazeux est décomposé par le
cuivre à chaud ; mais si ce gaz est dissous dans l'eau, la
décomposition a lieu à froid.

Les alcalis, avec le concours de l'air, déterminent l'oxidation du cuivre; parmi eux l'ammoniaque est celui qui a le plus d'action; les corps gras agissent de même.

*Propriétés organoleptiques.* Il est sans saveur, mais il a une odeur fétide.

Ses oxides, ses chlorures, etc., et en général ses sels sont des poisons.

*Etat naturel.* On le trouve à l'état natif, à l'état de protoxide, de chlorure uni à du deutoxide, de sulfure, de carbonate, de sulfate, etc.

*Extraction.* L'oxide et le carbonate de cuivre sont chauffés avec du charbon dans un fourneau à réverbère. Quant au sulfure, on le grille afin de brûler le soufre, et d'oxider le métal.

*Usages.* On en fait des chaudières, des tuyaux, des baignoires, des casseroles. On l'emploie pour doubler les vaisseaux, etc.

PLOMB.

*Nomenclature.* Il a porté long-temps le nom de *saturne.*

*Propriétés physiques.* Il est gris-bleuâtre; récemment coupé, il a de l'éclat; il est très mou, ce qui fait qu'on s'en sert pour tracer des caractères sur le papier.

$$D = 11,445 \qquad p.\ a = 1294,50.$$

Sa densité diminue par une forte pression ou par le choc du marteau; mais il paraît que sa ténacité augmente. Il est malléable; il passe dificilement à la filière; il fond à 322°; il est susceptible de se volatiliser; il cristallise comme le cuivre.

*Propriétés chimiques.* L'oxigène et l'air secs ne s'y combinent pas à la température ordinaire; mais à une température élevée, il y a apparition d'une lumière rougeâtre, et formation de protoxide de plomb. Si l'on continue à chauffer, ce dernier passe en tout ou en partie à l'état d'un oxide intermédiaire d'une couleur jaune orangée, qu'on nomme *minium*.

Exposé à froid au contact de l'oxigène ou de l'air humides, il se recouvre dans le premier d'une couche terne de sous-oxide d'après Berzelius, et dans le second d'une couche de carbonate de protoxide nommé *céruse* dans les arts.

Le chlore, le soufre, le phosphore et la plupart des métaux s'unissent au plomb.

Il ne décompose l'eau à aucune température.

L'acide sulfurique étendu n'agit pas sur lui ; mais lorsqu'il est concentré et bouillant, il se dégage du gaz sulfureux, et il se forme du sulfate de plomb.

L'acide hydrochlorique concentré porté à l'ébullition l'attaque à peine.

L'acide hydrofluorique est sans action sur ce métal.

L'acide nitrique concentré l'attaque peu, parce que le nitrate de plomb y est insoluble ; mais s'il est étendu d'eau, il le dissout bien à la température de l'ébullition.

L'acide hydrosulfurique gazeux ou dissous a une action très prompte sur ce métal à la température ordinaire ; il se forme un sulfure de plomb avec dégagement d'hydrogène.

Les alcalis aident l'oxidation du plomb au contact de l'air.

*Propriétés organoleptiques.* Par le frottement, il acquiert une odeur sensible ; il n'est pas vénéneux ; mais ses sels sont des poisons.

*Etat.* On le rencontre à l'état d'oxide, de sulfure, de sels, tels que phosphate, sulfate, carbonate, chrômate, molybdate, arséniate.

*Extraction.* L'oxide est traité par le charbon : le sulfure l'est de deux manières :

1° Par le grillage, on peut le convertir en acide sulfureux et en oxide de plomb, lequel est traité par le charbon; ou on le transforme en partie en sulfate de plomb, qui, en contact avec le sulfure indécomposé, donne du gaz sulfureux et du plomb.

2° On le chauffe avec du fer qui produit du sulfure de fer, et le plomb est mis en liberté.

*Usages.* Ils sont très nombreux. On s'en sert pour faire des balles, des bassins, des conduits, etc.

ETAIN.

*Nomenclature.* Les anciens chimistes l'appelaient *ju-piter.*

*Propriétés physiques.* Il a une couleur et un éclat qui le rapprochent de l'argent. Il est solide jusqu'à 212° où il fond. Il cristallise en rhomboèdres. Il est volatil à une température très élevée. Il est mou et s'étend en lames, mais il passe mal à la filière. Plié, il fait entendre un craquement que l'on a nommé *cri de l'étain.* On ne peut le réduire en poudre au moyen de la lime, parce qu'il s'y attache et qu'il la graisse. Lorsqu'on a besoin d'étain divisé, on le fond dans un creuset de terre, et on le verse par petites portions dans une grande quantité d'eau froide.

$$D = 7,299. \quad p. \ a = 735,29.$$

*Propriétés chimiques.* Il ne forme pas de combinaisons avec l'hydrogène. L'oxigène sec ne s'unit pas à ce métal à la température ordinaire, mais s'il est humide il a une faible action. A la chaleur rouge il se combine avec l'oxigène en produisant du feu. Si l'on en porte à cette température dans un têt, il apparaît à la surface du bain une couche de deutoxide d'une couleur blanche légèrement jaunâtre.

L'étain se combine avec le chlore, le phosphore, le soufre, le cuivre, et avec d'autres métaux.

Il ne décompose l'eau qu'à une chaleur incandescente.

Traité à chaud par l'acide sulfurique, il en résulte du gaz acide sulfureux, du gaz hydrogène sulfuré, du soufre et du sulfate de protoxide d'étain, si toutefois l'acide sulfurique n'est pas en excès et si on n'a pas chauffé trop long-temps; car dans le cas contraire il se forme plus ou moins de sulfate de peroxide.

L'acide sulfureux produit avec l'étain un hyposulfite.

L'acide nitrique très concentré ne l'attaque pas, mais s'il est étendu d'un peu d'eau l'action est des plus vives, il se produit du gaz nitreux et du peroxide d'étain qui se dépose. Si l'acide est à 6° de l'aréomètre de Beaumé, et à une température de 12° à 15°, l'étain s'y dissout avec très peu d'effervescence; et la liqueur se colore en jaune. Il y a formation de protoxide d'étain et de nitrate d'ammoniaque. Cet alcali est engendré aux dépens de l'hydrogène de l'eau et d'une portion d'azote de l'acide nitrique.

Le gaz hydrochlorique chauffé avec ce métal dégage de l'hydrogène, et donne lieu à du chlorure d'étain.

L'action du gaz hydrosulfurique est analogue à celle de l'acide hydrochlorique.

*Propriétés organoleptiques.* L'étain a de l'odeur, mais il est dépourvu de saveur.

*État naturel.* On le rencontre dans la nature à l'état d'oxide et de sulfure.

*Extraction.* C'est en chauffant son oxide avec du charbon qu'on se procure ce métal.

*Usages.* Uni au cuivre en diverses proportions, il constitue l'alliage des canons et des cloches. Allié au mercure, il sert à mettre les glaces au tain. Le plomb fondu avec la moitié de son poids d'étain, constitue la soudure des plombiers; il sert à étamer le fer, le cuivre, etc.

ARGENT.

*Nomenclature.* Il était connu autrefois sous les noms de *diane*, de *lune*.

*Propriétés physiques.* L'argent est d'un beau blanc, solide jusqu'à 22° du pyromètre de Wedgwood où il fond. Refroidi lentement il cristallise; il est volatil à une température élevée. Il passe très bien au laminoir et à la filière.

$$D = 10{,}39. \quad p.\ a = 1351{,}60.$$

*Propriétés chimiques.* Ce métal ne se combine pas avec l'oxigène à la température ordinaire ; lorsqu'il est fondu il l'absorbe, mais il le perd en se solidifiant.

Il n'a aucune action sur l'eau.

L'acide hydrosulfurique attaque l'argent à la température ordinaire ; il se dégage de l'hydrogène et il y a formation de sulfure d'argent. C'est à ce composé qu'est due la couleur noire des objets d'argent qu'on met en contact avec les œufs.

Il s'unit au soufre, au phosphore et au chlore.

L'acide sulfurique bouillant le dissout, il en est de même de l'acide nitrique à froid ou à chaud.

*Propriétés organoleptiques.* Il est insipide et inodore.

*Etat naturel.* Il existe dans la nature sous plusieurs états.

1° A l'état natif;

2° A l'état de carbonate ;

3° A l'état de chlorure ;

4° Combiné avec le mercure, l'antimoine, l'arsenic, le soufre et l'iode.

*Extraction.* Les procédés les plus généralement employés sont ceux qui consistent à l'allier du plomb ou au mercure ; dans le premier cas, on passe l'alliage à la coupelle ; dans le second, on distille l'amalgame.

*Usages.* On s'en sert pour faire de la monnaie, de la vaisselle, des bijoux. A l'état de nitrate d'argent fondu, les médecins l'emploient pour ronger les chairs baveuses.

OR.

*Propriétés physiques.* L'or a une couleur jaune rougeâtre; il fond à 32° du pyromètre de Wedgwood, et se volatilise à une haute température. Il cristallise en pyramides quadrangulaires, et il éprouve une grande contraction en se solidifiant. C'est le plus malléable et le plus ductile de tous les corps.

$$D = 19,4 \qquad p.\ a \qquad 2486,02.$$

*Propriétés chimiques.* L'oxigène n'a aucune action sur lui. Parmi les métalloïdes, le phosphore, le soufre, le chlore sont les seuls qui s'y unissent. Ce dernier est son vrai dissolvant; c'est à lui que l'*eau régale* doit la propriété qu'elle a de dissoudre ce métal.

Il forme avec l'oxigène, dans des circonstances particulières, deux oxides.

Il se combine directement avec l'arsenic et l'antimoine. Il n'a aucune action sur l'eau.

Il paraît que l'acide nitrique concentré bouillant attaque un peu ce métal.

L'eau régale employée pour dissoudre l'or est composée de quatre parties d'acide hydrochlorique à 12°, et d'une partie d'acide nitrique à 40°. On chauffe le mélange après y avoir mis 15 à 18 parties d'or, et on le porte lentement à l'ébullition.

*Propriétés organoleptiques.* Il est inodore et insipide.

*Etat naturel.* Il se trouve dans la nature à l'état natif, ou en combinaison avec très peu d'argent, de cuivre, de fer.

*Extraction.* C'est en lavant les sables aurifères, ou en

traitant par le mercure les minerais qui contiennent ce métal, qu'on se le procure.

*Usages.* Il est plus précieux que l'argent; il est employé, comme ce dernier, à fabriquer de la monnaie, des vases, des bijoux, etc.

## MERCURE.

*Nomenclature.* Le mercure a reçu le nom de *vif-argent* à cause de sa grande mobilité, et de son éclat métallique, qui ressemble à celui de l'argent.

*Propriétés physiques.* Il est liquide à la température ordinaire; il se congèle à — 40°; alors il est malléable et ductile; il cristallise en octaèdres. Il bout à 360°. Sa vapeur a pour densité 6,976. Il se dilate de $\frac{1}{5550}$ de son volume à zéro pour chaque degré du thermomètre centigrade compris entre zéro et 100°.

$$\text{D.} = 13,888 \qquad \text{p. a} = 2531,6.$$

Le mercure peut se volatiliser à 25°, quoique son point d'ébullition soit élevé.

*Propriétés chimiques.* Il n'a aucune action à la température ordinaire sur l'oxigène sec ou humide; mais à 320° il l'absorbe, et donne lieu à du deutoxide de mercure.

A froid, il se combine avec le chlore; il se produit du deutochlorure ou protochlorure, suivant que ce gaz est ou n'est pas en excès.

Le soufre s'y unit à l'aide de la chaleur.

Il forme un grand nombre d'amalgames.

Les acides nitrique, nitreux, sulfurique, hydrosulfurique, attaquent le mercure.

*Propriétés organoleptiques.* Il est insipide, inodore; pris à l'intérieur, il détermine un tremblement nerveux.

Lorsqu'il est congelé, et qu'on l'applique sur la peau,

on éprouve une sensation semblable à celle d'une brûlure.

*État naturel.* Il existe à l'état natif, combiné avec le soufre, l'argent et le chlore.

*Extraction.* Le mercure natif se purifie par la distillation.

Le sulfure de mercure est traité par la limaille de fer, ou par la craie à l'aide de la chaleur. Dans le premier procédé il se forme du sulfure de fer; dans le second, la chaux s'unit au soufre, et le mercure se volatilise.

*Usages.* On s'en sert pour faire des thermomètres, des baromètres, pour recueillir les gaz qui sont solubles dans l'eau; uni au soufre, il constitue le cinabre, etc.

## ZINC.

*Nomenclature.* Il portait autrefois les noms de *speltrum, peauter, étain des Indes.*

*Propriétés physiques.* Il est blanc-bleuâtre; sa texture est lamelleuse; il fond à 374°, et se réduit en vapeur au rouge-blanc; refroidi lentement, il cristallise; à zéro, il est cassant; à mesure que sa température s'élève, il acquiert de la ductilité; à 100°, il peut être laminé en feuilles minces.

$$D = 7,1 \qquad p. \ a = 403,22.$$

Il graisse la lime; pour le pulvériser on le met en fusion et on le triture au moment où il se fige.

*Propriétés chimiques.* L'air et l'oxigène secs ne l'attaquent pas à froid; mais lorsqu'ils sont humides, il se forme une légère couche d'oxide de zinc.

Si on le fait chauffer au rouge-blanc dans un creuset de terre muni de son couvercle qu'on lute, et si, après avoir enlevé celui-ci, on lui donne le contact de l'air en l'agitant avec une tige de fer, il brûle avec une vive lumière, et l'on voit flotter dans l'atmosphère une multitude de flocons blancs lanugineux d'oxide de zinc.

Le chlore, le phosphore, le soufre ainsi que tous les métaux se combinent avec le zinc.

Il décompose l'eau au rouge blanc.

Le zinc pur en contact avec l'acide sulfurique et l'eau la décompose bien plus lentement que ne le fait le zinc du commerce contenant une petite quantité de fer.

Les acides nitrique et hydrosulfurique l'attaquent à froid.

*Propriétés organoleptiques.* Il n'a ni odeur si saveur.

*Etat naturel.* On le trouve à l'état de sulfure, d'oxide, de sulfate, de carbonate et de silicate.

*Extraction.* On l'extrait en traitant l'oxide de zinc par le charbon.

*Usages.* Allié au cuivre, il forme le laiton ; on l'emploie pour faire des gouttières, des couvertures de toit, des baignoires, etc.

### PLATINE.

*Nomenclature.* Platine vient du mot espagnol *platina*, qui signifie petit argent.

*Propriétés physiques.* Le platine est d'un blanc gris, et susceptible de recevoir un beau poli.

Il n'est pas aussi ductile que l'or et l'argent ; il est facilement rayé ; il ne peut être fondu qu'au chalumeau à gaz hydrogène et oxigène.

$$D = 21,5313 \qquad p.\ a = 1233,499.$$

*Propriétés chimiques.* L'oxigène n'agit sur ce métal à aucune température. Il ne décompose jamais l'eau. Le chlore, le phosphore, le soufre, etc., se combinent avec lui.

L'eau régale est son vrai dissolvant.

Il s'allie avec plusieurs métaux.

*Propriétés organoleptiques.* Il est inodore et insipide.

*Etat naturel.* On l'a trouvé combiné avec le palladium, le rhodium, l'iridium et l'osmium. La mine de platine du commerce contient en outre du plomb, du cuivre, du mercure, de l'or, du titanate et du chrome de fer.

*Extraction.* Elle est trop compliquée pour que nous puissions en parler.

*Usages.* On en fait des cornues, des chaudières, des creusets, des capsules, etc., et des mesures-étalons, par la raison qu'il est peu dilatable.

## CHAPITRE II.

### DES ALLIAGES.

Lorsque nous avons exposé la nomenclature, nous avons dit qu'on entendait par *alliage* le résultat de la combinaison des métaux entre eux. Si le mercure en fait partie, le composé prend le nom d'*amalgame*.

Quelques chimistes regardent les métaux comme pouvant se combiner en toutes proportions; d'autres, comme formant des combinaisons en proportions déterminées, lesquelles s'unissent entre elles, et produisent des alliages qui s'écartent beaucoup des lois de composition que présentent les autres corps simples. Pour nous, nous considérerons comme un composé défini tout alliage qui sera susceptible de cristalliser.

Nous ferons d'abord une étude générale des alliages; ensuite nous donnerons ceux qui sont d'un usage fréquent.

*Propriétés physiques.* Tous les alliages sont solides, à

l'exception des amagalmes dans lesquels le mercure prédomine, et de l'alliage contenant une partie de potassium et trois parties de sodium, qui est liquide à 0°. Ils sont opaques, doués de l'éclat métallique; ils ont une couleur qui leur est propre; ils sont moins bons conducteurs du calorique et du fluide électrique que les métaux qui en font partie. Leur densité est très variable; tantôt elle est plus grande, tantôt elle est plus petite que la densité moyenne des métaux qui les constituent.

| Alliages dont la densité est plus grande que la densité moyenne des métaux qui les constituent. | Alliages dont la densité est plus petite que la densité moyenne des métaux qui les constituent. |
|---|---|
| Or, zinc. | Or, argent. |
| Or, étain. | Or, fer. |
| Or, bismuth. | Or, plomb. |
| Or, antimoine. | Or, cuivre. |
| Or, cobalt. | Or, iridium. |
| Argent, zinc. | Or, nickel. |
| Argent, plomb. | Argent, cuivre. |
| Argent, étain. | Cuivre, plomb. |
| Argent, bismuth. | Fer, bismuth. |
| Argent, antimoine. | Fer, antimoine. |
| Cuivre, zinc. | Fer, plomb. |
| Cuivre, étain. | Etain, plomb. |
| Cuivre, palladium. | Etain, palladium. |
| Cuivre, bismuth. | Etain, antimoine. |
| Cuivre, antimoine. | Nickel, arsenic. |
| Plomb, bismuth. | Zinc, antimoine. |
| Plomb, antimoine. | |
| Platine, molybdène. | |
| Palladium, bismuth. | |

Les alliages sont généralement plus durs, moins ductiles, plus aigres que les plus ductiles des métaux qui entrent dans leur composition.

Lorsqu'ils sont formés à proportions égales de métaux ductiles, ils sont ou cassans ou ductiles; mais, si l'un d'eux prédomine, ils sont presque toujours ductiles.

En alliant des métaux cassans avec des métaux ductiles, les composés sont ductiles, si ceux-ci dominent; dans le cas contraire, et même lorsque les métaux sont en mêmes proportions, les alliages sont cassans.

Les alliages formés de métaux cassans le sont eux-mêmes.

Il y a des alliages qui jouissent d'une grande sonorité.

On ne possède que très peu de notions sur la dilatation, la capacité pour le calorique et la fusibilité de ces divers composés.

On observe qu'un alliage est toujours plus fusible que le métal le moins fusible qui en fait partie. Dans le cas où les métaux sont à peu près également fusibles, l'alliage est plus fusible que celui qui fond le plus facilement.

Un alliage fondu, abandonné à un refroidissement très lent, se solidifie, cristallise confusément, et se sépare assez souvent en différentes couches, dont la densité n'est pas la même ; si l'on perce la croûte formée à la surface, puis qu'on décante la partie intérieure, encore liquide, il arrive quelquefois qu'on obtient de beaux cristaux.

*Propriétés chimiques.* En exposant un alliage à une chaleur plus élevée que celle qui est nécessaire pour le fondre, la décomposition sera totale ou partielle s'il renferme un métal volatil : elle sera totale lorsque le mercure fera partie de l'alliage, mais si c'est l'un des métaux volatils suivans, le potassium, l'arsenic, le tellure, le sodium, le zinc, elle ne sera que partielle.

L'action de l'oxigène et de l'air sur les alliages est analogue à celle qu'ils exercent sur les métaux isolés, cependant elle est généralement moindre.

Quand, dans un alliage, un métal est beaucoup plus facile à oxider que les autres métaux qui en font partie, on peut l'isoler en chauffant convenablement. Tel est le procédé qu'on emploie pour séparer le plomb de l'argent.

*Propriétés organoleptiques.* Il existe quelques alliages qui ont une odeur particulière.

*Etat naturel.* On en rencontre plusieurs dans la nature.

*Préparation.* On fond dans un creuset les métaux que l'on veut allier ; quand la fusion a lieu, on brasse le bain afin que l'alliage soit homogène, puis on le coule soit dans une lingotière, soit dans des formes.

S'il devait y entrer du potassium ou du sodium, il faudrait le placer au fond d'un tube en verre fermé à une extrémité et ouvert à l'autre, et mettre pardessus les autres métaux ; on exposerait ensuite ce tube à une chaleur graduée.

*Usages.* Il y a peu d'alliages qui soient employés dans les arts ; nous étudierons les principaux.

### AMALGAME D'ÉTAIN EMPLOYÉ POUR L'ÉTAMAGE DES GLACES.

Pour étamer les glaces, on étend sur une table horizontale une feuille d'étain sur laquelle on verse du mercure en quantité suffisante pour que l'amalgame soit mou, et forme une couche épaisse ; on fait glisser une glace de manière à couper cette couche en deux, et on la charge de poids. Au bout d'un certain temps, l'amalgame d'étain adhère fortement à l'une des faces de la glace, et lui donne la propriété de réfléchir les objets.

### AMALGAME DE BISMUTH.

Les globes de verre sont étamés en les faisant sécher au moyen de la chaleur ; lorsqu'ils sont encore chauds, on y verse un amalgame de bismuth également chaud composé d'une partie de ce métal et de quatre parties de mercure, que l'on promène sur toute la surface du globe. Une portion se solidifie et donne un bel étamage,

## AMALGAME D'OR.

On se sert de cet amalgame pour dorer le laiton ou cuivre jaune.

A cet effet, on porte le laiton jusqu'au rouge, on le laisse refroidir, on le plonge dans de l'acide nitrique faible, et on le frotte avec de la sciure de bois pour le sécher. On chauffe dans un creuset six parties de mercure et une partie d'or laminé. On recouvre la surface du laiton avec une dissolution de nitrate de mercure, puis avec une *gratte-bosse*, on y applique de l'amalgame. Cela fait, on expose au feu la pièce pour pouvoir étendre plus facilement l'amalgame et pour vaporiser le mercure. On la laisse pendant quelques minutes dans l'eau bouillante; on la frotte pour la nettoyer, et on la retire. Alors on la couvre d'une bouillie composée de sel marin, de nitre, d'alun et d'eau, on la présente au feu, on la plonge dans l'eau chaude, et on l'essuie. Enfin, on la passe à la *dent de loup* pour la brunir.

## SOUDURE DES PLOMBIERS.

C'est en fondant ensemble une partie d'étain et deux parties de plomb que l'on prépare cet alliage qui sert à souder les tuyaux de plomb.

## MÉTAL DES CANONS.

On allie dans un four à réverbère onze parties d'étain avec cent parties de cuivre; on obtient un composé qui constitue les canons.

## MÉDAILLES.

On fait de très belles médailles en alliant sept à onze parties d'étain avec cent de cuivre.

### CLOCHES.

Cet alliage se compose de soixante-dix-huit parties de cuivre, et de vingt-deux d'étain.

Les cloches anglaises renferment 80 de c uivre, 5,6 de zinc, 4,3 de plomb et 10,1 d'étain.

### TAM-TAM.

C'est un alliage contenant 80 parties de cuivre et 20 d'é-tain, qui devient malléable par la trempe.

### ÉTAMAGE DU CUIVRE.

On présente au feu la pièce à étamer, et on la frotte à l'aide d'une étoupe avec de l'hydrochlorate d'ammoniaque, afin de la désoxider. Le cuivre étant très brillant, on le chauffe et on étend dessus une couche d'étain fondu que l'on recouvre de résine, afin d'empêcher qu'il ne s'oxide. On continue de frotter jusqu'à ce que l'étamage soit achevé. On parvient ainsi à revêtir le cuivre d'une couche très mince d'étain qui n'y est que superposée.

### FER-BLANC.

Le fer-blanc est du fer réduit en lames dont on a recouvert les faces d'un peu d'étain pur : ce procédé est trop compliqué pour être indiqué dans cet ouvrage.

Lorsqu'on plonge une feuille de fer-blanc dans un mélange chaud, composé de 8 parties d'eau, de 3 parties d'acide hydrochlorique et de 2 parties d'acide nitrique, et qu'on la porte dans de l'eau acidulée, qu'ensuite on la lave, on obtient du *moiré métallique*.

Le mélange d'acides ayant dissous la couche supérieure de l'étain, a mis à nu les autres couches, qui sont composées d'une foule de cristaux. Ceux-ci constituent le moiré dont l'aspect varie avec la cristallisation. Quant aux moirés qui sont diversement colorés, on les prépare en couvrant les feuilles d'un vernis de chacune des couleurs que l'on veut avoir.

### CARACTÈRES D'IMPRIMERIE.

L'alliage qui constitue généralement les caractères d'imprimerie est composé de 80 parties de plomb et de 20 d'antimoine.

On ajoute quelquefois 4 à 5 centièmes de cuivre.

### CUIVRE JAUNE OU LAITON.

Le laiton résulte de l'union de 20 à 40 parties de zinc avec 80 à 60 parties de cuivre.

On connaît encore une autre espèce de laiton, qui contient de 2 à 3 centièmes de plomb. Il convient mieux que les autres pour les ouvrages faits au tour.

Cet alliage sert à fabriquer la plupart des instrumens de physique, et différens vases, tels que poêlons, chaudières, etc.

### ALLIAGES D'ARGENT ET DE CUIVRE.

En France, la monnaie, les creusets, les ustensiles d'argent, résultent de l'alliage du cuivre avec ce métal. La quantité d'argent qui entre dans le composé, constitue son *titre* qui est d'autant plus élevé que cette quantité est plus considérable.

Il existe deux espèces de monnaies d'argent : la première est au titre de $\frac{900}{1000}$, c'est-à-dire que sur 1000 parties il y a 900 parties d'argent; la seconde, qui est appelée monnaie de *billon*, est au titre de $\frac{200}{1000}$; les ouvrages d'orfèvrerie sont les uns au titre de $\frac{950}{1000}$, et les autres au titre de $\frac{800}{1000}$.

*Remarque.* Les orfèvres donnent le nom de *vermeil* à de l'argent doré avec un amalgame d'or.

## ALLIAGES DE CUIVRE ET D'OR.

Notre monnaie d'or n'a qu'un seul titre, qui est de $\frac{900}{1000}$. Quant aux vases, aux ornemens, aux bijoux d'or, il y a trois titres, qui sont $\frac{920}{1000}$, $\frac{840}{1000}$, $\frac{750}{1000}$.

## ALLIAGE FUSIBLE DANS L'EAU BOUILLANTE.

En fondant ensemble dans un creuset 3 parties d'étain, 8 de bismuth et 5 de plomb, on prépare un composé qui, exposé dans la vapeur d'eau bouillante, entre en fusion. Si les proportions sont bien observées, ce phénomène a lieu à 90°.

On se sert de cet alliage pour *clicher* les médailles.

# LIVRE TROISIÈME.

## OXIDES MÉTALLIQUES.

Les oxides métalliques sont des composés binaires résultant de la combinaison d'un métal avec l'oxigène ; ils sont distingués des oxides non métalliques, en ce qu'ils peuvent presque tous s'unir aux acides pour donner lieu à des sels.

Nous adopterons pour les oxides la même classification et le même mode d'étude que pour les métaux.

*Propriétés physiques.* Les oxides sont solides, cassans, blancs, ou diversement colorés, quelquefois ternes si leur état est pulvérulent; leur densité est plus grande que celle de l'eau; elle est plus petite que celle du métal qui les compose, àmoins que ce dernier ne soit très léger : telles sont celles des oxides de potassium et de sodium, dont les métaux sont plus légers que l'eau : ils conduisent très mal le calorique et le fluide électrique. L'oxide d'osmium est le seul qui soit volatil : plusieurs sont fusibles, mais la température qu'ils exigent pour être fondus est très variable. On ne connaît que le protoxide et l'oxide intermédiaire de fer qui soient magnétiques.

*Propriétés chimiques.* Quelques uns ramènent au bleu la teinture de tournesol rougie par un acide, verdissent le sirop de violettes, et rougissent la couleur jaune de curcuma.

*Action de la chaleur.* Les protoxides des métaux de la première section sont indécomposables par la chaleur;

les deutoxides sont ramenés à l'état de protoxides, excepté celui de potassium.

Les oxides de la deuxième et de la troisième section sont indécomposables par la chaleur (1).

Les oxides des huit premiers métaux de la quatrième section se réduisent facilement par le calorique. Quant aux autres, ils ne se réduisent pas, mais plusieurs s'abaissent à un degré inférieur d'oxidation.

*Action de la pile.* Il n'y a que les oxides de la deuxième section, et celui de magnésium de la première, sur lesquels la pile n'ait pas d'effet.

Pour décomposer un oxide au moyen de cet instrument, on l'humecte, on le met en contact, d'un côté avec le fil positif, et de l'autre avec le fil négatif. Bientôt le métal apparaît à l'extrémité de celui-ci.

Quand il peut se former un amalgame, on donne la forme d'une capsule à l'oxide qu'il s'agit de réduire, et on le pose sur une plaque métallique ; on y verse du mercure dans lequel on plonge le fil négatif, en ayant soin de faire toucher la plaque par le fil positif. Il en résulte un amalgame dont on retire le métal, en faisant volatiliser le mercure.

*Action de l'hydrogène.* Ce gaz n'a d'action à la température ordinaire sur aucun oxide métallique ; même à une température élevée, il ne réduit pas les protoxides des deux premières sections, mais il ramène à cet état les deutoxides de la première. Les oxides des autres sections sont tous réduits à des températures variables, d'autant plus élevées que l'oxigène tient plus au métal.

Pour faire ces réductions on dessèche du gaz hydrogène en le faisant passer à travers un tube rempli de chlo-

(1) Nous mettons le tritoxide d'antimoine au rang des acides,

rure de calcium, d'où il sort pour entrer dans un autre tube de verre ou de porcelaine, contenant l'oxide qu'il s'agit de réduire. On emploie le premier tube si la température est inférieure au rouge brun, et le second dans le cas où elle est plus grande que ce degré de chaleur.

*Action de l'oxigène.* Tous les oxides sont inaltérables dans l'oxigène sec, à la température ordinaire ; mais avec le concours de l'eau ce gaz est absorbé par les suivans :

Protoxide de fer.
Deutoxide de fer.
Protoxide de manganèse.
Deutoxide de manganèse.
Protoxide de cuivre.
Protoxide de titane.

Il existe plusieurs oxides qui sont capables de se combiner avec l'oxigène sec à l'aide de la chaleur, et de donner lieu à des composés que nous avons placés en regard de ces oxides.

Protoxide de barium. . . . . . . bioxide.
— de potassium. . . . . . trioxide.
— de sodium. . . . . . . sesquioxide.
— d'étain. . . . . . . acide stannique.
Oxide de molybdène. } . . . . . . acide molybdique.
Acide molybdeux. }
Oxide de tungstène. . . . . . . acide tungstique.
Oxide de titane. . . . . . . . . acide titanique.
Oxide de cuivre. . . . . . . . . bioxide.
Oxide de plomb. . . . . . . . . deutoxide.
Oxide de mercure. . . . . . . . bioxide.

*Action du carbone.* Le carbone réduit à des températures variables tous les oxides métalliques, excepté ceux de la deuxième section et les cinq derniers de la première. Il ramène facilement les deutoxides de barium, strontium, calcium, à l'état de protoxide; il se produit tantôt de l'oxide de carbone, tantôt de l'acide carbonique.

En général, les oxides qui se réduisent à une température basse donnent de l'acide carbonique, tandis que ceux qui sont réduits à une température élevée donnent de l'oxide de carbone.

Cette opération se fait dans une cornue de grès dans laquelle on place l'oxide pulvérisé, après l'avoir mélangé avec du charbon en poudre; on adapte au col de la cornue un tube qui se rend sous des flacons pleins d'eau, et on chauffe graduellement.

Lorsque la réduction est facile, on emploie une cornue de verre.

*Action du phosphore.* Ce corps n'a aucune action sur les oxides de la deuxième section, ni sur celui de magnésium, qui appartient à la première; mais il décompose tous les autres. Si l'oxide est difficile à réduire, on obtient un phosphure et un phosphate : s'il cède facilement son oxigène, on a de l'acide phosphorique et un phosphure.

La plupart de ces réactions ont lieu avec dégagement de calorique et de lumière. Les oxides de barium, d'arsenic, d'argent, de mercure, etc., nous offrent ces phénomènes à un haut degré.

Par *exemple :* si l'on introduit dans un tube de verre fermé à une extrémité un mélange de phosphore en poudre et d'oxide d'argent, puis qu'on l'expose sur des charbons ardens, il se produit une vive inflammation.

Quand les oxides sont difficilement réductibles, on fait usage d'un tube de verre dont la forme est représentée pl. II, fig. 36; on introduit du phosphore dans la partie courbe, et l'oxide dans la partie horizontale; on effile le tube à la lampe, et on le dispose sur une grille de fils de fer, de manière que la partie courbe soit hors de celle-ci.

14

On chauffe l'oxide convenablement, puis on fait volatiliser le phosphore.

*Action du phosphore par l'intermède de l'eau.* Dans ce
cas, le phosphore n'agit plus que sur les oxides alcalins et
sur ceux qui se réduisent très facilement; encore faut-il
le concours de la chaleur pour que l'action soit bien prononcée. Avec les premiers, il donne un hypo-phosphite,
un phosphate et de l'hydrogène phosphoré : avec les seconds, il se produit de l'acide phosphorique, et le métal
est réduit.

*Action du soufre.* Le soufre se comporte comme le
phosphore avec les oxides de la seconde section et avec
celui de magnésium : il décompose tous les autres. Avec
ceux de la première section, il donne des sulfures et des
sulfates; avec les autres oxides, il se forme de l'acide sulfureux et très souvent un sulfure.

*Action du soufre par l'intermède de l'eau.* En faisant
bouillir de l'eau contenant un oxide alcalin et du soufre,
on a un hyposulfite et un polysulfure qui colore la liqueur
en jaune-rougeâtre. On voit, d'après ces résultats, qu'une
portion de l'oxide est décomposée.

*Action du chlore.* Ce gaz n'agit pas sur les oxides de la
deuxième section, mais il décompose tous les autres.

Lorsqu'il est sec, ainsi que les oxides, il se produit un
chlorure métallique, et l'oxigène se dégage.

Pour constater ce résultat, on dispose l'oxide, par
exemple, de la chaux non éteinte, dans un tube de porcelaine que l'on porte au rouge; à l'une des extrémités de
ce tube arrive un courant de chlore desséché avec du chlorure de calcium; à l'autre on adapte un tube recourbé,
on recueille de l'oxigène, et à la fin de l'opération on
trouve du chlorure de calcium dans le tube de porcelaine.

En faisant rendre un courant de chlore dans une dissolution étendue de potasse, il est absorbé sans qu'il se

forme aucun dépôt, et le liquide contient une combinaison de chlore et de potasse nommée *chlorure de potasse*. Quelques chimistes regardent la liqueur comme renfermant un mélange de chlorure de potassium et de *chlorite de potasse*.

Si la dissolution de potasse est concentrée, il se produit du chlorure de potassium et du chlorate de potasse, qui se dépose sous la forme de lamelles cristallines; ce qui ne peut avoir lieu qu'autant qu'une partie de l'alcali est décomposée.

*Action des métaux.* Cette action dépend: 1° de l'affinité du métal pour l'oxigène; 2° de sa tendance à s'unir avec le métal de l'oxide; 3° de la propriété qu'il possède, une fois oxidé, de se combiner avec l'oxide lui-même; 4° de sa cohésion et de celle de l'oxide; 5° de sa volatilité et de celle de l'oxide auquel il peut donner naissance; 6° enfin, de la volatilité de l'oxide employé et de celle du métal qui lui sert de base.

Le potassium et le sodium, aidés de la chaleur, réduisent complètement les oxides des deux dernières sections, et ramènent à l'état de protoxides les peroxides alcalins. Ils n'exercent aucune action sur les oxides de la deuxième section, et sur les protoxides de la première. La décomposition a toujours lieu avec dégagement de chaleur et de lumière, excepté avec les protoxides où l'oxigène est très condensé, tels que ceux de fer, de manganèse, de zinc, etc.

*Action de l'eau.* L'action de l'eau sur les oxides est assez variée. Elle s'unit à un grand nombre d'entre eux, avec lesquels elle forme des hydrates. Elle est décomposée par certains : à son tour elle en décompose quelques uns. Les protoxides de fer, d'étain, de manganèse, exposés à une chaleur rouge, s'emparent de son oxigène; l'hydrogène est mis en liberté, les deux premiers passent à l'état de deutoxides, et celui d'étain se transforme en acide stan-

nique. Les peroxides de potassium, de sodium, à la température ordinaire, et ceux de barium, de strontium et
de calcium, à 90°, sont transformés en hydrates de protoxides qui se dissolvent dans l'eau, et en oxigène qui se
dégage.

*Action des acides.* La plupart des oxides métalliques
sont susceptibles de se combiner avec les acides, et de produire des composés auxquels on a donné le nom de *sels.*
Il en existe quelques uns qui ne peuvent s'y unir.

Parmi les premiers, les uns sont ramenés par les acides
à un moindre degré d'oxidation ; alors ils s'y combinent :
les autres sont réduits. Enfin, certains oxides passent à un
degré plus élevé d'oxidation par leur contact avec quelques acides.

Nous examinerons ces différens cas quand nous étudierons les sels.

*Propriétés organoleptiques.* L'oxide d'osmium est le
seul qui soit odorant. Cet oxide et ceux de la première
section, excepté la magnésie, ont de la saveur.

*Préparation.* 1ᵉʳ Procédé. Le métal est placé dans un têt
à rôtir, que l'on porte à une température plus ou moins élevée : s'il est susceptible de fondre, on enlève la couche
qui couvre le bain ; on la calcine pour achever d'oxider
les parties qui ne l'auraient pas été.

Dans le cas où le métal n'est pas fusible, il faut l'agiter
continuellement, jusqu'à ce que l'oxidation soit terminée.

On emploie l'oxigène pour la préparation des peroxides de potassium, de sodium et de barium. Cette opération se fait dans une cloche courbe sur le mercure.

2e Procédé. Il consiste à chauffer au rouge dans un creuset muni de son couvercle un carbonate ayant pour base
l'oxide que l'on veut se procurer. Si celui-ci était susceptible d'absorber l'oxigène de l'air, on se servirait d'une
cornue.

Comme il n'y a qu'un très petit nombre de carbonates qui ne se décomposent pas par la chaleur, on obtient par ce procédé un grand nombre d'oxides.

3e Procédé. On décompose à une température convenable dans un vase approprié un nitrate ayant pour base l'oxide; celui-ci reste dans le vase, tandis que l'acide nitrique est décomposé en oxigène et azote, ou en acide nitreux.

4e Procédé. On traite le métal par l'acide nitrique en excès, à l'aide de la chaleur : cet acide cède de son oxigène au premier, qui passe à l'état d'oxide. Si ce dernier est susceptible de se combiner avec l'acide nitrique, il en résulte un nitrate que l'on décompose par la chaleur : ce procédé est alors le même que le précédent.

Si l'oxide ne s'unit pas à l'acide nitrique, il se précipite; quand l'action est terminée, on évapore la liqueur et on calcine légèrement le résidu.

5e Procédé. On dissout dans l'eau froide ou chaude un sel soluble contenant l'oxide que l'on veut préparer, et qu'on suppose insoluble; on verse dans la liqueur un excès d'une dissolution aqueuse d'un alcali qui ne puisse dissoudre l'oxide; ce dernier se dépose sous forme de précipité, qu'on lave convenablement : ensuite on le dessèche, soit au contact de l'air, soit dans le vide sec, sous le récipient de la machine pneumatique.

*Composition.* Les oxides sont soumis, pour leur composition, à la loi simple que nous avons énoncée page 75. En supposant constante la quantité du métal, les quantités d'oxigène qui forment les divers oxides d'un même métal, sont généralement entre elles comme les nombres $1$, $1\frac{1}{2}$, $2$, $3$, $4$.

*Usages.* Peu d'oxides sont employés dans les arts. Nous parlerons des principaux.

## DE QUELQUES OXIDES ET HYDRATES D'OXIDES DE LA PREMIÈRE SECTION.

### § I.

#### HYDRATE DE PROTOXIDE DE POTASSIUM ($Po + 2aq$).

*Nomenclature.* Hydrate de potasse. Potasse à l'alcool pure.

*Propriétés physiques.* Cet hydrate est blanc, solide, fusible à une température inférieure à la chaleur rouge, il est susceptible de se volatiliser. Sa densité est plus grande que celle de l'eau.

*Propriétés chimiques.* Il est déliquescent; il dégage de la chaleur en s'unissant à la glace et à l'eau, dans laquelle il est très soluble. Il verdit fortement le sirop de violettes. Exposé au contact de l'air, il en attire la vapeur d'eau et l'acide carbonique.

Une dissolution aqueuse de potasse dissout l'acide silicique, l'alumine, etc.

Chauffé au rouge dans l'air sec ou dans l'oxigène, il abandonne une partie de son eau, et passe à l'état de peroxide.

Le carbone et le fer le décomposent au rouge blanc; il en résulte avec le premier de l'oxide de carbone, de l'hydrogène et du potassium en vapeur; avec le second, on obtient ces deux derniers produits, et de l'oxide de fer.

*Propriétés organoleptiques.* Il a une saveur très caustique; il agit fortement sur les tissus organiques; il est inodore.

*État naturel.* On ne le rencontre pas dans la nature.

*Préparation.* On pulvérise séparément dans un mortier de fonte une partie de nitrate de potasse et deux par-

ties de bi-tartrate de potasse ou crème de tartre que l'on
mêle ensuite; on les projette dans une bassine de fonte
chauffée au rouge ; le mélange prend feu, les acides nitrique et tartrique se décomposent mutuellement; il en résulte de l'azote, de l'acide carbonique, du protoxide et du
deutoxide d'azote, de l'eau, un peu d'oxide de carbone et
de l'hydrogène carboné ; la plus grande partie de l'acide
carbonique se combine avec la potasse, et donne du carbonate de potasse mêlé à du charbon. On ajoute à ce résidu son poids de chaux éteinte, préalablement lavée par
décantation, afin de lui enlever les sels solubles qu'elle
pourrait contenir, et douze parties d'eau que l'on tient en
ébullition jusqu'à ce que la liqueur filtrée précipite à
peine par l'eau de chaux. On a soin de remuer le tout de
temps à autre, et de remplacer l'eau à mesure qu'elle se
vaporise. Alors, on passe le liquide à travers une toile ser-
rée fixée sur un carrelet. Les premières portions de la
liqueur étant troubles, sont de nouveau versées sur la
toile. Quand celle-ci est égouttée, on la lave à l'eau bouillante jusqu'à ce que les eaux de lavage n'aient plus qu'une
légère saveur. Ces eaux sont évaporées rapidement dans la
bassine, en ayant l'attention de mettre d'abord les plus
faibles, puis ensuite la liqueur obtenue avant les lavages.
On pousse l'évaporation jusqu'à ce que la matière soit en
consistance sirupeuse ; arrivé à ce point, on attend que sa
température soit descendue à 60°, époque à laquelle on
verse sur cette matière quatre fois son poids d'alcool à
33° environ afin de séparer le carbonate de potasse qui se
produit pendant l'évaporation de l'hydrate de potasse. On
introduit le mélange dans des flacons de verre longs et
étroits que l'on agite pendant quelque temps après les
avoir bouchés ; on les abandonne au repos pendant vingt-
quatre heures. On trouve qu'il s'est formé deux couches
distinctes ; la couche supérieure tient en dissolution de

l'hydrate de potasse ; l'inférieure renferme une dissolution aqueuse de carbonate de cet alcali, et des autres
sels que le nitrate et le tartrate pourraient contenir.
Quelquefois ces sels forment un dépôt pulvérulent ; c'est
lorsqu'on a chassé une grande quantité d'eau par l'évaporation, ou lorsque l'alcool est concentré. Au moyen d'un
siphon plein de celui-ci, on décante la liqueur alcoolique
dont on remplit aux trois quarts une cornue de verre munie
d'une alonge et d'un récipient; on continue la distillation jusqu'à ce qu'on ait retiré à peu près les trois quarts de l'alcool;
la liqueur sirupeuse est mise dans une bassine d'argent,
et évaporée rapidement jusqu'à ce que la matière soit en
fusion tranquille; alors on la verse dans une bassine de
cuivre étamée très sèche et bien propre; elle s'y fige par
le refroidissement ; on la brise en morceaux, puis on l'introduit dans un flacon de verre à large goulot, bouché à
l'émeri.

Si au lieu de traiter par l'alcool le résidu provenant
de l'évaporation de l'eau, on le coule après l'avoir fondu,
on obtient la *potasse caustique à la chaux*, qui renferme
du carbonate de potasse et d'autres substances.

On emploie très souvent la potasse du commerce pour
préparer la *potasse caustique à la chaux* ou la *pierre
à cautère ;* dans ce cas, elle contient, outre du carbonate,
du sulfate de potasse et du chlorure de potassium.

*Remarque.* M. Liebig a observé qu'en dissolvant une
partie de carbonate de potasse pur, ou même de potasse
ordinaire, dans quatre parties d'eau, et en faisant bouillir
la dissolution avec de la chaux éteinte, la potasse ne per-
dait pas la moindre quantité d'acide carbonique. Elle ne
devient pas caustique, soit qu'on augmente la quantité de
chaux, soit qu'on entretienne long-temps l'ébullition.

Mais en employant dix parties d'eau, une partie de

potasse et une partie de chaux vive délitée, tout le carbonate de potasse est converti en potasse.

Ce phénomène tient à ce que la potasse caustique concentrée enlève l'acide carbonique à la chaux ; ce dont on s'assure en tenant en ébullition pendant quelques minutes de la craie en poudre avec de la potasse concentrée. La lessive filtrée, versée dans l'acide hydrochlorique, produit une vive effervescence.

*Composition.*

| | Poids. | Atomes. | |
|---|---|---|---|
| Eau. | 16,01 | 2 | 224,96 |
| Protoxide de potassium. | 83,99 | 1 | 589,92 |
| | 100,00 | Poids atom. | 814,88 |

*Usages.* On l'emploie très souvent dans les laboratoires. La potasse à la chaux est employée en médecine sous le nom de *pierre à cautère*, pour ronger les chairs baveuses, et pour ouvrir des cautères.

*Histoire.* Ce sont MM. Darcet et Berthollet qui ont fait connaître l'hydrate de potasse.

## § II.

### HYDRATE DE SOUDE.

Cet hydrate a les mêmes propriétés que celui de potasse. On le prépare en traitant par la chaux et l'alcool le carbonate de soude.

*Composition.*

| | Poids, | Atomes. | |
|---|---|---|---|
| Eau. | 22,34 | 2 | 224,96 |
| Soude. | 77,66 | 1 | 390,90 |
| | 100,00 | Poids atom. | 615,86 |

## § III.

### PROTOXIDE DE BARIUM.

*Nomenclature.* Baryte, terre pesante.

*Propriétés physiques.* La baryte est en petites masses poreuses d'un blanc-grisâtre, D = 4.

*Propriétés chimiques.* Elle verdit le sirop de violettes. Chauffée à une chaleur rouge avec l'oxigène, elle passe à l'état de peroxide.

En versant quelques gouttes d'eau sur un fragment de cet oxide, il se dégage assez de chaleur pour produire une incandescence : il se forme un hydrate, et la substance se délite.

L'eau, à la température ordinaire, en dissout la 20° partie de son poids, et la 10° partie à 100°. Cette dernière dissolution laisse déposer des cristaux par le refroidissement.

Exposée à l'air, elle en attire l'acide carbonique et la vapeur d'eau.

*Propriétés organoleptiques.* Elle agit fortement sur la peau ; sa saveur est âcre et caustique ; elle est délétère.

*Etat naturel.* On trouve dans la nature du carbonate et du sulfate de baryte.

*Préparation.* On décompose le nitrate de baryte par la chaleur dans une cornue de porcelaine.

*Composition.*

|  | Poids. | Atomes. | |
|---|---|---|---|
| Oxigène. | 10,45 | 1 | 100,00 |
| Barium. | 89,55 | 1 | 856,88 |
|  | 100,00 | Poids atom. | 956,88 |

*Usages.* Elle est employée comme réactif dans les laboratoires.

*Histoire.* C'est Schééle qui découvrit la baryte en 1774.

### § IV.

#### PROTOXIDE DE STRONTIUM.

*Nomenclature.* Strontiane.

Ses propriétés sont analogues à celles de la baryte; mais on l'en distingue en ce que, chauffée dans l'oxigène, elle n'absorbe pas ce gaz ; et par d'autres caractères que nous donnerons en parlant des sels.

*Composition.*

| | Poids. | Atomes. | |
|---|---|---|---|
| Oxigène. | 15,45 | 1 | 100,00 |
| Strontium. | 84,55 | 1 | 547,28 |
| | 100,00 | Poids atom. | 647,28 |

On l'obtient en calcinant le nitrate de strontiane.
Elle n'est employée que dans les laboratoires de chimie.

## § V.

### PROTOXIDE DE CALCIUM.

*Nomenclature.* Chaux caustique, chaux anhydre.
*Propriétés physiques.* La chaux est blanche ; elle cristallise en hexaèdres. $D = 2,3$.
Elle ne fond pas au feu le plus violent.
*Propriétés chimiques.* Elle verdit le sirop de violettes : exposée à l'air, elle en attire l'humidité ; elle se délite, et passe à l'état d'hydrate; puis elle s'empare de l'acide carbonique. A mesure qu'elle absorbe ce dernier, elle perd de l'eau; de sorte qu'il reste un carbonate de chaux anhydre. Lorsqu'on verse de l'eau sur de la chaux, elle présente les mêmes phénomènes que la baryte, à l'exception qu'il n'y a pas incandescence comme avec celle-ci.
L'eau en dissout à peu près la 700° partie de son poids à la température ordinaire.
La chaux anhydre n'absorbe l'acide carbonique que très lentement; ce n'est qu'à l'état d'hydrate qu'elle s'unit au chlore, pour donner naissance au *chlorure de chaux.*

*Propriétés organoleptiques.* Elle est âcre et caustique.

Mise sur la langue, elle en absorbe d'abord l'humidité, elle a ensuite un goût improprement appelé *urineux*(1).

Elle désorganise les matières animales.

*Etat naturel.* La chaux existe dans la nature, en combinaison avec les acides nitrique, sulfurique, phosphorique, silicique, carbonique, etc.

*Préparation.* On l'obtient dans les laboratoires en décomposant du marbre par la chaleur dans un creuset. Elle est bonne lorsqu'en y versant un acide soluble dans l'eau, il n'y a pas d'effervescence.

Dans les arts, on la prépare en calcinant dans des fours appropriés des pierres qu'on rencontre dans la nature, et qu'on nomme *pierres à chaux.*

*Composition.*

|  | Poids. | Atomes. |  |
|---|---|---|---|
| Oxigène. | 28,09 | 1 | 100,00 |
| Calcium. | 71,91 | 1 | 256,02 |
|  | 100,00 | Poids atom. | 356,02 |

*Usages.* On emploie la chaux pour faire des mortiers, pour chauler le blé, pour enlever l'acide carbonique à la potasse et à la soude, pour extraire l'ammoniaque de l'hydrochlorate d'ammoniaque, comme excitant la végétation, etc.

On s'en sert aussi comme réactif dans les laboratoires.

§ VI.

OXIDE DE MAGNÉSIUM.

*Nomenclature.* Magnésie, magnésie calcinée, magnésie anhydre.

(1) La chaux décompose les sels ammoniacaux contenus dans la salive, elle en dégage du gaz ammoniac qui agit sur la membrane pituitaire. C'est donc à ce dernier alcali qu'est due cette sensation de *goût urineux*, et non au premier.

*Propriétés physiques.* Cet oxide est blanc, pulvérulent, infusible au feu de forge.

$$D = 2,3.$$

*Propriétés chimiques.* La magnésie verdit le sirop de violettes, quoique très peu soluble dans l'eau, qui en dissout plus à 15° qu'à 100°.

Elle forme un hydrate avec l'eau ; elle se dissout dans les acides hydrochlorique, nitrique, sulfurique, et même hydrosulfurique.

Elle est insoluble dans l'ammoniaque.

Exposée à l'air, elle absorbe lentement l'acide carbonique.

*Propriétés organoleptiques.* Elle est inodore, presque insipide, elle a un goût *urineux.*

*Etat naturel.* On la trouve dans la nature à l'état de borate, de carbonate, de sulfate, de nitrate, d'hydrochlorate et de silicate.

*Préparation.* On dissout le sulfate de magnésie dans 50 parties d'eau environ, on y verse une solution de carbonate de potasse, jusqu'à ce qu'il n'y ait plus de précipité ; on laisse reposer, on décante la liqueur. Le précipité, lavé avec de l'eau, est jeté sur un filtre pour le faire égoutter. Le carbonate de magnésie est ensuite chauffé au rouge dans un creuset de platine ; l'acide carbonique est chassé, il reste la magnésie pure.

*Composition.*

| | Poids. | Atomes. | |
|---|---|---|---|
| Oxigène. | 40,46 | 1 | 100,00 |
| Magnésium, | 59,54 | 1 | 158,35 |
| | 100,00 | Poids atom. | 258,35 |

*Usages.* Elle est employée en médecine pour dissiper les aigreurs de l'estomac et contre les empoisonnemens par les acides.

*Histoire.* Ce furent Black et Margraff qui la regardèrent les premiers comme une espèce de base salifiable.

## OXIDES DE LA DEUXIÈME SECTION.

### § VII.

#### OXIDE D'ALUMINIUM.

*Nomenclature.* Alumine.

*Propriétés physiques.* L'alumine est incolore, doucé au toucher ; elle happe à la langue ; elle est pulvérulente lors-qu'on la prépare dans les laboratoires, mais la nature nous l'offre à l'état cristallisé.

Elle ne fond pas au plus violent feu de forge.

$$D = 4.$$

*Propriétés chimiques.* Elle est insoluble dans l'eau ; mais elle s'y combine à l'état naissant et donne lieu à un hydrate.

Chauffée au rouge, elle est à peine soluble dans les acides ; à l'état d'hydrate, elle se dissout dans les acides sulfurique, hydrochlorique, nitrique, etc.

*Propriétés organoleptiques.* Elle n'a ni saveur ni odeur.

*État naturel.* Dans la nature, on la trouve cristallisée en prismes héxaèdres, en rhomboèdres, en dodécaèdres triangulaires ou pyramidaux.

Elle est la base dominante des argiles et de la plupart des terres propres à la culture.

*Préparation.* On obtient l'alumine en versant dans une dissolution d'alun un léger excès d'une solution aqueuse d'ammoniaque ; l'alumine est précipitée sous forme de gelée ; on la jette sur un filtre et on la lave à grande eau.

L'alun est un composé de sulfate d'alumine et de sulfate de potasse ou de sulfate d'ammoniaque ; l'acide sulfurique du sulfate d'alumine se combine avec l'ammoniaque, et l'alumine est mise en liberté.

On peut encore la préparer en décomposant, par la chaleur, dans un creuset, l'alun à base d'ammoniaque : l'acide sulfurique et l'ammoniaque se dégagent, il reste l'alumine en poudre blanche.

*Composition.*

|  | Poids. | Atomes. |  |
|---|---|---|---|
| Oxigène. | 46,71 | 3 | 300,00 |
| Aluminium. | 53,29 | 1 | 342,33 |
|  | 100,00 | Poids atom. | 642,33 |

*Usages.* A l'état de pureté, elle est employée dans les laboratoires pour faire les sels d'alumine.

Mêlée à la silice, elle constitue les argiles avec lesquels on fabrique les poteries. Elle sert à fouler les draps, à la fabrication de l'alun artificiel, etc.

*Histoire.* Margraff est le premier qui la distingua des autres substances, en 1754.

# LIVRE QUATRIÈME.

Ce livre qui contient l'histoire des sels, sera divisé en quatre chapitres.

Dans le premier nous ferons une étude générale des sels.

Le second contiendra les généralités que présentent ces composés ordonnés en *genres*, d'après la considération de l'acide.

Nous traiterons dans le troisième des propriétés caractéristiques offertes par les sels ordonnés en *espèces* d'après la considération de la base.

Dans le quatrième nous étudierons spécialement ceux qui sont d'un usage fréquent.

## CHAPITRE I.

### § I.

#### NEUTRALITÉ DES SELS.

Nous avons vu page 69 qu'on part de la neutralité pour établir les sels avec excès d'acide, et ceux qui sont avec excès de base. Il est donc de la plus haute importance de savoir reconnaître la combinaison la plus neutre possible qu'un acide puisse former avec une base.

On prend de l'acide sulfurique qui rougit fortement le tournesol, et une dissolution aqueuse de potasse, qui ramène au bleu le tournesol rougi par un acide, ou qui verdit le sirop de violettes ; on verse le premier par petites portions dans celle-ci : il arrive un moment où la liqueur n'a plus d'action sensible sur aucun des réactifs colorés. Le sulfate de potasse ainsi obtenu est donc *neutre* relativement à ces réactifs.

Si ce sel ne réagit plus sur le tournesol et le sirop de violettes, comme le faisaient l'acide sulfurique et la potasse avant leur combinaison, cela provient de ce que ces deux corps ont une affinité mutuelle plus grande que celle que chacun des principes colorans possède, l'un pour la potasse, l'autre pour l'acide sulfurique.

Un corps composé absolument neutre serait celui dont les principes ne pourraient plus se combiner avec les corps auxquels ils s'unissaient avant leur combinaison. Cette neutralité absolue n'a jamais été observée ; car il n'existe pas de corps composé connu dont les élémens ne soient susceptibles de se séparer pour s'unir à d'autres corps.

Quoi qu'il en soit, nous regarderons comme *neutre* tout sel soluble qui, comme le sulfate de potasse, ne rougira plus le tournesol et ne verdira plus le sirop de violettes.

## § II.

### COMPOSITION DES SELS.

Les sels sont assujettis à des lois de composition simples et remarquables. En effet, si l'on cherche les poids de diverses bases salifiables nécessaires pour neutraliser, aussi bien qu'il est possible, $501,16 = a$ parties pondérables d'acide sulfurique, on trouve :

$$214,44 = b \quad \text{ammoniaque.}$$
$$258,25 = b' \quad \text{magnésie.}$$
$$356,02 = b'' \quad \text{chaux.}$$
$$390,90 = b''' \quad \text{soude.}$$
$$589,92 = b'''' \quad \text{potasse.}$$

En cherchant les quantités de divers acides nécessaires

pour neutraliser 589,92 = b'''' de potasse, on obtient

$$501,16 = a \quad \text{acide sulfurique.}$$
$$677,02 = a' \quad \text{acide nitrique.}$$
$$401,16 = a'' \quad \text{acide sulfureux.}$$
$$892,28 = a''' \quad \text{acide phosphorique.}$$
$$692,28 = a'''' \quad \text{acide phosphoreux.}$$

Si, au lieu de prendre la potasse, nous eussions choisi une autre base quelconque du premier tableau, nous aurions trouvé pour les quantités d'acides capables de la neutraliser celles qui sont contenues dans ce dernier.

De ces résultats nous déduisons la loi suivante :

1<sup>re</sup> LOI. *Si* $b$, $b'$, $b''$, $b'''$. *etc.*, *représentent les poids d'une série de bases salifiables capables de neutraliser un poids a d'un certain acide ; si* $a$, $a'$, $a''$, *etc., représentent les poids d'une série d'acides capables de neutraliser un poids b d'une certaine base, ils désignent également ceux qui sont capables de neutraliser* $b'$, $b''$, $b'''$, *etc.*

Les nombres représentés par $a$, $a'$, $a''$, etc., de la première série, et les nombres $b$, $b'$, $b''$, etc., de la deuxième série ont été nommés *proportions*, ou *équivalens chimiques*, par la raison que chaque nombre d'une série est équivalent, pour la neutralisation des acides par les bases, et réciproquement, à un nombre quelconque de la même série.

L'analyse des sels a conduit aux lois ci-dessous :

2<sup>e</sup> LOI. *Lorsqu'un acide se combine avec une base salifiable en plusieurs proportions, celles-ci sont presque toujours des multiples par* $1\frac{1}{2}$, $2$, $3$, $4$, $5$, $6$, *. etc., de la plus petite quantité d'acide.*

EXEMPLES : Carbonate, sesqui-carbonate et bicarbonate de soude ; sulfate et bisulfate de potasse.

3<sup>e</sup> LOI. *Dans les sels formés d'un oxacide et d'un oxide binaire, l'oxigène de l'acide est presque toujours dans un rapport très simple avec celui de l'oxide.*

Exemples. Les sulfates de potasse, de soude, de baryte, de chaux, etc., sont tellement formés que l'oxigène de l'acide est à celui de la base comme 3 est à 1.

Dans les nitrates de ces mêmes bases, l'oxigène de l'acide est à celui de l'oxide comme 5 est à 1.

En partant de la troisième loi, et en observant que dans un genre de sels où il est possible de constater la neutralité aux réactifs colorés d'un certain nombre d'espèces, le *rapport est le même entre l'oxigène de l'acide, et celui des diverses bases qui le neutralisent*, on a posé en principe que toutes les espèces de sulfates dans lesquelles l'oxigène de l'acide est à celui de la base comme 3 est à 1 ; que toutes les espèces de nitrates dans lesquelles l'oxigène de l'acide est à celui de la base, comme 5 est à 1, seraient regardées comme des sels neutres, ces rapports étant ceux des sulfates et des nitrates de potasse et de soude neutres aux réactifs colorés. D'après cela, les sulfates de cuivre, d'alumine, de peroxide de fer, de cobalt dans lesquels l'oxigène de l'acide est triple de celui de la base, sont considérés comme neutres, quoiqu'ils aient une réaction acide sur le tournesol.

Les sels d'un même genre sont dits au *même état de saturation*, lorsque l'oxigène de l'acide et celui de la base sont dans un même rapport.

Si chaque genre de sels offrait une espèce à base de potasse ou de soude sur laquelle on pût constater la neutralité par les réactifs colorés, rien ne serait plus facile que de déterminer cette propriété ; mais dans les genres de sels formés d'un acide faible, comme le sont les acides carbonique, borique, etc., qui ne neutralisent pas la réaction alcaline de la potasse et de la soude sur les réactifs colorés, il règne de l'incertitude dans la détermination de la neutralité. C'est pour cette raison que certains chimistes nomment carbonates, bi-carbonates, les sels que d'autres appellent sous-carbonates et carbonates.

4ᵉ LOI. *Dans un grand nombre de sels hydratés, l'oxigène de l'eau de cristallisation est en rapport simple avec celui de l'acide.*

EXEMPLES. Dans le nitrate d'ammoniaque la quantité d'oxigène de l'acide est à celle de l'eau comme 5 est à 1.

Dans le sulfate de soude la quantité d'oxigène de l'acide est à celle de l'eau comme 3 est à 20.

5ᵉ LOI. *La combinaison d'un oxacide avec deux oxides peut être représentée par deux sels.*

Ainsi l'alun, formé d'acide sulfurique, d'alumine et de potasse, est égal à

> 1 atome de sulfate d'alumine,
> 1 atome de sulfate de potasse.

## § III.

### COMPOSITION DES SELS AMMONIACAUX.

D'après M. Gay-Lussac, les sels ammoniacaux neutres et le bi-carbonate d'ammoniaque sont composés de manière que le volume du radical de leur acide étant 1, celui de l'ammoniaque est 2. Telle est du moins la composition des sels suivans :

|  |  |  | Volumes. |
|---|---|---|---|
| Chlorate d'ammoniaque . . . = | { acide chlorique = | { 2,5 oxigène. | 1 chlore. |
| | 2 ammoniaque. | | |
| Bicarbonate d'ammoniaque . = | { 1 acide carbonique = | { 1 oxigène | ½ carbone. |
| | 1 ammoniaque. | | |
| Iodate d'ammoniaque. . . . = | { acide iodique . = | { 2,5 oxigène | 1 iode. |
| | 2 ammoniaque. | | |
| Nitrate d'ammoniaque. . . . = | { acide nitrique. . = | { 2,5 oxigène | 1 azote. |
| | 2 ammoniaque. | | |

Volumes.

Hyponitrite d'ammoniaque.. = { acide hyponitreux = { 1,5 oxigène
                                                    1 azote.
                               2 ammoniaque.

Sulfate d'ammoniaque. . . . = { acide sulfurique = { 1,5 oxigène
                                                     1 vap. de soufre.
                                2 ammoniaque.

Sulfite d'ammoniaque. . . . = { acide sulfureux = { 1 oxigène
                                                    1 vap. de soufre.
                               2 ammoniaque.

Hydriodate d'ammoniaque.. = { acide hydriodique = { 1 iode
                                                    1 hydrogène.
                              2 ammoniaque.

Hydrochlorate d'ammoniaque = { Acide hydrochlor. = { 1 chlore
                                                     1 hydrogène.
                               2 ammoniaque.

§ V.

PROPRIÉTÉS PHYSIQUES DES SELS.

Tous les sels sont solides, et susceptibles de cristalliser
en passant lentement de l'état liquide ou gazeux à l'état
solide.

Lorsqu'un acide et une base salifiable sont incolores, ils
produisent en se combinant un sel également incolore.

Si l'acide et la base salifiable sont colorés, la couleur
du sel varie. Ceux qui contiennent la même base ont généralement la même couleur.

*Tableau de la couleur des différens sels autres que les
chromates.*

| | |
|---|---|
| Sels de zirconium, | blancs, parfois jaunâtres. |
| — d'aluminium, | blancs. |
| — de thorium, | *id.* |
| — d'yttrium, | *id.* |
| — de magnésium, | *id.* |
| — de calcium, | *id.* |

Sels. de strontium,                    blancs
  — de barium,                         *id.*
  — de lithium,                        *id.*
  — de potassium,                      *id.*
  — de sodium,                         *id.*
  — de zinc.                           *id.*
  — d'étain,                           *id.*
  — de cadmium,                        *id.*
Sous-sels de protoxide de fer en gelée,    d'un blanc verdâtre.
Sels neutres de protoxide de fer dissous ou
      cristallisés,                    d'un vert émeraude.
  — en gelée,                          d'un blanc verdâtre.
Sous-sels de sesqui-oxide de fer,      d'un jaune d'ocre.
Sels neutres de sesqui-oxide de fer dissous
      ou cristallisés,                 d'un jaune rougeâtre.
Sels acides de sesqui-oxide de fer,    très peu colorés.
  — de protoxide de manganèse,         blancs.
Certains sels de manganèse sont        d'un rose violet.
Sels de chrôme en dissolution,         d'un vert pré.
  — d'antimoine,                       blancs, quelquefois un peu jaunât.
  — deutoxide d'urane,                 jaunes, légèrement verdâtres.
  — titane,                            blancs, légèrement jaunâtres.
  — protoxide de cérium,               blancs.
  — deutoxide de cérium,               jaunes.
  — neutres ou acides de cobalt,       rose violet.
Sous-sels de cobalt,                   d'un bleu violacé.
Sels neutres ou acides de bismuth,     blancs.
  — de tellure,                        *id.*
  — de bioxide de cuivre,              bleus.
  — acides de bioxide de cuivre,       verts ou d'un bleu verdâtre.
Sous-sels de bioxide de cuivre,        bleus ou verts.
Sels de nickel { en dissolution ou en crist., verts.
               { en gelée,             d'un blanc verdâtre.
Sels neutres ou acides de plomb,       blancs.
Sous-sels de plomb { en gelée,         *id.*
                   { fondus,           jaunes.
Sels neutres ou acides de protoxide de
      mercure,                         blancs.

Sous-sels de protoxide de mercure ,     d'un blanc gris ou jaunâtre.

Sels neutres ou acides de bioxide de mer-

  cure ,     blancs.

Sous-sels de bioxide de mercure ,     jaunes ou d'un jaune orangé.

Sels neutres d'argent ,     blancs.

   —. ou acides de rhodium, de palladium,     d'un rose rouge.

   — ou acides de deutoxide d'or ,     d'un jaune d'or.

Sous-sels de deutoxide d'or ,     jaunâtres.

Protochlorure d'or desséché ,     d'un jaune de paille.

Sels neutres ou acides de deutoxide de plat.,     d'un jaune un peu orangé.

Sels de protoxide de platine ,     verdâtres.

  — d'iridium ,     rouges ou bleus en dissolution.

  — de vanadium  { anhydres,     bruns ou verts.

              { en dissolution ,     d'un bleu d'azur.

*Densité des sels.* Ils sont tous plus denses que l'eau.

## § VI.

### PROPRIÉTÉS ORGANOLEPTIQUES.

Il n'y a que deux sels qui soient odorans à la tempé-rature ordinaire ; ce sont le carbonate et le sous-fluo-borate d'ammoniaque.

Les sels insolubles dans l'eau sont insipides ; quant à ceux qui s'y dissolvent, leur saveur est variable. Ce-pendant les sels d'une même base ont généralement la même saveur, si l'on en excepte toutefois les sels de po-tasse et de soude.

*Tableau de la saveur des différens sels.*

Sels de zircone. . . . . . . . . . . . . styptiques.

  — thorine. . . . . . . . . . . . . . *id.*

  — d'yttria. . . . . . . . . . . . . }

  — de glucine. . . . . . . . . . . } sucrés.

    — d'alumine. . . . . . . . . . . . . astringens.

    — d'oxide de vanadium. . . . . . . astringens , douceâtres.

Sels de magnésie. . . . . . . . . . . . amers.
— d'ammoniaque. . . . . . . . . . . . piquans.

— de chaux. . . . . . . . . . . . . }
— de strontiane. . . . . . . . . . . } piquans, âcres.
— de baryte. . . . . . . . . . . . }

— de potasse. . . . . . . . . . . . }
— de soude. . . . . . . . . . . . . } saveur variable.
— de lithine. . . . . . . . . . . . }

— de plomb. . . . . . . . . . . . }
— de cérium. . . . . . . . . . . . } sucrés, puis âcres, styptiques.
— de nickel. . . . . . . . . . . . }

Sels autres que les précédens. . . . { très âcres, très styptiques, excitant fortement la salive ; saveur souvent si désagréable, qu'elle est insupportable. Cette saveur a été appelée *métallique.*

## § VII.

### ACTION PHYSIQUE DU CALORIQUE SUR LES SELS.

L'action chimique qu'exerce la chaleur sur les sels est si variée, qu'il est impossible d'en parler d'une manière générale. Nous nous en occuperons lorsque nous traiterons les *genres.*

En chauffant un sel anhydre, formé d'un acide et d'une base fixes et stables, il éprouve la *fusion ignée,* et donne un verre transparent qui devient souvent opaque en se refroidissant. EXEMPLE, le *phosphate de potasse.*

Si le sel est hydraté, et qu'il contienne une base et un acide fixes et stables, il fond d'abord dans son *eau de cristallisation;* on dit alors qu'il éprouve la *fusion aqueuse;* si l'on continue à le chauffer, il éprouve la *fusion ignée.* Le *sulfate de soude* est dans ce cas.

Il existe certains sels qui sont susceptibles de se volatiliser sans se décomposer. Tels sont les sels ammoniacaux formés d'acides volatils et quelques autres.

**Exemples.** *Hydrochlorate d'ammoniaque, deutochlorure de mercure.*

## § VIII.

### ACTION DE LA PILE.

Si l'on soumet à l'action de la pile un sel humecté, ou dissous dans l'eau, il est décomposé de manière que l'acide se porte au pôle positif, et la base au pôle négatif. Quelquefois celle-ci est elle-même décomposée; le métal va au pôle négatif, l'oxigène et l'acide se rassemblent à l'autre pôle; enfin il peut arriver que l'acide et la base éprouvent une décomposition.

1er EXEMPLE. On place dans un tube de l'eau distillée, et dans un autre une dissolution aqueuse de sulfate de potasse; ces deux liquides sont mis en communication par de l'amiante humide; on fait plonger le fil positif dans l'eau pure, et le fil négatif dans la liqueur salée; puis on fait agir la pile. Au bout de quelque temps, on trouve l'acide sulfurique au pôle positif, et la potasse au pôle négatif.

2º EXEMPLE. Si dans l'exemple précédent on remplace le sulfate de potasse par du sulfate de zinc, on obtient du zinc métallique au pôle négatif, et il se dégage de l'oxigène au pôle positif. On fait usage, pl. II, fig. 37, du tube AB, dans lequel on introduit la dissolution saline.

3e EXEMPLE. Une dissolution aqueuse de nitrate d'argent, soumise à l'action d'une forte pile, se décompose de telle sorte, qu'il y a au pôle positif un abondant dégagement d'oxigène, au pôle négatif de l'azote et de l'argent métallique.

### ACTION DE LA LUMIÈRE.

Il y a peu de sels qui soient altérés par la lumière.

## § IX.

### ACTION DE L'EAU SUR LES SELS.

L'eau ayant une action remarquable sur les sels, nous allons la mettre en contact avec eux, en l'envisageant sous les trois états qu'elle peut affecter.

#### SELS ET EAU LIQUIDE.

Les sels anhydres, qui sont susceptibles de former des hydrates solides, produisent de la chaleur quand on y verse de l'eau par petites portions.

EXEMPLE : Le *sulfate de chaux* privé de son eau de cristallisation par une chaleur rouge ; les sels anhydres et ceux qui renferment toute l'eau de cristallisation qu'ils sont susceptibles de contenir, donnent lieu à un abaissement de température lorsqu'on les dissout dans ce liquide.

EXEMPLES : Chlorure de potassium avec quatre fois son poids d'eau, nitrate d'ammoniaque avec son poids d'eau.

Dans le premier exemple, la chaleur dégagée est le résultat de la combinaison de l'eau avec le sulfate de chaux, et du passage de ce liquide à l'état solide. Dans les deux derniers, l'abaissement de température est la différence entre la chaleur dégagée par la combinaison de l'eau avec chaque sel, et la chaleur nécessaire pour faire passer le sel de l'état solide à l'état liquide. Il en résulte que le froid produit sera d'autant plus grand que le calorique latent du sel sera plus considérable, et que les parois du vase seront plus minces.

La solubilité des sels dans l'eau est très variable ; quelques uns y sont insolubles, comme le sulfate de baryte, le phosphate de chaux ; d'autres se dissolvent à la température ordinaire dans une quantité de ce liquide moindre que leur poids. Tels sont : le *chlorure de calcium*, le *nitrate de chaux*.

La dissolution aqueuse d'un sel étant plus dense que l'eau, il faut avoir soin d'agiter jusqu'à ce qu'il soit complètement dissous, surtout si l'on opère à la température ordinaire ; car à chaud, l'agitation n'est pas indispensable, par la raison que les courans qui se produisent tendent à établir un mélange uniforme dans toute la masse.

L'eau est dite *saturée* d'un sel lorsqu'elle refuse d'en dissoudre.

Parmi les sels qui cristallisent au milieu de l'eau, certains en retiennent à l'état de combinaison. Cette eau a reçu le nom d'*eau de cristallisation*. Tous contiennent en petite quantité de l'eau saturée interposée de sel entre les lamelles qui forment le cristal.

L'eau de cristallisation d'un sel est toujours la même dans tous les cristaux de même forme ; son oxigène est généralement en rapport simple avec celui de la base salifiable.

Pour reconnaître si un sel contient de l'eau interposée ou de l'eau de cristallisation, il suffit de l'exposer subitement à une chaleur élevée. Dans le premier cas, il *décrépite* sans perdre sa transparence ; phénomène dû à ce que l'eau, tendant à se réduire en vapeur, brise et projette dans l'air les parties salines qui s'opposent à son expansion.

Dans le second cas, le cristal éprouve la *fusion aqueuse*, ou bien il reste solide, décrépite à peine, et devient opaque.

Il est assez difficile de savoir si un sel ne contient que de l'eau de cristallisation. Pour résoudre ce problème, on comprime ordinairement le sel entre des feuilles de papier joseph, après l'avoir pulvérisé ; si le papier devient humide, c'est une preuve qu'il y a de l'eau interposée ; s'il reste sec, il n'existe que de l'eau de cristallisation.

L'affinité des sels pour l'eau ne peut être mesurée par les quantités qui se dissolvent dans un même poids de ce liquide. En effet, les sels dont la force de cohésion est faible peuvent être dissous en plus grande quantité que ne le sont ceux dont l'affinité pour l'eau est plus grande, si ces derniers ont une force de cohésion supérieure à celle des premiers.

Mais, d'après M. Gay-Lussac, les affinités respectives des sels pour l'eau sont mieux exprimées par la résistance à l'ébullition que des poids égaux de divers sels apportent à un même poids d'eau.

### SELS ET GLACE.

Les sels anhydres qui peuvent se combiner avec l'eau dégagent de la chaleur quand ils sont mis avec de la glace ; mais ils produisent du froid lorsqu'étant susceptibles de se dissoudre dans l'eau on les mêle, à l'état d'hydrate, avec de la glace très divisée, ou mieux encore avec de la neige.

Les conditions les plus favorables pour produire du froid artificiel sont : 1° de diviser la glace et le sel le plus possible, de les superposer couches par couches en alternant, de faire rapidement le mélange dans un vase à minces parois, qui conduit mal le calorique, enfin d'employer le sel et la glace dans des proportions telles qu'ils fondent l'un et l'autre sans laisser de résidu solide.

Le mélange de la glace avec un sel n'est pas la seule manière de produire du froid ; on y parvient encore en dissolvant des sels dans l'eau, ou dans des acides affaiblis ; en mettant en contact ceux-ci avec de la glace ; enfin, en mêlant cette dernière avec des alcalis.

*Table des mélanges frigorifiques.*

| MÉLANGES<br>DE SELS ET D'EAU. | | ABAISSEMENT<br>DU THERMOMÈTRE. |
|---|---|---|
| | Parties. | |
| Hydrochlorate d'ammoniaque. | 5 | |
| Nitrate de potasse. | 5 | + 10° à — 12°,22. |
| Eau. | 16 | |
| Nitrate d'ammoniaque. | 1 | |
| Carbonate de soude. | 1 | + 10° à — 13°,88. |
| Eau. | 1 | |
| Nitrate d'ammoniaque | 1 | + 10° à — 15°,55. |
| Eau. | 1 | |
| Hydrochlorate d'ammoniaque | 5 | |
| Nitrate de potasse | 5 | |
| Sulfate de soude | 8 | + 10° à — 15°,55. |
| Eau. | 16 | |

| MÉLANGES<br>DE SELS ET D'ACIDES ÉTENDUS D'EAU. | | ABAISSEMENT<br>DU THERMOMÈTRE. |
|---|---|---|
| | Parties. | |
| Phosphate de soude | 9 | |
| Nitrate d'ammoniaque | 6 | + 10° à — 6°,11. |
| Acide nitrique étendu. | 4 | |
| Sulfate de soude. | 6 | |
| Nitrate d'ammoniaque | 5 | + 10° à — 10°. |
| Acide nitrique étendu. | 4 | |
| Phosphate de soude. | 9 | + 10° à — 11°,11. |
| Acide nitrique étendu. | 4 | |
| Sulfate de soude. | 6 | |
| Hydrochlorate d'ammoniaque. | 4 | |
| Nitrate de potasse. | 2 | + 10° à — 12°,22. |
| Acide nitrique étendu. | 4 | |
| Sulfate de soude. | 3 | + 10° à — 16°,11. |
| Acide nitrique étendu. | 2 | |
| Sulfate de soude | 8 | + 10° à — 17°77. |
| Acide hydrochlorique. | 5 | |

| MÉLANGES<br>DE NEIGE ET DE SELS, OU D'ALCALI,<br>OU D'ACIDE ÉTENDU D'EAU. | | ABAISSEMENT<br>DU THERMOMÈTRE. |
|---|---|---|
| | Parties. | |
| Neige. | 1 | 0° à — 17°,77. |
| Sel marin. | 1 | |
| Hydrochlorate de chaux. | 3 | 0° à — 27°,77. |
| Neige. | 2 | |
| Potasse. | 4 | 0° à — 28°,33. |
| Neige. | 3 | |
| Neige. | 1 | — 6°,66 à — 51°. |
| Acide sulfurique étendu. | 1 | |
| Neige ou glace pilée. | 2 | — 17°,77 à — 20°,55. |
| Sel marin. | 1 | |
| Hydrochlorate de chaux. | 2 | + 17°,77 à — 54°,44. |
| Neige. | 1 | |
| Neige ou glace pilée. | 1 | |
| Sel marin. | 5 | — 20°,55 à — 27°,77. |
| Hydrochlorate d'ammoniaque et nitrate de potasse. | 5 | |
| Neige | 2 | |
| Acide sulfurique étendu. | 1 | — 23°,33 à — 48°,88. |
| Acide nitrique | 1 | |
| Neige ou glace pilée. | 1 | |
| Sel marin. | 5 | — 27°,77 à — 31°,66. |
| Nitrate d'ammoniaque. | 5 | |
| Hydrochlorate de chaux. | 3 | — 40° à — 58°,33. |
| Neige. | 1 | |
| Acide sulfurique étendu. | 10 | — 55°,55 à — 68°,33. |
| Neige. | 3 | |

SELS ET EAU A L'ÉTAT DE VAPEUR.

Lorsqu'un sel hydraté a perdu l'eau qu'il contient, si on l'expose à l'air atmosphérique, il s'empare de la vapeur d'eau qui s'y trouve. Cette absorption est indépendante de la solubilité, car le *sulfate de chaux* anhydre, qui est peu soluble, absorbe le quart de son poids d'eau en dégageant de la chaleur.

Dans le cas où un sel, après avoir attiré l'eau de l'atmosphère, se résout en liqueur, on dit qu'il est *déliquescent.* Tel est le *chlorure de calcium.*

Il y a des sels qui abandonnent de l'eau par leur exposition à l'air qui n'est pas trop humide; ils deviennent opaques, et certains se réduisent en poudre. On les nomme *efflorescens.*

Nous ferons observer que les sels déliquescens et efflorescens contiennent toujours une forte proportion d'eau, qui excède souvent la moitié de leur poids.

## § X.

### ACTION DES MÉTALLOÏDES.

L'oxigène sec n'a pas d'action sur les sels, également secs à la température ordinaire; mais s'ils sont humides ou dissous, il peut agir sur quelques uns. Tantôt il se porte sur l'acide, et le nouveau sel conserve le même état de saturation que le premier : c'est ce qui arrive aux sulfites neutres qui sont transformés en sulfates neutres. Tantôt l'oxigène se porte sur la base, il en résulte un sel plus basique. C'est ainsi que le sulfate neutre de protoxide de fer donne lieu au sous-sulfate de peroxide de fer, qui est insoluble.

Ce que nous venons de dire de l'oxigène seul peut s'appliquer à l'air agissant par ce gaz.

L'azote n'a aucune action sur les sels.

L'hydrogène, le carbone, le phosphore et le soufre se comportent d'une manière variable, suivant les sels.

Le chlore convertit les sels de protoxide de fer, de protoxide d'étain et de protoxide de cuivre, en sels de peroxide; il s'empare d'une partie du métal, avec lequel il forme un chlorure, et l'oxigène de la portion du métal réduit se porte sur la partie du protoxide non décomposé.

L'iode et le brôme ont une action analogue à celle du chlore.

## § XI.

### ACTION DES MÉTAUX SUR LES DISSOLUTIONS SALINES.

On ne peut pas examiner l'action des métaux de la première section sur les dissolutions salines, puisqu'ils décomposent d'eau et passent à l'état d'oxides. Celle des métaux de la seconde section n'est pas connue.

Aucune dissolution saline des deux premières sections n'est décomposée par un métal appartenant aux troisième et quatrième sections.

La réaction des métaux des deux dernières sections sur des dissolutions salines appartenant à ces sections est renfermée dans le tableau suivant :

| SELS dont les dissolutions sont irréductibles par les métaux. | SELS dont les dissolutions sont réductibles par certains métaux. | | |
|---|---|---|---|
| Sels des deux premières sections. Sels de manganèse. — de zinc. — de fer. — de chrôme. — de cobalt. — de cérium. — d'urane. — de titane. — de nickel. | Sels d'étain, — d'antimoine, — d'arsenic, — de bismuth, — de plomb, — de cuivre (1), — de tellure, | | réduits par le fer, le zinc, et peut-être le manganèse. |
| | Nitrates de mercure, | { réduits par le fer, le zinc, et tous ceux qui précèdent. } | |
| | Sels d'argent (2), — de palladium, — de rhodium, — de platine; — d'or, — d'osmium, — d'iridium, | { réduits par le zinc, le fer, le manganèse, le cobalt; et tous ceux qui précèdent l'argent, } | |

En examinant ce tableau, on voit que les métaux précipitans ont plus de disposition à s'unir à l'oxigène, et, par suite, aux acides, que n'en ont les métaux précipités, ou, en d'autres termes, que les premiers sont toujours plus électro-positifs que les derniers.

Pour se rendre compte de ce qui se passe dans la précipitation d'un métal par un autre, il faut concevoir que par le contact du métal précipitant avec la dissolution saline il se forme une paire d'une pile, dont le premier occupe le

(1) L'acétate de cuivre est réduit par le plomb.
(2) Le nitrate d'argent est réduit par le cobalt.

16

pôle positif et la seconde le pôle négatif; l'eau est décomposée; son oxigène se porte au pôle positif, c'est-à-dire
sur le métal précipitant, son hydrogène va au pôle négatif, où il rencontre l'oxide du sel qu'il réduit, tandis
que l'acide attiré au pôle positif se combine avec l'oxide
résultant de l'union de l'oxigène de l'eau décomposée
avec une partie du métal précipitant.

Il est évident, d'après cela, que le métal précipitant se
substitue au métal précipité, et que la quantité du premier
va sans cesse en diminuant, pendant que celle du second
augmente.

Lorsqu'un métal en précipite un autre, il peut arriver
que le métal précipité se dépose sans s'attacher au métal
précipitant; alors celui-ci, étant sans cesse en contact avec
la dissolution saline, en opère complètement la décomposition; ou que le métal précipité s'attache au métal précipitant, qu'il enveloppe de manière à lui ôter tout contact avec la dissolution, en sorte que la décomposition
devrait cesser. C'est ce qui n'arrive pas généralement :
dans ce cas il se forme, par le contact des deux métaux,
une paire de la pile, dans laquelle le métal précipitant est toujours positif, et le métal précipité toujours
négatif.

Assez souvent le métal précipité s'allie avec le métal
précipitant : ce qui a lieu quand ce dernier est le
mercure.

Parmi les précipitations métalliques nous en citerons
quelques unes: celle que l'on produit avec une lame de
zinc mise dans de l'acétate de plomb est remarquable. A
cet effet, on suspend à un bouchon à l'aide de fils de laiton
une lame de zinc dans un flacon à large goulot, contenant
une dissolution d'acétate de plomb dans laquelle il entre la
trentième partie de son poids de sel. Bientôt la lame
se recouvre de paillettes de plomb très brillantes. Cette

cristallisation portait autrefois le nom d'*arbre de saturne*, parce qu'elle ressemble à une sorte de végétation, et qu'à cette époque le plomb s'appelait saturne. L'opération n'est terminée qu'au bout de quelques jours.

Lorsqu'on met dans un verre à pied 15 grammes de mercure, et 50 grammes d'une dissolution de nitrate d'argent contenant environ sept grammes de sel, en ayant soin de couvrir le verre, on aperçoit au bout de quelques jours une multitude de petits cristaux brillans d'argent qui s'unissent au mercure, et donnent naissance à l'*arbre de diane*.

## § XII.

### ACTION DES ACIDES SUR LES SELS.

Les actions que les acides exercent sur les sels étant très variées, nous allons les étudier en détail.

1ᵉʳ CAS. *L'acide libre est identique à celui du sel.*

Il peut arriver :

1° Que l'action soit nulle. *Exemple :* acide silicique et silicate de chaux à la température ordinaire ;

2° Qu'il y ait une simple dissolution, sans qu'on puisse dire qu'il se forme une combinaison en proportions définies. *Exemple :* acide hydrochlorique et chlorure de sodium ;

3° Qu'il se produise un sur-sel, si le sel est neutre ou avec excès de base ; ainsi, l'acide sulfurique, versé sur du sulfate neutre de potasse, donne un bi-sulfate de potasse.

2° CAS. *L'acide libre est différent de celui du sel.*

1° L'action est nulle. *Exemple :* acide nitrique et sulfate de baryte.

2° Il y a sur-oxidation de l'acide ou de la base. L'acide nitrique fait passer le sulfite de baryte à l'état de

sulfate neutre, tandis qu'il convertit le sulfate de protoxide de fer en sous-sulfate de peroxide.

Dans le premier exemple, la neutralité ne change pas;
dans le second, elle change parce qu'il y a plus de peroxide
de fer produit que l'acide sulfurique n'en peut neutraliser.

3° L'acide libre décompose le sel. Il peut se faire que
l'acide expulsant et la base salifiable éprouvent ou non un
changement dans leur composition.

*L'acide expulsant et la base salifiable n'éprouvent au-
cun changement dans leur composition.*

D'après Berthollet, *lorsqu'une base alcaline est en dissolution dans un liquide en présence de deux acides qui
sont en proportions telles, que chacun la neutraliserait
s'il était seul, cette base se partage également entre eux,
excepté le cas où l'affinité de l'un des acides est beaucoup
plus forte que celle de l'autre.*

En partant de ce principe, et en ayant égard à cette
exception, lorsqu'un acide en expulse un autre d'une
base à laquelle il est uni pour en prendre la place, on
admet :

A. Que l'acide expulsant est plus fixe ou moins expansible que l'acide expulsé; ou si les deux acides sont gazeux
et peu solubles, que la proportion de l'acide expulsant
est beaucoup plus forte que celle de l'acide expulsé;

B. Que l'acide expulsant forme avec la base un composé insoluble, ou moins soluble que l'acide expulsé ;

C. Que l'acide expulsé est insoluble, ou peu soluble,
tandis que l'acide expulsant forme avec la base un composé soluble.

*Exemples se rapportant à A.*

Lorsqu'on verse dans une dissolution aqueuse de carbonate de potasse, de l'acide acétique en quantité suffisante pour neutraliser la base, il y a une grande effer-

vescence ; l'acide carbonique est chassé, et il reste de l'acétate de potasse en dissolution dans l'eau.

En mettant deux proportions d'acide sulfurique sur une proportion de nitrate de potasse , et en chauffant, l'acide nitrique est entièrement expulsé ; le résidu est du bi-sulfate de potasse.

Si l'on expose à la chaleur rouge dans un creuset $1\frac{1}{2}$ partie de sable ou acide silicique impur avec 1 partie de sulfate de potasse, ce sel est décomposé ; l'acide sulfurique se volatilise, tandis qu'on trouve du silicate de potasse dans le creuset.

En faisant passer un courant d'acide carbonique en excès dans une dissolution aqueuse d'hydrosulfate de potasse, l'acide hydrosulfurique est chassé ; il se forme du carbonate de potasse.

Dans le premier exemple, l'acide carbonique est si expansible, qu'il se dégage à la température ordinaire. Dans le second, où deux acides puissans sont en présence, le plus volatil est expulsé à l'aide d'une chaleur bien inférieure à la chaleur rouge. Le troisième exemple nous offre un acide faible, mais fixe, qui, à la chaleur rouge, en chasse un autre plus fort, qui est volatil. Enfin, dans le quatrième, l'acide carbonique ne déplace l'acide hydosulfurique que parce qu'il est en excès par rapport à ce dernier ; car, si l'on fait passer un courant d'acide hydrosulfurique en excès dans la dissolution de carbonate de potasse, l'acide carbonique sera chassé à son tour, seulement il faudra plus de temps.

Si la dissolution de carbonate de potasse était très concentrée, l'acide hydrosulfurique ne décomposerait pas complètement ce sel. Il arriverait une époque où la moitié de la base se convertirait en hydrosulfate, et il se précipiterait du bicarbonate de potasse, qui est peu soluble.

### Exemples se rapportant à B.

Lorsqu'on verse de l'acide sulfurique en quantité suffisante dans une dissolution de nitrate de baryte, la décomposition est complète ; il se forme du sulfate de baryte insoluble, et l'acide nitrique reste en dissolution dans la liqueur.

Une dissolution d'acide oxalique mêlée à une dissolution d'hydrochlorate de chaux, donne un précipité d'oxalate de chaux ; mais la décomposition n'est pas complète.

Dans le premier exemple la décomposition est totale, parce que l'acide nitrique n'a aucune action sur le sulfate de baryte.

Dans le second, elle n'est que partielle, par la raison que l'acide hydrochlorique dissout l'oxalate de chaux, c'est-à-dire que la chaux se partage entre les deux acides.

### Exemple se rapportant à C.

On verse de l'acide sulfurique dans une dissolution chaude de borate de soude ; il se forme un sulfate de soude qui reste dissous, et il se précipite par le refroidissement de l'acide borique peu soluble à froid.

Le peu de solubilité de l'acide borique, et l'affinité de l'acide sulfurique pour la soude avec laquelle il forme un sel soluble, concourent à la décomposition.

*L'acide expulsant et la base salifiable éprouvent un changement dans leur composition.*

Quand on met de l'acide hydrochlorique dans une dissolution de carbonate de soude, l'acide carbonique est expulsé, il se forme un hydrochlorate de soude, ou un chlorure de sodium et de l'eau. Dans cette dernière hypothèse, l'acide expulsant et la base salifiable éprouvent un changement dans leur composition.

Ce que nous venons de dire de l'acide hydrochlorique peut s'appliquer à tout hydracide capable de chasser un acide combiné avec un oxide métallique.

## § XIII.

### ACTION DES BASES SALIFIABLES SUR LES SELS.

Dans l'étude de l'action des bases salifiables sur les sels, nous adopterons la même division que celle que nous venons de suivre.

1ᵉʳ CAS. *La base libre est identique à celle du sel.*

1° L'action peut être nulle : tels sont le borate de baryte, et la baryte à froid.

2° Il y a dissolution sans qu'on puisse dire qu'il existe une combinaison.

EXEMPLE : Dissolution d'hydrochlorate de soude, et soude.

3° Il se produit un sous-sel, si le sel dont on se sert est neutre ou avec excès d'acide : c'est ce qui arrive lorsqu'on fait chauffer une dissolution de nitrate de plomb avec du protoxide de ce métal.

4° Il peut se former un sel neutre, si le sel employé est avec excès d'acide.

EXEMPLE : Une solution de potasse versée dans du bisulfate de cet alcali également dissous, produit du sulfate neutre de potasse.

2ᵉ CAS. *La base libre est différente de celle du sel.*

Il peut se faire,

1° Qu'il n'y ait pas d'action : tels sont le sulfate de baryte et l'ammoniaque ;

2° Qu'il y ait une simple dissolution sans combinaison.

EXEMPLE : Ammoniaque versée dans une dissolution de sulfate de potasse.

3°. Qu'il y ait décomposition; alors la base expulsante et l'acide éprouvent ou non un changement dans leur composition.

*La base expulsante et l'acide n'éprouvent aucun changement dans leur composition.*

Nous savons que lorsqu'on met en contact un acide avec une base salifiable, il y a une action simultanée de la part de ces deux corps. D'après cela, il est naturel d'admettre, pour deux bases dissoutes dans un liquide, et agissant sur un acide, le principe de Berthollet sur le partage d'une base entre deux acides, excepté le cas où l'affinité de l'une des bases est beaucoup plus forte que celle de l'autre.

En partant de ce principe, et en ayant égard à cette exception, lorsqu'une base en expulse une autre d'un acide auquel elle est unie pour en prendre la place, on suppose :

A′ Que la base expulsante est plus fixe, ou moins expansible que la base expulsée ;

B′ Que la base expulsante forme avec l'acide un composé insoluble, ou moins soluble que la base expulsée ;

C′ Que la base expulsée est insoluble, ou peu soluble, tandis que la base expulsante forme avec l'acide un composé soluble.

Exemples se rapportant à A′.

On ne connaît aujourd'hui que les sels ammoniacaux dans lesquels la base soit volatile; on pourrait croire, d'après cela, que toutes les autres bases salifiables seraient capables de les décomposer; c'est ce qui n'arrive pas. On ne compte que les bases énergiques, telles que la potasse, la soude, la lithine, la baryte, la strontiane, la chaux et la magnésie, qui puissent opérer cette décomposition; encore avec celle-ci faut-il aider l'action par la chaleur.

Si donc on fait un mélange de parties égales en poids d'hydrochlorate d'ammoniaque et de chaux; le gaz ammoniac se dégage à la température ordinaire, et à plus forte raison lorsqu'on chauffe. Tel est le procédé que nous avons indiqué pour préparer ce gaz.

Si, au lieu de mettre le sel ammoniac en contact avec la chaux, on l'eût dissous dans l'eau, et qu'on eût ajouté de cet alcali, la décomposition aurait eu lieu de même.

Parmi les différentes causes qui s'opposent à ce que les bases salifiables autres que celles que nous venons de nommer, puissent décomposer les sels ammoniacaux, on doit mettre au premier rang la chaleur.

En effet, il existe des bases qui ne s'unissent à un acide qu'à une certaine température; or si, à cette température, le sel d'ammoniaque se volatilise, la base n'aura aucune action sur lui, soit qu'il se décompose ou non.

On se rend compte, d'après cela, comment il se fait que l'alumine, chauffée avec un sel ammoniacal, ne le décompose pas.

### Exemples se rapportant à B′.

En évaluant l'énergie des oxides alcalins, d'après le nombre des cas où ils exercent la plus grande affinité élective par la voie humide, on trouve que les plus solubles sont aussi les plus énergiques; c'est ainsi que la potasse, la soude, la lithine, la baryte, la strontiane, la chaux et la magnésie occupent le premier rang.

L'ammoniaque, quoique très soluble dans l'eau, vient immédiatement après la magnésie.

Si donc on verse une base soluble dans la solution d'un

sel à base soluble, et dont l'acide forme avec la première un sel insoluble ; la décomposition aura lieu.

*Exemple :* eau de baryte versée dans une solution de sulfate de soude ; il se précipite du sulfate de baryte complètement insoluble, et il reste de la soude en dissolution dans l'eau.

S'il arrivait que le nouveau sel fût un peu soluble, et que sa solubilité pût être augmentée par la base mise en liberté, la décomposition serait incomplète, parce que l'acide se partagerait entre les deux bases.

Exemples se rapportant à C'.

Lorsqu'une base insoluble ou peu soluble, combinée avec un acide soluble, donne lieu à un sel susceptible de se dissoudre dans l'eau, si l'on verse dans la solution une base soluble formant avec l'acide un sel soluble, le sel sera décomposé en vertu de l'insolubilité de la base combinée avec l'acide, et de l'affinité de la base libre pour ce dernier. Ainsi, la potasse, la soude, précipitent la baryte, la strontiane, la chaux, la magnésie de leurs dissolutions salines. L'ammoniaque à froid peut séparer entièrement, d'après M. Berzelius, la magnésie de ses combinaisons solubles avec les acides.

*La base expulsante et l'acide éprouvent un changement dans leur composition.*

Par exemple, en versant une solution de potasse dans une solution d'hydrochlorate d'ammoniaque, l'alcali volatil se dégage, et il se forme de l'hydrochlorate de potasse, ou de l'eau et du chlorure de potassium.

Dans cette dernière hypothèse, on voit que la base expulsante et l'acide éprouvent un changement dans leur composition.

## § XIV.

### ACTION MUTUELLE DES SELS.

Lorsqu'on met en contact deux sels susceptibles d'agir l'un sur l'autre, il peut arriver qu'ils s'unissent pour donner naissance à un sel double, ou bien qu'ils se décomposent.

1er CAS. *Les deux sels forment un sel double.*

En versant une solution concentrée de sulfate d'alumine dans une solution également concentrée de sulfate de potasse ou d'ammoniaque, il se précipite un sel double renfermant du sulfate d'alumine, et du sulfate de potasse, ou du sulfate d'ammoniaque.

Les sels de magnésie et d'ammoniaque, et encore beaucoup d'autres peuvent produire des sels doubles.

2° CAS. *Deux sels formés de bases et d'acides différens, se décomposent réciproquement.*

Nous étudierons :

1° L'action mutuelle des sels par la voie sèche ;

2° L'action mutuelle des sels dissous dans un même liquide ;

3° L'action mutuelle des sels solubles, et des sels insolubles.

Action mutuelle des sels par la voie sèche.

Quand deux sels d'espèces et de genres différens sont soumis à l'action d'une chaleur insuffisante pour dénaturer leurs bases et leurs acides, *il y a généralement décomposition mutuelle toutes les fois qu'il peut se former un nouveau sel, plus volatil ou plus fusible que ceux qui existent.*

EXEMPLE : On chauffe un mélange *de carbonate de chaux* et *d'hydrochlorate d'ammoniaque,* il en résulte du carbonate d'ammoniaque qui est plus volatil que ce dernier, de l'eau qui se vaporise ; et du chlorure de calcium qui est fixe.

En fondant dans un creuset *du sulfate de baryte pulvérisé et du chlorure de calcium*, on a un résidu qu'on pulvérise, et qu'on met dans l'eau bouillante, où on ne le laisse que le temps nécessaire pour remuer la matière ; on jette le tout sur un filtre ; le sulfate de chaux peu soluble y reste tandis que le chlorure de barium passe à travers.

Dans cet exemple, on obtient du sulfate de chaux, parce que ce sel est moins fusible que ne le sont le sulfate de baryte et le chlorure de calcium. Il est indispensable de filtrer la liqueur très chaude, et rapidement, car le sulfate de baryte étant insoluble se reformerait par le refroidissement, ainsi que le chlorure de calcium qui est très soluble.

Les carbonates de potasse et de soude étant très fusibles, décomposent tous les sels insolubles. Si donc on fond dans un creuset une partie de sulfate de baryte et cinq parties de carbonate de potasse, et qu'on traite le résidu par l'eau, on a du sulfate de potasse et du carbonate de baryte.

### Action mutuelle des sels solubles dissous dans un même liquide.

Connaissant les solubilités des sels que l'on mélange, et celles des composés qui résultent de leur décomposition mutuelle, on peut prévoir ce qui arrivera d'après la loi suivante découverte par Berthollet.

*La décomposition mutuelle de deux sels dissous dans un liquide a lieu toutes les fois que l'acide de l'un forme avec la base de l'autre un composé moins soluble que ne le sont les sels mélangés.*

*Exemples* : Le sulfate de soude décompose le nitrate de baryte ; il en résulte du sulfate de baryte, insoluble, et du nitrate de soude qui reste en dissolution dans la liqueur.

Le nitrate de plomb décompose le phosphate de soude; il se précipite du phosphate de plomb, et il se produit du nitrate de soude soluble.

Le carbonate d'ammoniaque donne avec l'hydrochlorate de chaux, un précipité de carbonate de chaux, et une dissolution d'hydrochlorate d'ammoniaque.

Ce dernier exemple montre quelle différence il peut y avoir entre des corps agissant les uns sur les autres par la voie humide ou par la voie sèche. Nous venons de voir que, par celle-ci, le carbonate de chaux, mélangé avec l'hydrochlorate d'ammoniaque, fournit par la chaleur du carbonate d'ammoniaque qui se volatilise, et du chlorure de calcium qui est fixe.

La loi de Berthollet a encore lieu lorsque la décomposition mutuelle de deux sels peut donner lieu à deux nouveaux sels inégalement solubles. On remarque, en général, que *les acides et les bases réagissent de manière à produire, dans les circonstances où l'on opère, le composé le moins soluble.* L'exemple suivant le prouve d'une manière très évidente :

En concentrant par l'ébullition une solution de sulfate de magnésie et d'hydrochlorate de soude, il se dépose du sel marin, et la liqueur refroidie contient le premier sel.

Si l'on fait refroidir cette même solution suffisamment concentrée, on a des cristaux de sulfate de soude, et l'eau mère renferme de l'hydrochlorate de magnésie.

Pour concevoir ce qui se passe, il faut savoir que le sel marin n'est pas plus soluble à froid qu'au degré de l'ébullition, tandis que le sulfate de magnésie est très soluble; en outre, de toutes les combinaisons possibles entre l'acide sulfurique, l'acide hydrochlorique, la magnésie et la soude, c'est le sulfate de soude la moins soluble dans l'eau prise à la température ordinaire.

Action mutuelle des sels solubles et des sels insolubles.

M. Dulong est le premier qui ait donné une théorie de l'action mutuelle des sels solubles et des sels insolubles. Tout ce que nous allons rapporter a été pris dans un extrait de son mémoire, fait par M. Chevreul.

On peut poser en principe *qu'il y a décomposition entre un sel soluble et un sel insoluble dans l'eau, toutes les fois que, de leur réaction, il résulte un sel insoluble dont la cohésion est plus grande que celle de ce dernier.*

Nous allons étudier :

1° L'action des carbonates de potasse et de soude sur les sels insolubles;

2° L'action des sels solubles de potasse et de soude sur des carbonates insolubles.

M. Dulong a énoncé, au sujet de ces actions, ces deux lois remarquables :

1<sup>re</sup> LOI. *Lorsque des carbonates de potasse ou de soude réagissent, au milieu de l'eau bouillante, sur des sels insolubles, susceptibles de former des carbonates insolubles, la décomposition des carbonates alcalins n'est jamais complète, tandis que celle du sel insoluble peut toujours l'être lorsqu'il y a un excès suffisant du carbonate soluble.*

Pour prouver l'énoncé de cette loi, on fait les expériences suivantes :

1<sup>re</sup> EXPÉRIENCE. On tient en ébullition pendant deux heures dans un ballon de verre, 40 parties d'eau, 1 partie de carbonate de potasse et 1 partie de sulfate de baryte, réduite en poudre très fine. Quand le liquide est refroidi et éclairci, on le décante dans un autre ballon de verre où on a mis 2 parties de sulfate de baryte; on fait bouillir de nouveau pendant une heure; on répète cette opération

avec du nouveau sulfate de baryte; on reconnaît qu'il y a
une époque où ce sel n'éprouve aucun changement; alors
la liqueur contient du sulfate et du carbonate de potasse,
qui sont l'un à l'autre dans un rapport constant, quel que
soit l'excès du sulfate de baryte employé.

2<sup>e</sup> EXPÉRIENCE. En faisant bouillir pendant deux heures
1 partie de sulfate de baryte, 5 parties de carbonate de
potasse avec 40 parties d'eau, le premier sel est complètement converti en carbonate.

En substituant le carbonate de soude à celui de potasse,
les résultats qu'on obtient sont les mêmes, excepté le rapport du carbonate de soude décomposé à celui qui ne l'est
pas, qui offre une différence. En effet, en prenant deux
quantités de carbonate de potasse et de soude, contenant
la même quantité d'acide carbonique, et en les tenant en
ébullition dans l'eau séparément avec un même poids de
sulfate de baryte, on trouve que le poids du carbonate de
baryte obtenu avec le premier carbonate soluble est à
celui que donne le second carbonate soluble comme 6 est
à 5 ; donc l'acide carbonique restant dans la liqueur est
à celui qui s'est porté sur la base pour produire un carbonate insoluble, dans un rapport différent. Ce rapport
varie pour chaque espèce de sel insoluble et pour chaque
espèce de sel soluble.

#### Explication des décompositions des carbonates de potasse et de soude par les sels insolubles.

On sait, d'après Berthollet, qu'en faisant bouillir une
dissolution de potasse ou de soude caustique avec un sel
insoluble, une portion de l'acide se combine avec l'alcali.
La décomposition s'arrête bientôt, parce que la proportion
de la base du sel insoluble croissant, son affinité pour
l'acide augmente, et il arrive un moment où cette dernière
tient en équilibre celle de la base soluble.

Cela posé, on peut regarder les carbonates de potasse ou de soude comme des alcalis faibles, parce que leur effet sur les réactifs colorés, et sur d'autres corps, est analogue à celle des alcalis. Si donc on les met en contact avec un sel insoluble, ils tendent à s'emparer de l'acide; mais leur action s'arrêterait si la base mise en liberté ne se combinait à l'acide carbonique. Il en résulte que la portion de sel insoluble non décomposé est dans les mêmes conditions qu'au commencement de l'expérience; mais il n'en est plus de même de la solution alcaline dont l'alcalinité décroît à mesure que la décomposition a lieu, puisque l'acide carbonique abandonné par l'alcali, et qui ne produisait qu'une faible *neutralisation*, est remplacé par un acide qui produit une *neutralisation complète*. La puissance décomposante du liquide s'affaiblit de plus en plus; enfin elle s'arrête lorsqu'elle est égale à la force de cohésion du sel insoluble à décomposer. Nous tirons de là les conséquences suivantes :

*La quantité de carbonate alcalin indécomposé est d'autant plus grande que le sel insoluble a de cohésion.*

*Par l'addition de potasse ou de soude caustique à du carbonate de potasse ou de soude qui n'a plus d'action sur un sel insoluble, on détermine une nouvelle décomposition du carbonate alcalin; mais il est impossible, par des additions successives de potasse ou de soude, de faire que tout l'acide carbonique se combine avec la base du sel insoluble.*

*2ᵉ* LOI. *Les carbonates insolubles tenus en ébullition avec des sels solubles, dont l'acide peut former avec leur base des sels insolubles, sont complètement décomposés; mais quand les sels solubles sont à bases de potasse ou de soude, la décomposition de ces sels n'est jamais complète, quel que soit l'excès du carbonate insoluble.*

EXPÉRIENCES. 20 grammes de sulfate de soude cristallisé et 10$^g$,367 de sulfate de potasse, contenant la même
quantité d'acide sulfurique, ont été bouillis séparément
pendant deux heures dans 260 grammes d'eau, avec
20 grammes de carbonate de baryte.

Le premier a donné 10$^g$,17 de sulfate de baryte, et le second 9$^g$,87; d'où on voit que dans le sulfate de soude
l'acide sulfurique tient moins à la soude que dans le sulfate de potasse.

Ces résultats s'accordent avec les expériences que nous
venons de rapporter, où le carbonate de potasse a décomposé plus de sulfate de baryte qu'une quantité de carbonate de soude contenant la même quantité d'acide carbonique.

On remarque que, dans la réaction des sels de
potasse ou de soude sur les carbonates insolubles, il se
dégage d'abord très peu d'acide carbonique; ce dégagement s'arrête bientôt, quoique la décomposition continue
d'avoir lieu.

*Explication des décompositions des sels de potasse ou
de soude par les carbonates insolubles.*

L'acide carbonique neutralisant mal les bases salifiables,
les carbonates insolubles ont une certaine énergie alcaline,
qui fait qu'ils tendent à partager l'acide d'un sel soluble
de potasse ou de soude, avec lequel on les met. Pour
qu'il y ait décomposition de ce dernier sel, il suffit qu'en
vertu de la cohésion il puisse s'en former un qui soit
insoluble.

Il se manifeste au commencement de l'expérience un dégagement d'acide carbonique, parce que la liqueur ne renferme pas assez d'alcali pour vaincre l'élasticité de ce gaz;
mais, à mesure que la décomposition continue, l'alcalinité

17.

du liquide augmente ; il arrive une époque où ce dégagement cesse, alors il y a formation de carbonate de potasse ou de soude. La réaction continue *jusqu'à ce que la force d'alcalinité du liquide pour retenir l'acide du sel soluble de potasse ou de soude fasse équilibre à la force de cohésion du nouveau sel insoluble.*

Ce que nous venons de voir nous permet de tirer les conséquences suivantes :

1° *Lorsqu'on fait réagir un sel soluble de potasse ou de soude sur un carbonate insoluble, la force de cohésion du nouveau sel insoluble produit est proportionnelle à la quantité de sel soluble décomposée.*

2° *Si l'on prend un carbonate insoluble d'une base B susceptible de former, avec les acides sulfurique, phosphorique, arsénique, etc., des sels insolubles, et qu'on fasse bouillir ce carbonate avec du sulfate, du phosphate, de l'arséniate, etc., de potasse ou de soude, puis qu'on détermine le rapport de la quantité du sulfate, du phosphate, de l'arséniate, etc., de la base B produite, avec la quantité qui l'aurait été si la décomposition de chaque sel eût été complète, on aura des nombres qui exprimeront les rapports de cohésion des divers sels de la base B.*

*En répétant des expériences analogues avec des carbonates insolubles des bases B', B'', B''', etc., on obtiendrait de nouveaux nombres, qui, avec les premiers, formeraient la table de cohésion des sels insolubles.*

Il est à regretter que cette table, commencée par M. Dulong, n'ait point été achevée ; elle serait de la plus grande utilité, en ce que, connaissant le rang qu'y occupe un sel donné, on saurait quels seraient les sels solubles qui pourraient le décomposer.

# CHAPITRE II.

DES GÉNÉRALITÉS QUE PRÉSENTENT LES SELS ORDONNÉS
EN GENRES, D'APRÈS LA CONSIDÉRATION
DE L'ACIDE.

Après avoir fait une étude générale des sels, nous allons nous occuper de celle des *genres* dont nous donnerons la composition, et seulement les propriétés qui servent à caractériser l'acide qui les constitue.

Nous désignerons le radical de la base d'un sel par $b$, et nous ne présenterons que les formules atomiques dans lesquelles elle sera supposée renfermer un atome d'oxigène. Dans le cas où elle en contiendrait plus, il serait facile, connaissant le rapport de l'oxigène de l'acide à celui de la base, d'écrire la formule atomique.

## § I.

### SELS FORMÉS D'OXACIDES ET D'OXIDES BINAIRES.

#### HEPTACHLORATES.

On ne connaît bien aujourd'hui que l'heptachlorate de potasse.

*Composition.* L'oxigène de l'acide est à celui de la base comme 7 est à 1.

$$\text{ChCh}\,b.$$

*Propriétés.* L'heptachlorate de potasse, exposé à la température de 200° environ, se décompose en oxigène, qui se dégage ; et en chlorure de potassium, qui reste dans le vase où l'on fait l'expérience.

Ce sel est neutre aux réactifs colorés.

Il détone faiblement avec la plupart des corps combustibles ; sa stabilité est plus grande que celle des chlorates.

Traité par l'acide sulfurique contenant un tiers de son poids d'eau, il ne donne pas de couleur jaune ; et si l'on porte le mélange à la température de 140°, l'acide hepta-chlorique se dégage.

Il exige 55 parties d'eau à 15° pour se dissoudre.

Il est très soluble dans ce liquide bouillant.

CHLORATES.

*Composition.* Dans les chlorates neutres l'oxigène de l'acide est à celui de la base comme 5 est à 1.

ChCh b.

*Propriétés.* Une température inférieure à la chaleur rouge décompose ces sels de telle sorte que ceux dont le métal a peu d'affinité pour le chlore dégagent de l'oxigène, du chlore et un oxide, tandis qu'avec les autres on a de l'oxigène et un chlorure.

Les chlorates mélangés avec la plupart des corps combustibles, capables de se combiner avec l'oxigène à une chaleur plus ou moins grande, donnent lieu à une oxidation qui se produit quelquefois avec détonation. *Par exemple,* le chlorate de potasse forme des *poudres fulminantes* avec la plupart des matières combustibles.

Tous les chlorates, excepté celui de protoxide de mercure, se dissolvent dans l'eau; le nitrate d'argent ne trouble pas leur dissolution.

Ces sels sont décomposés par les acides puissans, en fournissant des produits qui diffèrent selon les circonstances. En versant de l'acide sulfurique dans une dissolution aqueuse d'un chlorate, et en la faisant bouillir rapidement, on obtient un sulfate; un heptachlorate, du chlore et de l'oxigène. Si, au contraire, on chauffe le mélange à une température qui ne dépasse pas 35°, on a un sulfate, un heptachlorate, de l'oxide de chlore, et très peu de chlore et d'oxigène.

NITRATES.

*Composition.* Dans les nitrates neutres, l'oxigène de l'acide est à celui de la base comme 5 est à 1.

AzAz b.

*Propriétés.* La chaleur décompose tous les nitrates ; ceux qui renferment des bases puissantes donnent d'abord de l'oxigène, et un hypo-nitrite qui se réduit en oxigène, deutoxide d'azote, azote et oxide salifiable.

Les autres se transforment en oxigène, acide nitreux, et en base, si elle n'est pas susceptible de s'oxider ou d'éprouver une réduction par la chaleur. Quelques uns produisent de l'acide nitrique et l'oxide reste ; ce sont ceux qui sont formés d'une base faible, et qui renferment de l'eau de cristallisation.

Mis en contact avec un grand nombre de corps combustibles, ils sont décomposés à l'aide de la chaleur.

Tous les nitrates neutres sont solubles dans l'eau ; il y a quelques nitrates basiques qui le sont peu.

En versant de l'acide sulfurique concentré sur un de ces sels, il se dégage d'abondantes vapeurs blanches d'acide nitrique facile à reconnaître.

L'acide hydrochlorique, mis avec un nitrate à la température de 100°, donne naissance à un chlorure, à de l'acide nitreux et à du chlore.

PHOSPHATES.

*Composition.* Dans les phosphates neutres l'oxigène de l'acide est à celui de l'oxide comme 5 est à 2.

( PP 2b. )

*Propriétés.* Les phosphates ne sont décomposés par la chaleur qu'autant que la base peut perdre ou absorber de l'oxigène. On obtient généralement par la fusion, un verre qui devient opaque en se refroidissant.

Il ne se dégage aucun gaz en versant sur un de ces sels un acide puissant, tel que l'acide sulfurique.

Mêlés avec du charbon et de l'acide borique, puis exposés à une température élevée, ils donnent du phosphore.

Les phosphates solubles sont précipités en gelée semblable à celle de l'alumine lorsqu'on y verse de l'eau de chaux.

Si l'on fait usage de phosphate de soude qui n'a pas été chauffé au rouge avant d'avoir été dissous, le précipité qu'il produira dans le nitrate d'argent sera jaune serin; mais s'il a été porté à cette température et que la dissolution soit récemment faite, le précipité sera blanc.

Les phosphates solubles font naître avec l'acétate ou le nitrate de plomb un précipité blanc, qui, fondu au chalumeau, présente un bouton cristallisant en polyèdre par le refroidissement; à cet instant ce bouton devient incandescent.

Tous les phosphates se dissolvent dans l'acide nitrique.

L'acide sulfurique les décompose; en traitant le mélange par l'alcool, l'acide phosphorique est dissous.

Chauffés dans un tube avec du potassium, ils produisent un phosphure de potassium, qui, mêlé avec de l'acide hydrochlorique faible, dégage de l'hydrogène perphosphoré.

Parmi les phosphates qui ont pour base un oxacide, il n'y a que ceux de potasse et de soude qui soient solubles.

SULFATES.

*Composition.* Dans les sulfates neutres, l'oxigène de l'acide est à celui de la base comme 3 est à 1.

S b.

*Propriétés.* Les sulfates de la première section sont indécomposables par la chaleur; tous les autres se transforment à une chaleur rouge en acide sulfureux et oxigène, dont les volumes sont entre eux comme 2 est à 1. Quelquefois une partie de l'oxigène se porte sur la base pour la faire passer à un degré plus élevé d'oxidation. Lorsque les sulfates ne contiennent pas d'eau, on obtient de l'acide sulfurique anhydre.

Ils ne donnent, à la température ordinaire, avec aucun acide ni effervescence, ni dégagement de vapeur; à une température élevée, les acides borique, phosphorique, silicique, peuvent les décomposer en déplaçant leur acide; seulement avec l'acide silicique, il y a décomposition de l'acide sulfurique.

Les sulfates solubles produisent avec le chlorure de barium un précipité blanc insoluble dans les acides (excepté dans l'acide sulfurique concentré), et dans les alcalis, et qui, chauffé avec du charbon, dans un tube de verre, laisse un sulfure facile à reconnaître, en ce qu'en versant dessus de l'acide hydrochlorique faible, il se dégage de l'hydrogène sulfuré.

Les sulfates insolubles sont transformés en sulfates solubles au moyen du carbonate de potasse.

Tous sont décomposés par le charbon à une température élevée. L'hydrogène a une action analogue; cependant ses effets sont variables.

Ces sels sont tous insolubles dans l'alcool.

Les minéralogistes emploient souvent le carbonate de soude pour reconnaître une substance présumée un sulfate. A cet effet, ils la fondent au chalumeau avec ce sel de soude, et ils mettent un fragment de la masse fondue sur une lame d'argent humectée, qui à l'instant devient noire s'il y a un sulfate.

CARBONATES.

*Composition.* Dans les carbonates regardés généralement comme neutres, non pas aux papiers réactifs, mais parce qu'ils renferment un atome de base et un atome d'acide, l'oxigène de l'acide est à celui de la base comme 2 est à 1.

$\ddot{C}$ b.

Il existe des sesqui-carbonates, des bi-carbonates, des carbonates sesqui-basiques et bi-basiques.

*Propriétés.* Tous sont décomposés par la chaleur, excepté ceux de potasse, de soude, de baryte et de lithine; encore le sont-ils lorsque après les avoir introduits dans une capsule de platine placée dans un tube de porcelaine que l'on chauffe au rouge, on y fait passer un courant de vapeur d'eau; il se forme un hydrate, et l'acide carbonique se dégage.

Ils produisent une vive effervescence avec tous les acides solubles. Cependant elle peut être très petite si le nouveau sel est insoluble; elle serait même nulle s'il se trouvait peu de carbonate dans une grande quantité d'eau, car alors celle-ci tiendrait en dissolution l'acide carbonique. Cet acide se reconnaît à ce qu'il n'a pas d'odeur bien caractérisée, à ce qu'il exige pour se dissoudre un volume d'eau égal au sien, au précipité qu'il donne avec l'eau de baryte, à sa faible action sur le tournesol; enfin, à sa décomposition par le potassium.

Les carbonates de potasse et de soude sont les seuls qui soient solubles dans l'eau.

## SILICATES.

*Composition.* Les chimistes ne sont pas d'accord sur le nombre d'atomes d'oxigène renfermés dans l'acide silicique; M. Berzelius en admet trois pour un de silicium, tandis que d'autres n'en admettent qu'un.

Nous adopterons l'hypothèse du célèbre chimiste suédois.

Dans les silicates neutres, l'oxigène de l'acide est à celui de la base comme 3 est à 1.

Si b.

Il y a des bi-silicates, des tri-silicates, etc.

*Propriétés.* Tous les silicates sont indécomposables par la chaleur; ils fondent au feu de forge, excepté ceux d'alumine et de magnésie qui ne font que s'agglutiner.

Chauffés avec trois fois leur poids de potasse ou de soude, ils sont tous décomposés, sauf ceux qui sont formés de ces alcalis.

Les silicates de potasse, de soude, et les silicates composés dont ils font partie sont les seuls qui se dissolvent dans l'eau.

Ceux qui sont solubles éprouvent une décomposition de

la part de tous les acides ; il se dépose de l'acide silicique, et il se forme un sel soluble avec la base du silicate.

L'acide hydrofluorique les attaque tous en produisant du fluure de silicium et un autre fluure avec le radical de la base.

## § II.

### SELS FORMÉS DE CHLORACIDES BINAIRES ET D'OXIDES BINAIRES.

Parmi les acides binaires qui ont pour élément électro-négatif le chlore, nous ne considèrerons que l'acide hydrochlorique, que nous mettrons en contact avec les oxides métalliques salifiables.

Lorsqu'on verse de l'acide hydrochlorique dans une dissolution d'un oxide métallique, et qu'il en résulte un composé soluble, on ne voit pas ce qui se passe : on peut concevoir que cet acide s'unit directement à l'oxide, en sorte qu'il y a production d'un hydrochlorate, ou bien que l'hydrogène de l'acide se porte sur l'oxigène de l'oxide pour former de l'eau, et que le métal et le chlore donnent naissance à un chlorure.

Mais si l'on fait agir le gaz hydrochlorique sec sur un oxide métallique également sec, il donne de l'eau, dont on constate facilement la présence, et un chlorure métallique.

Nous supposerons, pour plus de simplicité, qu'il se forme des chlorures dans toutes les circonstances.

### CHLORURES MÉTALLIQUES.

*Composition.* Ils correspondent presque toujours à l'un des oxides du métal qu'ils renferment; en sorte que la quantité d'hydrogène nécessaire pour produire de l'eau avec l'oxigène de l'oxide, suffit pour faire passer le chlore à l'état d'acide hydrochlorique. Il s'ensuit que, dans un chlorure, le nombre des atomes du chlore est double de celui des atomes de l'oxigène dans l'oxide correspondant.

De même qu'il existe des protoxides, des deutoxides, etc., de même il y a des protochlorures, des deutochlorures, etc.

*Propriétés.* Les chlorures traités par l'acide sulfurique, concentré à l'aide de la chaleur, laissent dégager de l'acide hydrochlorique. Si l'on ajoute du peroxide de manganèse au mélange, on obtient du chlore.

Dissous dans l'eau, ils déterminent, avec le nitrate d'argent, un précipité blanc cailleboté insoluble dans l'acide nitrique, et soluble dans l'ammoniaque.

Un chlorure fondu au chalumeau avec du phosphate double d'ammoniaque et de soude, et de l'oxide de cuivre, prend la forme d'un bouton autour duquel apparaît une belle flamme bleue.

Chauffés avec un excès d'acide nitrique, les chlorures produisent du chlore.

Tous sont solubles, si l'on en excepte celui d'argent, le prochlorure de mercure, celui de plomb, et quelques sous-chlorures.

## § III.

### SELS AMMONIACAUX.

*Composition.* Nous l'avons donnée dans l'histoire générale des sels.

*Propriétés.* Les propriétés *génériques* des sels ammoniacaux peuvent se déduire de ce que nous venons de dire des sels ayant pour base un oxide métallique, en tenant compte de la volatilité de l'ammoniaque.

Nous ferons observer que le chlore décomposant cet alcali ne peut former de combinaison directe avec lui, en sorte qu'il n'y a pas de *chlorure d'ammoniaque*, mais bien un *hydrochlorate d'ammoniaque*.

# CHAPITRE III.

## PROPRIÉTÉS CARACTÉRISTIQUES DES SELS ORDONNÉS EN ESPÈCES D'APRÈS LA CONSIDÉRATION DE LA BASE.

Nous traiterons d'abord des sels à bases d'oxides binaires, ensuite des sels ammoniacaux.

Nous ne donnerons que les propriétés caractéristiques de chaque base, nous réservant de présenter plus de développemens quand nous ferons l'étude des espèces. Nous ne considérons que des sels solubles, parce que nous avons vu le moyen de transformer en ceux-ci les sels insolubles.

## § I.

### SELS A BASES D'OXIDES BINAIRES.

Les oxides alcalins jouant un rôle important dans l'histoire des sels, je commencerai par exposer les caractères des composés salins qui en sont formés.

### SELS DE POTASSE.

Ils ne précipitent pas par un carbonate alcalin.

Leurs dissolutions concentrées donnent, avec l'acide

tartrique, un précipité de bi-tartrate de potasse. Elles laissent déposer de l'alun lorsqu'on y verse du sulfate d'alumine.

Les sels de potasse forment, avec le chlorure de platine dissous, un précipité orangé qui est un sel double de platine et de cet alcali.

Ces caractères étant communs aux sels d'ammoniaque, on distingue facilement ces deux espèces de sels parce que ces derniers, mêlés à de la potasse, laissent dégager de l'alcali volatil.

## SELS DE SOUDE.

Ils sont tous solubles dans l'eau.

Ils ne sont pas précipités par les carbonates alcalins, l'acide tartrique, le sulfate d'alumine, et par le chlorure de platine, par la raison que tous les composés qui en résultent sont très solubles.

Ces caractères négatifs suffisent pour distinguer les sels de soude des autres sels. Cependant, quand cela est possible, il vaut mieux transformer la substance inconnue en sulfate de soude, qui est parfaitement caractérisé par sa forme et son efflorescence.

Ils contiennent presque tous de l'eau de cristallisation. La plupart sont efflorescens.

## SELS DE BARYTE.

L'acide sulfurique y détermine un précipité insoluble dans les acides, excepté dans l'acide sulfurique concentré.

En versant un carbonate alcalin dans un sel de baryte, on obtient du carbonate de baryte, qui, traité par l'acide hydrochlorique, produit du chlorure de barium, dont quelques gouttes mises sur une lame de verre donnent lieu, après peu de temps d'exposition à l'air, à des lames rhomboïdales ou hexagonales.

Ce chlorure, dissous dans l'alcool, communique à sa flamme une couleur jaune.

Les sels de baryte sont des poisons.

### SELS DE STRONTIANE.

Les sels de strontiane ont les plus grands rapports avec ceux de baryte; ils en diffèrent parce qu'ils colorent la flamme de l'alcool en pourpre; en outre, les carbonates alcalins y déterminent un précipité qui, traité par l'acide hydrochlorique, donne un chlorure de strontium. Ce chlorure, exposé, comme celui de barium, au contact de l'air, laisse des prismes.

Ces deux caractères suffisent pour distinguer les sels de baryte de ceux de strontiane.

J'ajouterai que le sulfate de strontiane est un peu soluble, tandis que celui de baryte est complètement insoluble dans l'eau. Si donc on verse de l'eau de baryte dans une dissolution de sulfate de strontiane, il se forme un précipité de sulfate de baryte.

### SELS DE CHAUX.

Ils sont précipités par les bases qui précèdent. Leurs dissolutions très étendues d'eau ne précipitent pas par l'acide sulfurique; c'est le contraire si elles sont concentrées.

Tous ces sels sont précipités par l'acide oxalique, mais incomplètement, parce que l'acide mis à nu s'oppose à l'action du premier. Pour qu'elle ait lieu, il ne faut pas que la dissolution du sel soit acide; si cela était, on la neutraliserait par de l'ammoniaque.

Ils sont précipités complètement par l'oxalate d'ammoniaque.

L'alcali volatil n'y donne pas de précipité.

Ils ont une saveur amère et piquante.

### SELS DE MAGNÉSIE.

Ils sont précipités par tous les alcalis qui précèdent.

Les sels neutres le sont en partie par l'ammoniaque; s'il y a un excès d'acide, elle ne produit pas de précipité, par la raison qu'il se forme un sel d'ammoniaque qui se combine avec celui de magnésie. Ce sel double est indécomposable par l'ammoniaque ajoutée en excès.

Ils sont précipités par les carbonates simples, tandis qu'ils ne le sont pas par les bi-carbonates, qui font naître un bi-carbonate de magnésie soluble. En chauffant la dissolution, le bi-carbonate passe à l'état de carbonate.

Enfin, en versant du phosphate d'ammoniaque avec excès de base dans une dissolution d'un sel de magnésie, il se dépose lentement du phosphate ammoniaco-magnésien. Lorsqu'on fait l'expérience dans un verre de montre, dont on raye le fond avec un petit tube pendant que la liqueur est claire, les parties rayées se couvrent seules de phosphate ammoniaco-magnésien.

Les sels de magnésie ont une saveur amère qui leur est propre.

### SELS D'ALUMINE.

Les sels d'alumine sont acides; ils ont une saveur douceâtre et astringente.

La potasse, ou la soude, y détermine un précipité, qui se dissout dans un excès du précipitant.

L'ammoniaque passe généralement pour précipiter complètement ces sels; mais, lorsqu'elle est en excès, elle dissout un peu d'alumine.

Le carbonate d'ammoniaque donne lieu à de l'hydrate d'alumine insoluble dans un excès de ce réactif ; il se dégage de l'acide carbonique.

Une dissolution concentrée de sulfate de potasse, ou d'amoniaque versée dans une dissolution un peu concentrée d'un sel d'alumine, produit un précipité d'alun.

Les sels d'alumine secs et purs, étant calcinés au chalumeau, avec un peu de nitrate ou de chlorure de cobalt, prennent une couleur bleu d'azur.

### SELS DE PROTOXIDE DE MANGANÈSE.

A l'état de pureté ils sont incolores ; mais ils ont ordinairement une légère teinte rose, qui tient à la présence d'un sel de peroxide de manganèse.

L'acide hydrosulfurique ne les précipite pas ; tandis qu'un hydrosulfate y détermine un précipité de sulfure hydraté couleur de chair.

L'ammoniaque précipite la moitié de la base des sels neutres, et forme un sel double soluble avec l'autre moitié ; si cet alcali est en excès, le précipité disparaît.

Le prussiate de potasse, ou cyano-ferrure jaune de potassium, y forme un précipité blanc.

Les alcalis précipitent en blanc les sels de manganèse ; ce précipité passe au brun, s'il a le contact de l'air.

Ils ne précipitent pas par les succinates et les benzoates, caractère qui permet de séparer le fer du manganèse.

Calcinés avec de la potasse, ils donnent un composé dont la dissolution est verte, et qui devient rouge lorsqu'on y verse un peu d'acide.

### SELS DE PEROXIDE DE MANGANÈSE.

Les dissolutions de ces sels sont rouges, peu permanentes, et facilement décomposables par les corps avides d'oxigène.

Le sulfate de peroxide de manganèse mis en contact avec l'eau laisse précipiter cet oxide.

Lorsqu'on le chauffe, il se dégage de l'oxigène, et il reste un sulfate de protoxide de manganèse.

L'acide sulfureux le fait passer à l'état de sulfate de protoxide, en décolorant la dissolution et en se transformant en acide sulfurique.

### SELS DE ZINC.

Les dissolutions des sels de zinc sont incolores ; elles ont une saveur astringente ; elles ne sont précipitées par aucun métal.

La potasse, la soude, y forment un précipité soluble dans un excès d'alcali ; il en est de même de l'ammoniaque. Ce dernier caractère les distingue des sels d'alumine.

Le précipité donné par le carbonate de potasse, ou de soude, ne disparaît pas par un excès du réactif employé.

Ces sels précipitent en blanc par le cyano-ferrure jaune de potassium et par les monosulfures alcalins.

L'hydrogène sulfuré y fait naître un précipité blanc, si toutefois les dissolutions sont bien neutres.

### SELS DE PROTOXIDE DE FER.

Le sels de protoxide de fer ont une réaction acide, une saveur astringente et l'odeur de l'encre. Leur couleur est verdâtre.

Ils donnent, avec le cyano-ferrure jaune de potassium, un précipité blanc, qui devient bleu au contact de l'air. Le cyano-ferrure rouge de potassium y détermine sur-le-champ un précipité d'un bleu intense.

La potasse, ou la soude, y produisent un précipité

18

blanc insoluble dans ces alcalis, mais soluble dans l'ammoniaque. Ce précipité devient vert, puis ocreux, au contact de l'air.

Le chlore et l'acide nitrique les transforment en sels de peroxide.

L'acide gallique et la dissolution de noix de galle ne les altèrent pas quand ils sont privés de sels de peroxide et du contact de l'air.

Les dissolutions de ces sels absorbent le deutoxide d'azote en passant au brun foncé.

L'acide hydrosulfurique ne les précipite pas, tandis que les sulfures alcalins y produisent un précipité noir de sulfure de fer hydraté.

SELS DE PEROXIDE DE FER.

Ils sont doués d'une saveur très acide et astringente, d'une couleur jaune-rougeâtre tirant sur le brun.

Le cyano-ferrure jaune de potassium y donne un précipité bleu.

Ils précipitent en jaune-rougeâtre par un alcali.

L'acide gallique, ou la dissolution de noix de galle, les colore en bleu foncé, qui paraît noir.

Avec le succinate d'ammoniaque, ils forment un précipité couleur de chair.

L'acide hydrosulfurique les ramène à l'état de sels de protoxide, avec précipitation de soufre.

Les sels neutres en dissolutions très étendues d'eau, tenus en ébullition, laissent déposer un sous-sel, et la liqueur devient très acide.

SELS DE COBALT.

Le protoxide de cobalt est le seul oxide qui forme des sels.

Leurs dissolutions sont roses, excepté celle du chlorure de cobalt, qui est bleue lorsqu'elle est concentrée.

Les alcalis les précipitent en bleu qui passe au vert olive par le contact de l'air; l'ammoniaque en excès dissout le précipité.

L'acide hydrosulfurique ne précipite pas les dissolutions acides ; les sulfures alcalins y donnent un précipité noir.

Le cyano-ferrure jaune de potassium y détermine un précipité gris-verdâtre.

Les phosphates les précipitent en bleu.

Elles sont indécomposables par le zinc et le fer.

Les sels de cobalt séchés, et fondus avec le borax, le colorent en bleu.

### SELS DE PROTOXIDE D'ÉTAIN.

Ces sels ont une saveur acide et astringente, une odeur caractéristique d'étain, et quelquefois une couleur jaunâtre.

La potasse, la soude, l'ammoniaque, y forment un précipité blanc hydraté soluble dans un excès de ces alcalis. Cet hydrate, tenu dans l'eau en ébullition, se transforme en protoxide gris anhydre.

Ils précipitent en brun foncé par l'acide hydrosulfurique, et en blanc par le cyano-ferrure jaune de potassium.

Une lame de zinc mise dans une solution d'un sel de protoxide d'étain précipite complètement ce dernier métal.

Versés dans le chlorure d'or, ils y font naître un précipité pourpre, nommé *pourpre de Cassius.*

### SELS DE DEUTOXIDE D'ÉTAIN.

Ils ont la même saveur que les sels de protoxide; ils se comportent comme eux, avec la potasse, la soude, l'ammoniaque et le zinc.

Ils en sont distingués en ce que l'acide hydrosulfurique y produit un précipité d'un jaune sale, qui est l'or mussif hydraté, et en ce qu'ils ne donnent pas de pourpre de *Cassius* avec la dissolution d'or.

L'étain les ramène à l'état de sels de protoxide.

### SELS D'ANTIMOINE.

Il n'y a que le protoxide d'antimoine qui soit susceptible de donner des sels ; encore ces composés sont-ils peu stables. Le nitrate et le chlorure sont les seuls qui puissent rester en dissolution dans l'eau acidulée.

Leurs solutions sont incolores ou légèrement colorées en jaune. L'eau en précipite de l'hydrate de protoxide d'antimoine.

L'acide hydrosulfurique et les sulfures alcalins y déterminent un précipité de sulfure d'antimoine de couleur orangée.

Le cyano-ferrure jaune de potassium n'y produit pas de précipité.

Ils sont réduits à l'état métallique par une lame d'étain. Cette propriété permet de faire l'analyse d'un alliage de ces deux métaux. A plus forte raison, le fer et le zinc les réduisent-ils.

Les alcalis y forment un précipité qui se dissout dans un excès du précipitant.

### SELS DE PLOMB.

Parmi les trois oxides de plomb, le protoxide se combine seul avec les acides.

C'est une base puissante qui constitue des sels parfaitement neutres et des sous-sels, dont quelques uns ont une réaction alcaline.

Les sels de plomb sont généralement incolores lorsqu'ils sont neutres, à moins que l'acide ne soit coloré.

Ils ont une saveur sucrée et astringente.

Ils sont précipités en hydrate de protoxide de plomb, ou en sous-sel blanc, par la soude, la potasse ou l'ammoniaque. L'oxide hydraté se dissout dans un excès des deux premiers alcalis, tandis qu'il est insoluble dans le dernier.

L'hydrogène sulfuré produit avec ces sels un sulfure noir insoluble.

L'acide sulfurique, ou un sulfate soluble, y détermine un précipité de sulfate de plomb, soluble dans un excès d'acide sulfurique, et très peu soluble dans l'eau. Ce sel est facile à distinguer du sulfate de baryte, qui ne noircit pas par les sulfures alcalins.

Une lame de zinc, mise dans une solution d'un sel de plomb, en précipite du plomb métallique.

Un phosphate soluble y donne un précipité de phosphate de plomb, qui, fondu au chalumeau, offre, en se refroidissant, une cristallisation polyédrique.

## SELS DE PROTOXIDE DE CUIVRE.

Ces sels, peu stables, ont été à peine étudiés.

On ne connaît bien que la dissolution de sulfite de protoxide de cuivre dans l'acide sulfureux et celle du protochlorure de cuivre dans l'acide hydrochlorique.

Elles sont incolores; elles précipitent en flocons jaunes d'hydrate de protoxide par la potasse en excès.

Privées d'air, elles ne se colorent pas en bleu par l'ammoniaque.

Le chlore, et l'acide nitrique, les transforment, à froid, en sels de deutoxide.

Étendues d'une grande quantité d'eau, elles laissent déposer du cuivre métallique, et il se produit un sel de deutoxide.

## SELS DE DEUTOXIDE DE CUIVRE.

Les dissolutions de ces sels paraissent bleues quand elles sont étendues d'eau, vertes si elles sont concentrées. Cette dernière couleur est surtout très intense dans le deutochlorure de cuivre.

Ils ont une saveur acide et astringente, et une odeur métallique désagréable.

La potasse, la soude, l'ammoniaque en petite quantité y déterminent un précipité vert qui est un sous-sel; mais un excès des deux premiers alcalis donne un précipité bleu d'hydrate de deutoxide de cuivre; l'ammoniaque en excès dissout ce précipité, et la liqueur se colore en un bleu magnifique; on peut la considérer comme renfermant un sel double d'ammoniaque et de deutoxide de cuivre, plus une combinaison de celui-ci avec l'ammoniaque.

Le zinc, le fer et le plomb précipitent le cuivre à l'état métallique; ce moyen peut être employé pour reconnaître la présence de ce métal, et pour en déterminer la quantité. Lorsqu'on se sert de fer, il faut être certain qu'il formera un sel soluble avec l'acide qui est uni à l'oxide de cuivre. *Par exemple,* si l'on agissait sur une solution de nitrate de cuivre, on se servirait de zinc au lieu de fer, parce que ce dernier décomposerait une portion d'acide nitrique, et passerait à l'état de sous-nitrate insoluble.

L'hydrogène sulfuré, et les sulfures alcalins, les précipitent en brun foncé.

Le cyanoferrure jaune de potassium y forme un précipité rouge marron qui est caractéristique, parce qu'aucun autre métal ne manifeste une couleur semblable avec ce réactif.

## SELS DE PROTOXIDE DE MERCURE.

Leur saveur est acide, astringente et métallique.

Les sels solubles sont incolores ; parmi les sels insolubles, il y en a quelques uns qui sont colorés.

Les sels incolores, exposés à la lumière, deviennent
noirs.

La potasse et la soude donnent, dans les solutions des
sels de mercure, un précipité noir qui est un mélange de
mercure et de peroxide.

L'acide hydrochlorique et le chlorure de sodium en
précipitent du protochlorure de mercure blanc.

L'hydrogène sulfuré et les hydrosulfates y forment un
précipité noir de protosulfure de mercure très divisé.

Lorsqu'on y plonge une lame de cuivre, il s'attache à sa
surface du mercure métallique.

Avec l'iodure de potassium, on obtient de l'iodure de
plomb solide d'une couleur verdâtre ou jaune.

### SELS DE DEUTOXIDE DE MERCURE.

Ils ont beaucoup de propriétés qui leur sont communes
avec les sels de protoxide ; mais ils s'en distinguent en ce
qu'ils précipitent un hydrate de deutoxide de mercure
orangé avec la potasse et la soude ; qu'ils ne donnent
pas de précipité avec l'acide hydrochlorique, ou le sel
marin, tandis qu'ils en produisent un d'un rouge éclatant
avec l'iodure de potassium ; ce précipité se dissout dans un
excès de celui-ci.

### SELS D'ARGENT.

Les sels incolores, exposés à la lumière, deviennent
noirs.

Les alcalis fixes y donnent un précipité brun d'hydrate
d'oxide d'argent, soluble dans l'ammoniaque.

L'acide hydrochlorique et les chlorures forment dans
ces sels des flocons blancs caséeux, insolubles dans les

acides, et solubles dans l'ammoniaque. Les chlorates ne les précipitent pas.

L'hydrogène sulfuré y détermine un précipité de sulfure noir.

Le cuivre, le fer, le mercure et le sulfate de protoxide de fer en séparent l'argent à l'état métallique.

## SELS D'OR.

Les dissolutions de ces sels sont jaunes.

Elles précipitent en brun par l'hydrogène sulfuré.

Elles donnent un précipité pourpre de Cassius par les sels de protoxide d'étain.

En y versant du sulfate de protoxide de fer, on obtient de l'or métallique qui se dépose.

## SELS DE DEUTOXIDE DE PLATINE.

Les dissolutions des sels de platine sont d'un rouge brun.

Elles précipitent en jaune clair par le chlorure de potassium, et par l'hydrochlorate d'ammoniaque.

Le cyanoferrure jaune de potassium n'y détermine pas de précipité.

Le protochlorure d'étain y développe une couleur rouge intense. Cependant la couleur est jaune si la dissolution est étendue ; si elle était neutre, il y aurait formation d'un petit précipité jaune. Ce dernier caractère est très sensible.

Le platine est précipité à l'état métallique par la plupart des métaux, même par l'argent.

Les alcalis ne les précipitent qu'incomplètement, par la raison qu'il se forme des sels doubles.

L'hydrogène sulfuré et les hydrosulfates les précipitent en noir.

Les solutions des sels ammoniacaux laissent dégager de l'ammoniaque lorsqu'on y verse un alcali fixe.

Triturés à l'état sec avec un alcali fixe, et même avec de la magnésie, puis chauffés, ils fournissent de l'ammoniaque.

Ces caractères sont suffisans pour les faire reconnaître.

# CHAPITRE IV.

Après avoir étudié les sels ordonnés en genres, d'après la considération de l'acide, et en espèces, d'après celle de la base, nous allons nous occuper spécialement de quelques uns.

Nous suivrons l'ordre que nous avons adopté en donnant les caractères des sels d'après ceux des bases.

## § I.

### SELS DE POTASSE.

CHLORATE DE POTASSE ( Ch Ch Po. )

*Composition.*

| | Poids. | Atomes. | |
|---|---|---|---|
| Acide chlorique. | 61,51 | 1 | 942,64 |
| Potasse. | 38,49 | 1 | 589,92 |
| | 100,00 | Poids atom. | 1532,56 |

Ce sel est anhydre.

*Propriétés physiques.* Il cristallise en petites lames blanches rhomboïdales, qui, en se superposant, forment un prisme.

Il fond à 390°, alors on peut le couler.

*Propriétés chimiques.* 100 parties d'eau en dissolvent 6 parties à 15°, et 60,2 parties à 104°,8.

Ce sel est inaltérable à l'air.

Le chlorate de potasse, chauffé à une température supérieure à 400°, se décompose en produisant une ébullition due au dégagement de l'oxigène de la base, et de l'acide ; il reste du chlorure de potassium.

Projeté sur des charbons incandescens, il donne lieu à une vive déflagration.

L'acide sulfurique concentré le décompose en oxide de chlore, en chlore et en oxigène, et la chaleur développée est suffisante pour enflammer les corps combustibles, tels que la résine et le soufre. C'est sur cette propriété que sont fondés les *briquets oxigénés.*

Ces briquets se fabriquent en mêlant intimement deux parties de chlorate de potasse avec une partie de soufre en fleur, en ajoutant un peu d'eau gommée ; on en fait une pâte qui est colorée en rouge avec du cinabre ; on en enduit une seule extrémité des allumettes, qu'on fait sécher à la température ordinaire ; ensuite on plonge la partie enduite de ce mélange dans un petit flacon contenant de l'acide sulfurique concentré et de l'amiante. Il se produit aussitôt une inflammation des corps combustibles.

*Propriétés organoleptiques.* Le chlorate de potasse a une saveur fraîche et un peu amère.

*État naturel.* On ne le rencontre pas dans la nature.

*Préparation.* On fait arriver, dans une dissolution concentrée de potasse du commerce, un courant de chlore, qui décompose le carbonate de potasse et une portion de la potasse ; il se dégage de l'acide carbonique, il reste du chlorure de potassium en dissolution ; l'oxigène de la potasse décomposée se porte sur une autre portion

de chlore avec laquelle il produit de l'acide chlorique;
ce dernier s'unit à la potasse non décomposée, et donne
naissance à du chlorate de potasse peu soluble, qui se
dépose sous forme d'écailles brillantes. Lorsque l'opération est terminée, on décante la liqueur, on jette le précipité sur un filtre, et on le lave avec un peu d'eau froide,
afin de le priver du chlorure de potassium et des autres
sels solubles qui se trouvent dans la potasse du commerce.

Le chlorate ainsi obtenu, pouvant retenir encore des
sels étrangers, on le dissout dans l'eau bouillante, et on
le fait cristalliser.

*Usages.* On s'en sert pour fabriquer des briquets, pour
préparer l'oxigène:

On avait essayé d'en faire de la poudre; mais on y a re-
noncé parce qu'elle détonait facilement par le choc.

Il entrait autrefois dans les amorces des fusils à piston;
on les a abandonnées par la raison qu'elles détériorent le
canon par la grande humidité qu'elles produisent.

NITRATE DE POTASSE ( AzAz  Po ).

*Composition..*

|  | Poids. | Atomes. |  |
|---|---|---|---|
| Acide nitrique. | 53,44 | 1 | 677,02 |
| Potasse. | 46,56 | 1 | 589,92 |
|  | 100,00 | Poids atom. | 1266,94 |

Il ne renferme pas d'eau de cristallisation.

*Nomenclature.* Sel de nitre, nitre, et cristal minéral
quand il a été fondu.

*Propriétés physiques.* Ce sel est blanc, cassant; il cristallise en longs prismes à six pans, terminés par des pyra-

mides hexaèdres. Ces cristaux s'accolent souvent de manière à former des prismes cannelés volumineux.

Il fond à 350°

$$D = 2,09.$$

*Propriétés chimiques.* 100 parties d'eau en dissolvent
13,32 parties à zéro, et 246,15 parties à 100°.

Il n'est déliquescent que dans une atmosphère saturée
de vapeur d'eau.

Il est presqu'insoluble dans l'alcool absolu. Chauffé au
rouge, il fond d'abord, se décompose ensuite en oxigène
et en hyponitrite qui se réduit en potasse, en oxigène, et
en azote.

Projeté sur des charbons ardens, il fuse et les fait brûler
vivement.

Mêlé avec la plupart des corps combustibles, il se décompose facilement à l'aide de la chaleur.

Pour le prouver, on fait un mélange d'une partie de soufre en fleurs, et de deux parties de nitre ; on le verse dans
un creuset chauffé au rouge ; il y a une combustion instantanée accompagnée d'un grand dégagement de chaleur et
de lumière.

En pulvérisant ensemble trois parties de nitrate de potasse, une partie de soufre, deux parties de potasse du commerce, on obtient une poudre qu'on a nommée *fulmi-
nante.* On chauffe sur des charbons ardens dix grammes de
cette poudre dans une cuillère à projection ; le soufre fond,
et presqu'au même instant on entend une forte détonation.

Il est probable qu'il se forme un sulfure de potassium qui
exige moins de chaleur pour brûler que le soufre seul, et
qui, se répandant dans toute la masse, décompose instantanément l'acide nitrique. De cette décomposition résulte
une expansion subite de vapeur d'eau, d'acide carbonique, d'azote ou d'oxide d'azote, qui produit la détonation.

En mélangeant en proportions convenables du nitre, du charbon et du soufre, on prépare les trois poudres suivantes :

|  | Poudre de chasse. | Poudre de guerre. | Poudre de mine. |
|---|---|---|---|
| Nitre. | 78 | 75,0 | 65 |
| Soufre. | 10 | 12,5 | 20 |
| Charbon. | 12 | 12,5 | 15 |
|  | 100 | 100 | 100 |

*Propriétés organoleptiques.* Il a une saveur piquante, fraîche, et un peu amère.

*Etat naturel.* On trouve le nitrate de potasse tout formé dans la nature. L'Inde, l'Amérique méridionale, l'Espagne, en offrent de grandes quantités : c'est surtout lorsqu'un temps sec succède à des pluies qu'on le voit à la surface de la terre former des efflorescences. Nous le rencontrons sans cesse dans des lieux humides, tels que les caves, les écuries, les rez-de-chaussée, etc., où il est mêlé avec des nitrates de chaux et de magnésie, et des chlorures de calcium, de sodium et de magnésium.

Pour concevoir la formation du nitre dans la nature, il faut savoir que les matières azotées dégagent par la putréfaction l'azote qu'elles contiennent; si ce gaz était en contact avec l'oxigène de l'air seul, il ne s'y combinerait pas; mais si à l'état naissant il se trouve en présence de la potasse, de l'eau et de l'oxigène atmosphérique, il s'unit à ce dernier pour donner lieu à de l'acide nitrique, qui a beaucoup d'affinité pour cette base.

Tous les alcalis peuvent remplacer la potasse dans la nitrification.

La formation de l'acide nitrique n'est pas due uniquement à la cause que nous venons d'assigner. On sait aujourd'hui que l'eau provenant des pluies d'orage en contient; cette eau acidifiée rencontrant des matières alcalines, s'y combine et donne des nitrates.

*Préparation.* Dans les pays où il vient s'effleurir à la surface du sol, il suffit d'enlever la terre et de la lessiver convenablemen:.

En France on extrait le nitre des matériaux salpêtrés au moyen de l'eau, et on convertit les nitrates de chaux et de magnésie qui s'y trouve en nitrate de potasse, avec de la potasse du commerce et du sulfate de potasse. (Voir l'Appendice.)

*Usages.* On s'en sert pour extraire l'acide nitrique, pour préparer l'acide sulfurique. Il entre dans la composition de la poudre.

SULFATE DE POTASSE ( S. Po ).

*Composition.*

|  | Poids. | Atomes. |  |
|---|---|---|---|
| Acide sulfurique. | 45,93 | 1 | 501,16 |
| Potasse. | 54,07 | 1 | 589,92 |
|  | 100,00 | Poids atom. | 1091,08 |

Ce sel est anhydre.

*Nomenclature.* Tartre vitriolé, potasse vitriolée.

*Propriétés physiques.* Il est blanc, cristallisable en do-décaèdres ou en prismes hexaèdres courts, terminés par des pyramides à six faces. Il est dur et facile à pulvériser.

$$D = 2,4.$$

Il fond à la chaleur blanche.

*Propriétés chimiques.* 100 parties d'eau à 12°,72 en dissolvent 10,57 parties, tandis qu'à 101°,5 elles en dis-solvent 26,33 parties.

Il décrépite au feu.

Exposé à l'air, il n'éprouve aucun changement. Un grand nombre d'acides le font passer à l'état de bi-sulfate. Par *exemple*, 2 parties d'acide nitrique à 32° de l'aréomètre de Beaumé, étendues de 1 partie d'eau, étant chauffées dans un matras avec 1 partie de sulfate de potasse, le transforment en bi-sulfate et en nitrate de potasse, qui cristallise par le refroidissement.

*Propriétés organoleptiques.* Sa saveur est amère et désagréable.

*État naturel.* On le trouve dans les plantes, et par suite dans les potasses du commerce, qu'on obtient en incinérant certains végétaux.

Il existe en petite quantité dans l'urine des herbivores.

*Préparation.* On se le procure en calcinant jusqu'au rouge dans un creuset le bi-sulfate de potasse provenant de la préparation de l'acide nitrique. On l'obtient encore en traitant le carbonate de potasse par l'acide sulfurique faible, et en évaporant la liqueur pour la faire cristalliser.

On le retire souvent des potasses du commerce sur lesquelles on verse une petite quantité d'eau, qui dissout plus de carbonate que de sulfate de potasse.

*Usages.* Combiné avec le sulfate d'alumine, il est employé pour faire l'alun.

Les salpêtriers s'en servent pour convertir le nitrate de chaux en nitrate de potasse.

CARBONATE DE POTASSE ( $\overset{..}{C}$ $\overset{.}{Po}$ ).

*Composition.*

|  | Poids. | Atomes. |  |
|---|---|---|---|
| Acide carbonique. | 31,92 | 1 | 276,44 |
| Potasse. | 68,08 | 1 | 589,92 |
|  | 100,00 | Poids atom. | 866,36 |

*Nomenclature.* Sous-carbonate de potasse.

*Propriétés physiques.* Il est blanc ; il cristallise difficilement en lames rhomboïdales ; il fond à la chaleur blanche.

*Propriétés chimiques.* Sa réaction sur les papiers colorés est fortement alcaline. Exposé au contact de l'air, il tombe en déliquescence.

Il est très soluble dans l'eau.

La plus haute température ne peut lui enlever l'acide carbonique; mais si on le chauffe au rouge, et qu'on fasse passer sur la masse fondue un courant de vapeur d'eau, il est décomposé de telle sorte qu'il se dégage de l'acide carbonique, et qu'il se forme un hydrate de potasse.

*Propriétés organoleptiques.* Il a une saveur âcre et caustique:

*Etat naturel.* Il n'a pas encore été rencontré dans la nature.

*Préparation.* Elle a été donnée en exposant celle de l'hydrate de potasse ( pages 214 et 215).

On peut encore se procurer le carbonate de potasse en portant au rouge, dans un creuset d'argent, le bicarbonate, qui, à cette température, perd la moitié de son acide.

*Usages.* Il n'est employé à l'état de pureté que dans les laboratoires de chimie.

### POTASSE DU COMMERCE.

Ce produit renferme une grande quantité de carbonate de potasse, du sulfate de potasse, du chlorure de potassium; en outre, on y rencontre un peu d'alumine, de silice, de chaux, d'oxide de fer, et d'oxide de manganèse.

*Préparation.* C'est dans les pays où les bois sont abondans et d'un prix peu élevé, en Russie, en Amérique, etc., qu'on prépare la potasse. A cet effet, on les brûle lentement dans une fosse pratiquée convenablement dans la terre et abritée du vent: on obtient des cendres contenant les substances que nous venons de nommer; on les lessive à chaud; la liqueur est évaporée jusqu'à siccité, et le résidu est calciné jusqu'au rouge dans un four à réverbère, afin de le dessécher et de brûler les matières charbonneuses qui auraient échappé à l'action du feu. La masse ayant été refroidie, est introduite dans des tonneaux bien fermés, puis livrée au commerce.

Ce produit porte ordinairement le nom du pays où il a été préparé; c'est ainsi qu'on connaît plusieurs variétés de potasse; les principales sont : la *potasse d'Amérique,* la *potasse de Russie,* la *potasse de Trèves,* la *potasse des Vosges,* la *potasse perlasse* et la *potasse de Dantzick.*

*Usages.* La potasse du commerce entre dans la fabrication du verre, de l'alun, du salpêtre, dans celle du savon vert ou mou, enfin, dans les lessives.

## § II.

### SELS DE SOUDE.

#### SULFATE DE SOUDE (S So.)

*Composition.*

|  | Poids. | Atomes. |  |
|---|---|---|---|
| Acide sulfurique. | 56,18 | 1 | 501,16 |
| Soude. | 43,82 | 1 | 390,90 |
|  | 100,00 | Poids atom. | 892,06 |

Le sulfate de soude cristallisé est composé comme suit :

|  | Poids. | Atomes. |  |
|---|---|---|---|
| Acide sulfurique | 24,85 | 1 | 501,16 |
| Soude. | 19,38 | 1 | 390,90 |
| Eau. | 55,77 | 20 | 2249,60 |
|  | 100,00 | Poids atom. | 3141,66 |

*Nomenclature.* Sel de glauber, sel admirable, soude vitriolée.

19

*Propriétés physiques.* Il est blanc ; il cristallise en longs prismes hexaèdres, terminés par des sommets dièdres, ou en prismes à quatre pans, terminés par des pyramides à quatre faces. Ces cristaux jouissent d'une grande transparence. Il fond au-dessus de la chaleur rouge ; il éprouve d'abord la fusion aqueuse, et ensuite la fusion ignée.

*Propriétés chimiques.* Sa solubilité dans l'eau présente une irrégularité singulière. 100 p. d'eau, d'après M. Gay-Lussac, dissolvent :

| | | |
|---|---|---|
| à 0° | 5,02 | parties de sulfate de soude. |
| 17,91 | 16,73 | — — |
| à 30,75 | 43,05 | — — |
| à 32,73 | 50,65 | — — |
| à 70,61 | 44,35 | — — |
| à 103,17 | 42,65 | — — |

Les cristaux qui se forment à 32°,73, et à une température supérieure, sont anhydres.

On introduit une dissolution de sulfate de soude, saturée à 33°, dans un tube de verre, qu'on effile à la lampe d'émailleur, on la fait bouillir légèrement pour chasser l'air, et on ferme l'extrémité.

En laissant revenir le tube à la température ordinaire, il ne se forme aucun dépôt, même en l'agitant fortement ; mais, vient-on à briser la partie effilée, aussitôt on voit la cristallisation commencer par le haut et continuer jusqu'au bas du tube.

Exposé à l'air, il perd son eau d'hydratation et tombe en poudre.

Le sulfate de soude anhydre s'effleurit à l'air humide, en absorbant de l'eau.

*Propriétés organoleptiques.* Sa saveur est d'abord fraîche et salée, puis amère.

*Etat naturel.* On le rencontre dans les eaux salées, dans les végétaux qui croissent dans des terrains contenant du sel ordinaire, et uni au sulfate de chaux.

*Préparation.* Le sulfate de soude du commerce provient de la décomposition du chlorure de sodium par l'acide sulfurique.

On le prépare aussi en évaporant les eaux qui le tiennent en dissolution en même temps qu'on extrait le sel marin. Ces eaux, étant amenées à un certain état de concentration, laissent déposer des flocons, nommés *schlot*, qui sont un sulfate double de soude et de chaux; on les lave avec un peu d'eau froide pour enlever le chlorure de sodium adhérent à leur surface, et on les traite par l'eau bouillante, qui dissout le sulfate de soude; on décante la dissolution, et, par l'évaporation, on obtient ce sel cristallisé.

*Usages.* Il est employé pour préparer la soude artificielle, et, en médecine, comme purgatif.

## CARBONATE DE SOUDE ( $\overset{..}{C} \overset{..}{So}$ ).

### *Composition.*

|  | Poids. | Atomes. |  |
|---|---|---|---|
| Acide carbonique. | 39,83 | 1 | 276,44 |
| Soude. | 60,17 | 1 | 390,90 |
|  | 100,00 | | Poids atom. 667,34 |

Le carbonate de soude hydraté renferme :

|  | Poids. | Atomes. |  |
|---|---|---|---|
| Acide carbonique. | 15,37 | 1 | 276,44 |
| Soude. | 21,83 | 1 | 390,90 |
| Eau. | 62,80 | 20 | 2249,60 |
|  | 100,00 | | Poids atom. 2916,94 |

*Nomenclature.* Sous-carbonate de soude.

*Propriétés physiques.* Il est incoloré; il cristallise en prismes rhomboïdaux, ou sous la forme de deux pyramides quadrangulaires, appliquées base à base et à sommets tronqués.

Il éprouve d'abord la fusion aqueuse à une température peu élevée, ensuite la fusion ignée un peu au-dessus de la chaleur rouge, et perd toute son eau d'hydratation.

*Propriétés chimiques.* Il a une réaction alcaline sur les papiers colorés. L'eau en dissout la moitié de son poids à la température ordinaire, et un peu plus que son poids à 100°.

Exposé au contact de l'air, il s'effleurit.

Il est indécomposable par la chaleur la plus forte lorsqu'il est sec; mais si, après l'avoir fondu, on le soumet à un courant de vapeur d'eau, il perd son acide et passe à l'état d'hydrate de soude.

Le phosphore le décompose à une température élevée; pour le prouver, on en place un morceau au fond d'un tube de verre, et par-dessus du carbonate de soude sec; on chauffe celui-ci jusqu'au rouge, et l'on fait volatiliser le phosphore, qui, en traversant la masse du sel, le décompose : il en résulte du charbon et du phosphate de soude.

*Propriétés organoleptiques.* Il a une saveur âcre et caustique.

*Etat naturel.* Il paraît démontré aujourd'hui que ce sel ne se rencontre pas dans la nature, et que ce qu'on avait pris pour du carbonate de soude n'est autre chose que du sesqui-carbonate.

*Préparation.* On se procure le carbonate de soude à l'état de pureté en faisant cristalliser plusieurs fois la soude artificielle ou naturelle.

*Usages.* Pur, on s'en sert dans les laboratoires et quelquefois dans les arts. -

## SOUDES DU COMMERCE.

Ces soudes renferment un grand nombre de substances, parmi lesquelles nous citerons les suivantes :

De la soude plus ou moins carbonatée, du sulfate de soude, du sulfure de sodium, du sel marin, du carbonate de chaux, de l'alumine, de la silice, de l'oxide de fer, du charbon échappé à l'incinération, etc.

On en distingue deux espèces, l'une dite *soude-naturelle*, l'autre *soude artificielle*.

### Préparation de la soude naturelle.

Les plantes qui croissent sur les bords de la mer contiennent de l'oxalate de soude, qu'on transforme en carbonate par la calcination. A cet effet, on les dessèche, on les brûle dans des fosses dont la profondeur est d'environ trois pieds, et dont la largeur en a quatre. La combustion est entretenue pendant plusieurs jours. On obtient une masse compacte, noire, à demi-vitrifiée, que l'on concasse, et qui est expédiée pour le commerce dans des tonneaux bien fermés.

La soude prend le nom du pays dans lequel on la prépare, ou celui de la plante qui la fournit.

La plus estimée est celle qui nous vient d'Espagne et qui est connue sous le nom de soude d'Alicante; elle contient de 20 à 40 pour 100 de carbonate de soude sec.

Celles que nous récoltons en France sont peu riches en alcali. Il y en a trois variétés, qui sont par ordre de richesse :

1° *La soude de Narbonne*, provenant de la combustion du *salicornia annua*, que l'on cultive aux environs de Narbonne. Elle renferme 14 à 15 pour 100 de carbonate de soude.

2° *La blanquette*, ou *soude d'Aigues-Mortes*, qui donne 3 à 8 pour 100 de carbonate de soude.

3° *Le wareck*, ou *soude de Normandie*, qui contient à peine du carbonate de soude. Mais on y trouve beaucoup de sulfate de soude et de potasse, de chlorures de potassium et de sodium, et un peu d'iodure de potassium.

Les verriers et les salpêtriers la recherchent comme matière riche en potasse. C'est de cette soude qu'on extrait l'iode.

### SOUDE ARTIFICIELLE.

Au moyen du sulfate de soude, de la craie et du charbon, on se procure cette espèce de soude : on fait un mélange intime de ces trois corps avec une meule, qui les pulvérise; on l'introduit dans un four à réverbère, dont on porte la température au-dessus du rouge cerise.

On emploie généralement les proportions suivantes :

$$1,000 \quad \text{parties de sulfate de soude sec;}$$
$$1,000 \quad \text{—} \quad \text{de craie;}$$
$$550 \quad \text{—} \quad \text{de charbon.}$$

On en retire :

1,530 parties de soude brute, qui fournissent 900 parties de carbonate de soude cristallisé et 1,000 parties d'un résidu insoluble.

Ce qui se passe dans cette opération est facile à concevoir.

Le charbon réduit le sulfate de soude en sulfure de sodium, en passant à l'état d'acide carbonique et d'oxide de carbone. La craie se partage en deux parties : l'une se transforme en chaux et en acide carbonique qui se dégage; l'autre cède au sodium son oxigène et une portion de son acide carbonique, qui forment du carbonate de soude; le soufre mis en liberté s'unit au calcium, et ce sulfure se combine avec de la chaux provenant de la première partie de la craie.

*Usages des soudes naturelle et artificielle.* Elles sont employées dans la fabrication du savon, du verre, dans les lessives, et dans quelques opérations de teinture.

CHLORURE DE SODIUM ( $Ch^2 So$ ).

*Composition.*

|  | Poids. | Atomes. |  |
|---|---|---|---|
| Chlore. | 60,34 | 2 | 442,64 |
| Sodium. | 39,66 | 1 | 290,90 |
|  | 100,00 |  | Poids atom: 733,54 |

*Nomenclature.* On le connaît sous le nom de *sel marin* quand il provient de la mer ; de *sel gemme* quand il a été extrait à l'état solide du sein de la terre. On le nomme aussi *sel de cuisine, muriate de soude.*

*Propriétés physiques.* Il est blanc et transparent. Mis sur des charbons ardens, il décrépite. Il entre en fusion un peu au-dessus de la chaleur rouge, et se volatilise au rouge blanc ; il cristallise en cubes.

$D = 1,125.$

*Propriétés chimiques.* Il est neutre aux papiers réactifs. Il est aussi soluble à chaud qu'à froid.

100 parties d'eau en dissolvent 37 parties.

Exposé au contact de l'air, il ne devient déliquescent qu'à 86° de l'hygromètre de Saussure.

L'eau saturée de chlorure de sodium ne se congèle qu'à une température bien inférieure à 0°. On conçoit, d'après cela, pourquoi l'eau douce se solidifie, tandis que l'eau de la mer conserve sa liquidité.

*Propriétés organoleptiques.* Il a une saveur agréable,

qui plaît non seulement aux hommes, mais encore à la plupart des animaux.

Il est inodore. Cependant on a remarqué que le sel marin en grande masse répand une odeur analogue à celle de la violette ; elle est due à une substance étrangère qu'on ne connaît pas.

*État naturel* On le trouve tantôt à l'état solide, tantôt en dissolution dans l'eau. Sous le premier état, il forme des couches de terrain très considérables ; sous le second, il fait partie des eaux de la mer, des sources dites salées, et des humeurs des animaux.

*Préparation.* On ne le prépare jamais ; on extrait celui que la nature offre par des procédés que nous allons donner.

*Usages.* Il sert à corriger l'insipidité de nos mets, à saler les viandes que l'on veut conserver, à extraire l'acide hydrochlorique, à préparer le chlore, la soude artificielle ; enfin, il est employé comme engrais pour certaines terres, et pour vernisser quelques poteries.

### EXPLOITATION DU SEL GEMME.

Le sel gemme diffère de celui qu'on extrait du sein des eaux, en ce qu'il ne décrépite pas, ce qui porte à penser qu'il a été exposé à l'action du feu ou à celle des volcans ; car, lorsqu'on fond le sel marin, il décrépite ; mais si, après la fusion, on le projette sur des charbons ardens, il se comporte comme le sel gemme.

Le sel de Cardona en Catalogne, et celui de Wieliczka en Pologne, sont assez purs pour être livrés au commerce sans leur faire subir une purification. On taille le sel en forme de baril, on le met dans des tonneaux que l'on ferme, et on l'expédie.

Il y a certains sels gemmes, tels que celui de North-

wich dans le comté de Chester, qui ont besoin d'être purifiés. Il offre de petites cavités remplies de chlorure
de magnésium, et d'un peu de chlorure de calcium en
dissolution saturée. On le dissout, puis on le fait cristalliser; les deux chlorures déliquescens restent dans les
eaux-mères.

*Extraction du sel marin des eaux qui le tiennent en
dissolution.*

Le mode d'extraction varie selon que l'eau renferme
plus ou moins de chlorure de sodium, et selon la tempé-
ture des lieux où doit se faire l'exploitation.

1$^{er}$ PROCÉDÉ. Lorsque l'eau contient au moins 14 à 15
centièmes de sel, on l'extrait en évaporant la liqueur dans
de grandes chaudières de fer. Il se précipite d'abord une
substance nommée *schlot* composée pour la plus grande
partie de sulfate double de soude et de chaux. Le schlot
est mis de côté, et l'on continue l'évaporation; bientôt
le sel marin cristallise; on l'évapore presque jusqu'à siccité; à cette époque, on enlève le sel, que l'on fait sécher
à l'étuve.

Dans le cas où l'eau ne renferme que 2, 3, 4, 5 centièmes de sel, on emploie l'un des procédés suivans :

2° PROCÉDÉ. Il est en usage dans les climats chauds. On
creuse tout près des bords de la mer plusieurs bassins
qu'on enduit d'argile, et qu'on nomme *marais salans.*
Dans le premier nommé *jas*, on fait arriver l'eau par
un canal à l'aide d'une écluse; elle commence à s'évaporer, et laisse précipiter les substances qu'elle tenait
en suspension. Un tuyau appelé *gourmas* la conduit dans
une suite de bassins nommés *couches;* de ces derniers,
au moyen d'un tuyau souterrain, ou *faux gourmas*, elle
passe dans le *mort*, canal qui fait tout le tour du marais ,

et dont la longueur est au plus de 4,000 mètres. Du mort on la fait écouler dans des réservoirs dits *tables*. De ceux-ci, elle passe dans d'autres bassins semblables auxquels on a donné le nom de *muant*. Du muant, elle traverse des conduits nommés *brassours*, qui la versent chacun dans quatre *aires* par des canaux souterrains qu'on perce et qu'on ferme à volonté. Arrivée dans les aires, l'eau y saline bientôt, c'est-à-dire qu'elle laisse déposer du sel marin ; ce dépôt s'annonce par une teinte rougeâtre que prend ce liquide. Il se forme à sa surface une couche cristalline de sel que l'on brise, et que l'on ramasse pour la mettre en tas sur la *vie*, nom donné au chemin qui sépare les aires. Quelquefois, au lieu de briser la croûte de sel, on la retire en l'écrémant avec un rateau à long manche.

C'est ordinairement au mois de mars que commence le travail des marais salans ; il se termine en septembre.

Il existe en France beaucoup de ces marais ; nous citerons ceux de Brouage, du Croisic, de Bourgneuf, de Marennes et de Peccais près d'Aigues-Mortes.

3° PROCÉDÉ *suivi dans les climats tempérés.*

On nomme *bâtimens de graduation* des hangars très longs, et assez élevés, ouverts à tout vent, et dans lesquels on établit des appareils destinés à étendre l'eau salée sur une grande surface. On se sert de fagots d'épines disposés en parallélipipèdes rectangles, ou de cordes, ou de tables. On fait arriver l'eau sur les fagots où elle se divise en couches très minces, coule d'une branche à l'autre, et se trouve ainsi en contact avec l'air qui circule à travers ces corps. Quand on emploie des cordes, on les tend verticalement sous le hangar, et l'eau s'écoule le long de leur surface. Dans les bâtimens à tables, on met deux rangées de cuvettes en bois peu profondes ; on les incline légèrement, tantôt dans un sens, tantôt dans un autre. Sur la paroi inclinée, on pratique un trou pour faire écouler l'eau de la cuvette supérieure dans l'inférieure, et ainsi de suite. L'air qui circule entre les cuvettes se sature d'humidité, et hâte ainsi l'évaporation.

Lorsque l'eau concentrée par l'un des moyens que nous venons de décrire marque 25° de l'aréomètre, on la fait évaporer dans des chaudières de fer.

Parmi les autres procédés connus pour concentrer les eaux qui renferment du sel marin, nous ne citerons que celui qui consiste à les exposer à un grand froid. On obtient de la glace retenant peu de sel, et une liqueur qui en renferme beaucoup. On achève l'évaporation de celle-ci au moyen du feu.

Le sel préparé par l'un quelconque de ces procédés n'est jamais pur; il contient des hydrochlorates et des sulfates de chaux et de magnésie. On le purifie par des cristallisations successives.

## § III.

### SELS DE BARYTE.

#### CHLORURE DE BARIUM ($Ch^2Ba$).

*Composition.*

| | Poids. | Atomes. | |
|---|---|---|---|
| Chlore. | 34,06 | 2 | 442,64 |
| Barium. | 65,94 | 1 | 856,88 |
| | 100,00 | | Poids atom. 1299,52 |

*Nomenclature.* Muriate de baryte.

*Propriétés physiques.* Il est incolore; il cristallise en lames hexagonales, qui contiennent deux atomes d'eau pour un de sel. Soumis à l'action du feu, il décrépite, et il éprouve la fusion ignée au rouge blanc; il ne se volatilise pas.

$$D = 2,825.$$

*Propriétés chimiques.* 100 parties d'eau en dissolvent 34,86 parties à 15°,64, et 59,58 parties à 105°,48.

Il est très peu soluble dans l'alcool concentré.

Il est insoluble dans l'acide hydrochlorique.

*Propriétés organoleptiques.* Sa saveur est âcre et piquante; c'est un poison assez violent. A la dose d'un gramme, il tue un chien de moyenne taille.

*Préparation.* On fait un mélange de 1 partie de chlorure de calcium, et de 1 partie de sulfate de baryte après les avoir pulvérisés, on les expose pendant une heure à une chaleur rouge, dans un creuset muni de son couvercle. Ils entrent tous deux en fusion, et se décomposent mutuellement. Il en résulte du sulfate de chaux et du chlorure de barium. On retire le creuset du feu, on le laisse refroidir, et on le casse. On trouve une masse dans laquelle on distingue très bien le chlorure de barium qui occupe la partie inférieure, et le sulfate de chaux qui est à la partie supérieure.

On réduit cette masse en poudre, on la projette dans l'eau bouillante, où on ne la laisse que le temps nécessaire pour remuer la matière, et on filtre la liqueur; le sulfate de chaux reste sur le filtre, tandis que le chlorure de barium est dissous par l'eau.

Si on laissait quelque temps la masse pulvérisée dans ce liquide, il se reformerait du sulfate de baryte et du chlorure de calcium.

On prépare encore ce sel en chauffant du sulfate de baryte avec du charbon dans un creuset : on a du sulfure de barium, que l'on dissout dans l'eau; on y verse de l'acide hydrochlorique, qui dégage de l'hydrogène sulfuré, et qui forme du chlorure de barium, que l'on fait cristalliser.

Si, au lieu d'acide hydrochlorique, on emploie de l'acide nitrique, on se procure le nitrate de baryte, d'où nous avons extrait la baryte.

Enfin, on forme le chlorure de barium en versant de l'acide hydrochlorique sur de la baryte.

*Usages.* Il sert à reconnaître la présence de l'acide sulfurique libre ou combiné.

## § IV.

### SELS DE CHAUX.

L'acide phosphorique forme, avec la chaux, au moins cinq combinaisons bien distinctes.

Nous étudierons le phosphate neutre, le phosphate des os, et le bi-phosphate.

### PHOSPHATE NEUTRE DE CHAUX.

On l'obtient en versant du phosphate de soude cristallisé, dans une solution de chlorure de calcium parfaitement neutre.

Il se forme un précipité blanc léger qui contient un atome d'acide, un atome de base et deux atomes d'eau. La liqueur rougit le papier de tournesol.

Ce sel ainsi préparé est celui des phosphates de chaux, qui, par sa composition, approche le plus de la neutralité.

Il est insoluble dans l'eau et dans l'alcool.

Les acides nitrique, hydrochlorique et phosphorique le dissolvent.

Il est indécomposable par la chaleur; seulement il se fond en un émail blanc à une température très élevée.

### PHOSPHATE DES OS.

Les os des animaux sont composés en grande partie d'un sel formé de 3 atomes d'acide phosphorique et de 4 atomes de chaux.

On se le procure en dissolvant dans l'acide hydrochlorique des os calcinés et en versant dans la solution un excès d'ammoniaque. Il se forme une matière gélatineuse, que
l'on chauffe au rouge après l'avoir lavée par décantation.

Il sert à faire le bi-phosphate de chaux, avec lequel
on obtient les phosphates de potasse, de soude et d'ammoniaque, et le phosphore.

BI-PHOSPHATE DE CHAUX.

C'est en traitant les os calcinés, pulvérisés et délayés
dans l'eau par le tiers de leur poids d'acide sulfurique qu'on
prépare ce sel. On décante la liqueur, qui, évaporée presqu'en consistance sirupeuse, donne de petites lames mi-
cacées de bi-phosphate de chaux.

Il est très acide et soluble dans l'eau.

Exposé à l'action de la chaleur rouge, il fond en un
verre blanc transparent, qui est sans action sur le tournesol, et qui ne se dissout ni dans l'eau ni dans les acides.

Il est employé dans la préparation du phosphore et dans
celle des trois phosphates solubles que nous venons de
nommer.

Préparation du phosphore.

On brûle des os d'animaux pour en détruire la substance
organique, qui entre à peu près pour moitié dans le
poids de ces os. Il reste une matière d'un blanc grisâtre,
composée en grande partie de sous-phosphate de
chaux, de carbonate de chaux et de quelques autres sels
en petite quantité; on la tamise après l'avoir pulvérisée; on délaie dans un vase en bois ou en grès quatre parties de cette poudre avec assez d'eau pour en faire une
bouillie liquide; on y verse peu à peu trois parties d'acide
sulfurique, en ayant soin de remuer avec une spatule de

bois. Il se produit beaucoup de chaleur et un grand dégagement d'acide carbonique. On sent une odeur piquante,
due à l'acide sulfurique entraîné par ce gaz et par la vapeur d'eau. Il se forme du sulfate de chaux, du phosphate
acide de chaux, et un *magma* fort épais. On ajoute de
l'eau de manière à faire une bouillie très liquide, qu'on
abandonne à elle-même pendant vingt-quatre heures, afin
que l'acide sulfurique ait le temps d'agir sur le sous-phosphate
de chaux : au bout de ce temps , on verse de l'eau bouillante, on remue la matière et on jette le tout sur une toile.
La partie solide restée sur celle-ci est exprimée et la liqueur est mise avec celle qui a filtré. Ce résidu est de nouveau délayé dans l'eau bouillante, jeté sur la toile et exprimé. On a ainsi une seconde liqueur. On fait un troisième
lavage, après lequel on jette le résidu insoluble.

Toutes les liqueurs réunies, contenant du phosphate
acide de chaux, du sulfate de chaux et de l'acide sulfurique, sont évaporées presqu'à siccité dans une chaudière
de cuivre ou de plomb. Le sulfate de chaux se dépose; on
verse sur la matière à peu près trois ou quatre fois son
volume d'eau, on fait bouillir, puis on filtre. Le sulfate
de chaux reste presque entièrement sur le filtre, le liquide
contenant le phosphate acide de chaux et de l'acide sulfurique libre, et un peu de sulfate de chaux est évaporé jusqu'en consistance sirupeuse. Le sirop est mis dans une bassine de cuivre dont le fond est luté en-dehors avec de
l'argile; on y ajoute le quart de son poids de charbon pulvérisé, on fait un mélange intime, et l'on chauffe jusqu'à ce
que le fond de la bassine soit rouge. La plus grande partie
de l'eau se vaporise, ainsi que l'acide sulfurique libre; ou
bien ce dernier est décomposé par le charbon, ainsi qu'une
petite quantité de sulfate de chaux.

Ce mélange desséché est introduit dans une cornue de
grès lutée, qu'on remplit aux quatre cinquièmes; on la place

dans un fourneau à réverbère; à son col est adaptée une alonge de cuivre, qui plonge dans un bocal à moitié rempli d'eau. Pl. ii, fig. 38. Ce bocal porte un bouchon à travers lequel l'alonge passe, et qui est muni d'un tube droit ayant 6 lignes de diamètre et 2 pieds de hauteur. On remplit de lut terreux l'espace compris entre l'ouverture du fourneau et le col de la cornue, et on en recouvre le point de réunion du col et de l'alonge.

Lorsque les luts sont secs, on fait peu de feu sous la cornue, que l'on chauffe graduellement, de sorte qu'elle ne soit portée au rouge que dans l'espace de deux heures. On alimente continuellement le fourneau avec du charbon allumé. Il se dégage d'abord de l'oxide de carbone, de l'hydrogène carboné, puis du phosphore se volatilise avec de l'hydrogène phosphoré et de l'oxide de carbone.

Lorsque le dégagement des gaz diminue, on surmonte la cheminée du fourneau d'un long tuyau de tôle pour augmenter la chaleur.

L'opération est terminée quand, en continuant de chauffer fortement, on n'aperçoit plus de gaz se dégager.

Pendant tout le temps que dure la volatilisation du phosphore, les produits gazeux empêchent l'absorption d'avoir lieu; mais, vers la fin de l'opération, comme elle serait à craindre, on ne fait plonger l'extrémité de l'alonge que de 4 à 6 lignes dans l'eau. Par cette disposition, l'air rentre peu à peu dans la cornue, qui se refroidit lentement.

Le phosphore volatilisé au commencement de l'opération est presque pur, mais celui qu'on obtient vers la fin ne l'est pas. Pour le purifier, on met tout le phosphore dans une peau de chamois, qu'on a préalablement mouillée, et on y ajoute un peu d'eau; on fait un nouet très serré avec une ficelle, on le plonge dans ce liquide presque bouillant, en ayant la précaution de le tenir au-dessous de sa surface. Quand la température est abaissée à 50°, on comprime fortement ce nouet avec des pinces; le phosphore fondu passe à travers la peau, et les matières étrangères restent dessus. Cela fait, on choisit des tubes de verre légèrement coniques, d'un pied de long et de 2 lignes de diamètre, on plonge l'une de leurs extrémités dans de l'eau où se trouve du phosphore en fusion, et on aspire lentement à l'autre extrémité, jusqu'à ce qu'il soit arrivé à 4 ou 5 pouces de la bouche; on ferme avec le doigt l'extrémité inférieure, et on porte rapidement le tube dans de l'eau froide; le phosphore se solidifie; on le pousse hors du tube à l'aide d'une baguette de verre ou de bois. On l'obtient sous forme de cylindres, que l'on conserve sous l'eau bouillie, dans des flacons fermés hermétiquement.

Le phosphore ainsi préparé n'a pas souvent le degré de pureté qu'exigent certaines opérations de chimie; pour le purifier, on le distille dans un appareil d'où on chasse l'air par un courant d'acide carbonique, entretenu pendant tout le temps que dure la distillation.

### SULFATE DE CHAUX ANHYDRE ($SCa.$)

*Composition.*

| | Poids. | Atomes. | |
|---|---|---|---|
| Acide sulfurique. | 58,47 | 1 | 501,16 |
| Chaux. | 41,53 | 1 | 356,02 |
| | 100,00 | Poids atom. | 857,18 |

On le nomme karstenite.

Il est blanc ou grisâtre, quelquefois il a une légère teinte violette.

$$D = 2,964.$$

Il devient phosphorescent par la chaleur. Sa dureté est plus grande que celle du sulfate de chaux hydraté.

20

On le rencontre en masses d'une structure lamellaire, ou en cristaux dont la forme primitive est un prisme droit ayant deux de ses faces plus larges que les deux autres.

Il n'a aucun usage.

### SULFATE DE CHAUX HYDRATÉ ($S \cdot Ca + 2aq$).

*Nomenclature.* Il est connu sous les noms de *spath calcaire*, de *sélénite.*

*Propriétés physiques.* Il est incolore; il cristallise en prismes droits, à base parallélogrammique obliquangle; il se divise en lames.

$$D = 2,3\text{r}.$$

Il est si tendre qu'il est rayé par l'ongle.

Exposé à l'action du feu, il décrépite, augmente de volume, devient opaque, et fond en un émail blanc en perdant son eau.

*Propriétés chimiques.* Lorsqu'il a été soumis à une chaleur modérée, et qu'on l'expose à l'air, il reprend toute l'eau qu'il avait d'abord. Mêlé avec une petite quantité de ce liquide, il l'absorbe rapidement avec dégagement de chaleur, et la masse se solidifie.

L'eau dissout à peu près la 3oo° partie de son poids de ce sel.

Il est insoluble dans l'alcool, et aussi dans l'eau alcoolisée.

*Propriétés organoleptiques.* Il est insipide.

*Etat naturel.* On le trouve dans les terrains secondaires et tertiaires. Il en existe une grande quantité à Montmartre et à Ménilmontant, aux environs de Paris, où on l'exploite comme *pierre à plâtre.*

On le rencontre souvent dissous dans l'eau, qu'il rend

impropre à la cuisson des légumes et à la dissolution du savon.

*Préparation.* On l'obtient dans les laboratoires en mêlant un excès d'acide sulfurique avec de la chaux délayée dans l'eau. On évapore presqu'à siccité ; ce sel cristallise ; on le dissout dans l'eau, et on le fait cristalliser une seconde fois.

Si l'on évaporait jusqu'à siccité, et que l'on calcinât le résidu, on aurait le sulfate de chaux anhydre.

*Usages.* On s'en sert pour préparer le plâtre.

### Préparation du plâtre.

On calcine le sulfate de chaux hydraté jusqu'à ce qu'il ait perdu toute son eau de cristallisation, en évitant surtout de le faire fondre. On le bat ; on le passe à travers une claie afin de séparer les morceaux qui ne sont pas cuits, et on le tamise.

Si on le délaie dans un volume d'eau égal au sien, il se gâche ; la masse se solidifie en dégageant de la chaleur.

Le plâtre exposé à l'air perd la propriété de se gâcher, parce qu'il reprend peu à peu son eau d'hydratation.

Si on le chauffe assez pour qu'il éprouve la fusion ignée, on le prive également de cette propriété.

Le plâtre pur s'emploie dans l'art du sculpteur. Celui qui contient du carbonate de chaux, tel est le plâtre de Montmartre, est plus dur que le premier : on en fait usage pour les objets de construction, et pour amender les prairies artificielles.

Le plâtre gâché avec de la colle forte et des matières colorantes, forme un enduit connu sous le nom de *stuc*, qui imite parfaitement le marbre.

## CARBONATE DE CHAUX ($\ddot{C}\,\dot{C}\ddot{a}$).

*Composition.*

|  | Poids. | Atomes. |  |
|---|---|---|---|
| Acide carbonique. | 43,61 | 1 | 276,44 |
| Chaux. | 56,39 | 1 | 356,02 |
|  | 100,00 | Poids atom. | 632,46 |

*Propriétés physiques.* Il est blanc; la nature nous le présente sous un grand nombre de formes, qui toutes peuvent se ramener à un romboèdre dont les angles sont parfaitement déterminés.

$$D = 2,7.$$

A l'état de spath d'Islande, il jouit de la double réfraction.

*Propriétés chimiques.* Il est à peine soluble dans l'eau; mais lorsqu'elle est chargée d'acide carbonique, il s'y dissout; ce qu'on démontre facilement en versant dans de l'eau de chaux une solution aqueuse d'acide carbonique : il se forme d'abord un précipité qui disparaît par l'addition d'un excès du précipitant. Si l'on chauffe cette liqueur, ou si on l'expose à l'air pendant un certain temps, l'acide carbonique qui tenait le carbonate de chaux dissous se dégage, et celui-ci se précipite.

Soumis à l'action d'une forte chaleur, il se décompose; le résidu est de la chaux.

Si l'on fait cette expérience dans un canon de fusil où est placée de la craie, et dont on ferme l'ouverture avec un bouchon à vis, l'acide carbonique ne trouvant pas d'espace pour se loger, reste uni à la chaux; le carbonate fond, et cristallise par le refroidissement, comme le marbre.

*Propriétés organoleptiques.* Il n'a ni saveur ni odeur.

*Etat naturel.* C'est une des substances les plus abondantes qu'on rencontre dans la nature.

Il constitue la craie dont les parties ont peu d'agrégation, les pierres calcaires, les madrépores, les coraux, les différens marbres, l'albâtre, l'aragonite, le spath d'Islande, etc.

Il existe en dissolution dans certaines eaux à l'aide de l'acide carbonique, mais il s'en dépose par leur exposition à l'air. Ce dépôt forme à la surface des corps une couche très adhérente qu'on enlève avec un acide affaibli par l'eau, formant avec la chaux un sel soluble.

Telles sont les eaux d'Arcueil près de Paris, celles de la fontaine de Saint-Allyre, près de Clermont en Auvergne, et celles des bains de Saint-Philippe en Toscane.

*Préparation.* On peut se le procurer dans les laboratoires par double décomposition, ou bien en dirigeant un courant d'acide carbonique dans de l'eau de chaux; mais on ne le prépare que très rarement. On prend ordinairement de la craie ou du marbre.

*Usages.* On s'en sert pour fabriquer la chaux, pour bâtir, quand il est mêlé à d'autres substances. A l'état de marbre et d'albâtre on en fait des statues, des colonnes, des vases, etc.

## § V.

### SELS DE MAGNÉSIE.

#### SULFATE DE MAGNÉSIE ( $\overset{...}{S}$ Mg ).

*Composition.*

| | Poids. | Atomes. | |
|---|---|---|---|
| Acide sulfurique. | 65,98 | 1 | 501,16 |
| Magnésie. | 34,02 | 1 | 258,35 |
| | 100,00 | Poids atom. | 759,51 |

Il contient en outre trois atomes d'eau lorsqu'il est cristallisé.

*Nomenclature.* Il est connu sous les noms de *sel d'Epsom*, *sel de Sedlitz.*

*Propriétés physiques.* Il est incolore ; il cristallise en prismes à quatre pans terminés par des pyramides à quatre faces, ou par un sommet dièdre.

Il éprouve d'abord la fusion aqueuse, ensuite la fusion ignée, sans se décomposer, à moins que la chaleur ne soit excessive ; encore n'est-il décomposé qu'en partie.

$$D = 1,66.$$

*Propriétés chimiques.* 100 parties d'eau à $14°,58$ en dissolvent $32,76$ parties, et à $97°,03$, $72,3$ parties.

Exposé à l'air il s'effleurit et se réduit en poussière.

Calciné avec du charbon, il donne de la magnésie et du soufre ; mais si l'on opère dans un creuset brasqué, il reste du sulfure de magnésium et de la magnésie.

*Propriétés organoleptiques.* Il a une saveur amère.

*Etat naturel.* On le trouve en dissolution dans les eaux de la mer, dans celles d'Epsom en Angleterre, dans celles de Sedlitz, d'Egra et de Seydchutz.

*Préparation.* On peut l'extraire en évaporant ces eaux.

En Italie, où il existe des schistes contenant de la magnésie et du sulfure de fer, on le prépare en les exposant au contact de l'air, et en ayant la précaution de les arroser de temps à autre. Le soufre et le fer absorbent lentement l'oxigène de l'air ; le premier passe à l'état d'acide sulfurique, le second à celui d'oxide de fer. Cet acide se combine avec la magnésie, comme étant la base la plus forte, en sorte qu'il se forme peu de sulfate de fer. Lorsqu'on aperçoit des efflorescences à la surface de la matière, c'est un signe que l'opération est presque terminée. Alors on lessive le mélange ; on verse dans la liqueur de l'eau de chaux en quantité suffisante pour décomposer le sulfate de fer. Il se précipite à la fois du sulfate de chaux et de l'oxide de fer. La liqueur tirée à clair est évaporée, le sulfate de chaux retenu en dissolution se précipite le premier ; on l'enlève, et on obtient le sulfate de magnésie, en concentrant le liquide convenablement, et en le laissant refroidir. Par des cristallisations répétées, on le purifie.

On se procure encore ce sel en traitant par l'acide sulfurique la *dolomie*, carbonate de chaux et de magnésie.

*Usages.* Il est employé comme purgatif en médecine, et pour préparer la magnésie.

## § VI.

### SELS AMMONIACAUX.

PHOSPHATE D'AMMONIAQUE. ( PP 2AzH$^3$ + 3aq ).

*Composition.*

| | Poids. | Atomes. | |
|---|---|---|---|
| Acide phosphorique. | 54,23 | 1 | 892,28 |
| Ammoniaque. | 25,54 | 2 | 214,44 |
| Eau. | 20,23 | 3. | 337,44 |
| | 100,00 | Poids atom. | 1444,16 |

*Propriétés physiques.* Il n'a pas de couleur ; il cristallise en prismes à quatre pans surbaissés, terminés par des pyramides à quatre faces.

*Propriétés chimiques.* Il a une réaction alcaline sur les papiers colorés.

Soumis à l'action de la chaleur, il se décompose presqu'en totalité ; il reste toujours une petite quantité d'alcali uni à l'acide phosphorique vitreux.

Exposé au contact de l'air ; il n'est ni efflorescent ni déliquescent.

Il est très soluble dans l'eau, qui en prend plus à chaud

qu'à froid; il ne donne de beaux cristaux que par une évaporation spontanée. Dans le cas où on chauffe la dissolution pour la concentrer, le sel a toujours une réaction acide, parce qu'il se dégage de l'ammoniaque. Il faut avoir soin de neutraliser cet excès d'acide vers la fin de l'évaporation en ajoutant de cet alcali.

En général, nous ferons remarquer que tous les sels à base d'ammoniaque la laissent facilement dégager par la chaleur; c'est pourquoi il est préférable de les faire cristalliser en les abandonnant à une évaporation spontanée.

Si l'on plonge une gaze très fine dans une dissolution de ce sel, et qu'on la fasse sécher, on peut l'exposer à la flamme d'une bougie sans qu'elle prenne feu, seulement elle se charbonnera. Cet effet est facile à concevoir : l'ammoniaque qui se volatilise, mêlée avec les gaz provenant de l'étoffe brûlée, diminue sa combustibilité; en outre, l'acide phosphorique fondu recouvrant la masse charbonée, la préserve du contact de l'air, et, par suite, de l'inflammation.

Le phosphate d'ammoniaque n'est pas le seul sel qui jouisse de cette propriété, tous ceux qui se fondent facilement la possèdent, pourvu toutefois que le composé salin ne soit pas susceptible de se volatiliser sans se décomposer, et que, dans le cas où il éprouve une décomposition, la partie non volatilisée entre en fusion.

*Propriétés organoleptiques.* Il est doué d'une saveur piquante.

*Etat naturel.* Les urines de certains animaux nous le présentent uni aux phosphates de soude et de magnésie. Le phosphate ammoniaco-magnésien constitue des calculs qui se forment dans la vessie humaine et dans les intestins des chevaux.

*Préparation.* On sature à froid une solution concentrée

d'acide phosphorique par de l'ammoniaque ; il en résulte un dégagement de chaleur ; le liquide, évaporé spontanément, cristallise.

On le prépare aussi en versant un petit excès d'ammoniaque dans une solution de phosphate acide de chaux ; il se précipite du phosphate neutre de chaux, et le phosphate d'ammoniaque reste dans la liqueur, que l'on filtre, et qu'on fait évaporer à l'aide d'une légère chaleur ; sur la fin de l'évaporation, on ajoute de l'ammoniaque de manière qu'elle domine légèrement, et on abandonne la dissolution à elle-même.

*Usages.* Il sert à rendre incombustibles les tissus les plus inflammables, et comme réactif dans les laboratoires.

### SULFATE D'AMMONIAQUE ($\overset{.}{S}$ 2AzH³ $+$ 2aq).

#### Composition.

|  | Poids. | Atomes. |  |
|---|---|---|---|
| Acide sulfurique. | 53,28 | 1 | 501,16 |
| Ammoniaque. | 22,80 | 2 | 214,44 |
| Eau. | 23,92 | 2 | 224,96 |
|  | 100,00 | Poids atom. | 940,56 |

*Nomenclature.* Sel ammoniacal secret de Glauber.

*Propriétés physiques.* Il est incolore ; il cristallise en prismes à six pans, terminés par des pyramides à six faces.

*Propriétés chimiques.* 100 parties d'eau à 15°,15 en dissolvent 50 p. ; l'eau bouillante en dissout son poids.

Exposé au contact de l'air, il est légèrement déliquescent.

Lorsqu'on le chauffe, il décrépite, il fond et passe d'abord à l'état de bi-sulfate à une température inférieure à 100°.

En portant la chaleur jusqu'au rouge-cerise, il se décompose complètement en donnant naissance à de l'azote, à de l'eau et à du sulfite d'ammoniaque, qui apparaît sous forme de fumée blanche, résultats qui sont trop-faciles à comprendre pour que nous ayons besoin de les expliquer.

Le sulfate d'ammoniaque se combine aux sulfates d'alumine, de potasse, de soude, de magnésie, de protoxide, de fer, de nickel, etc.

*Propriétés organoleptiques.* Il est amer et piquant.

*Etat naturel.* Ce sel se rencontre dans quelques eaux naturelles et dans des produits volcaniques.

*Préparation.* Dans les laboratoires on le prépare en versant un léger excès d'ammoniaque dans de l'acide sulfurique faible, et en évaporant la dissolution.

On le fabrique dans les arts en faisant agir par la voie humide le sulfate de chaux sur le carbonate d'ammoniaque provenant de la distillation des matières animales.

*Usages.* Il est employé pour faire l'alun ammoniacal ; il peut remplacer l'hydrochlorate d'ammoniaque dans beaucoup de circonstances.

CARBONATE D'AMMONIAQUE ( $\overset{..}{C}$ 2AzH³. )

*Composition.*

| | Poids. | Volumes. | Atomes. | |
|---|---|---|---|---|
| Acide carbonique. | 56,32 | 1 | 1 | 276,44 |
| Ammoniaque. | 43,68 | 2 | 2 | 214,44 |
| | 100,00 | | Poids atom. | 490,88 |

*Nomenclature.* Sous-carbonate d'ammoniaque, sel volatil d'Angleterre.

*Propriétés physiques.* Il est blanc et se vaporise dans l'air à la température ordinaire. La forme de ces cristaux n'a pas été déterminée.

*Propriétés chimiques.* Il verdit fortement le sirop de violettes ; il est très soluble dans l'eau froide, et ne peut exister en dissolution dans ce liquide bouillant, tant il est volatil.

*Propriétés organoleptiques.* Il a une saveur caustique et piquante, et l'odeur du gaz ammoniac.

*Etat naturel.* Il prend naissance dans la décomposition spontanée de plusieurs substances organiques ; *par exemple*, dans celle de l'urine.

*Préparation.* On mélange dans une éprouvette, sur le mercure, un volume d'acide carbonique sec et deux volumes de gaz ammoniac également secs, on voit un nuage très épais, qui se condense sur les parois de ce vase.

Celui que l'on prépare dans les arts n'est pas un sel neutre, il est mêlé à du sesqui-carbonate. On suit le procédé suivant :

On remplit aux quatre cinquièmes une cornue de grès avec un mélange d'une partie d'hydrochlorate d'ammoniaque et d'une partie et demie de carbonate de chaux, qu'on a pulvérisées. Elle communique à un récipient de grès à large orifice, que l'on couvre d'un linge mouillé. On la chauffe doucement jusqu'au rouge : il se forme du chlorure de calcium, qui reste dans la cornue, il se volatilise de l'eau et du carbonate d'ammoniaque, mêlé à du sesqui-carbonate, qui se condensent dans le récipient. Lorsque ce vase est en verre blanc, on aperçoit des vapeurs qui donnent des aiguilles cristallines, et ensuite une couche blanche. L'opération est terminée quand la cornue étant portée au rouge, il ne se dégage plus de vapeurs ; alors on laisse refroidir l'appareil, on casse le récipient, et on en détache la couche de sel, que l'on introduit dans des vases bien bouchés.

Le carbonate d'ammoniaque préparé par ce procédé est incolore lorsque l'hydrochlorate d'ammoniaque est exempt de matière huileuse et que le carbonate de chaux est pur ; dans le cas contraire, il est gris ; mais, en le distillant à une température peu élevée, on peut l'obtenir blanc.

On remplace avec avantage dans cette opération l'hydrochlorate d'ammoniaque par le sulfate.

*Usages.* On s'en sert en médecine comme un excitant très énergique; on le met ordinairement dans de petits flacons, que l'on aromatise de diverses manières.

Il est employé dans les laboratoires comme réactif, et par le teinturier-dégraisseur pour enlever les taches.

HYDROCHLORATE D'AMMONIAQUE $(HCh\,AzH^3)$.

*Composition.*

| | Poids. | Volumes. | Atomes. | |
|---|---|---|---|---|
| Acide hydrochlorique. | 67,97 | 1 | 1 | 227,56 |
| Ammoniaque. | 32,03 | 1 | 1 | 107,22 |
| | 100,00 | | Poids atom. | 334,78 |

*Nomenclature.* Sel ammoniac , muriate d'ammoniaque.

*Propriétés physiques.* Il est blanc ; il cristallise en cubes, ou en octaèdres, mais plus souvent en forme de barbes de plume ; il est fibreux, il jouit d'une élasticité et d'une ductilité remarquables, en sorte qu'il ne se réduit que difficilement en poudre et qu'on peut plier ses fibres sans les rompre.

$$D = 1,45.$$

Exposé à l'action de la chaleur, il fond, se dessèche et se volatilise à 360° environ.

Lorsqu'il a été préparé par la voie humide, il contient 16,78 pour 100 d'eau.

*Propriétés chimiques.* Il se dissout dans 3 parties d'eau à 15°, en produisant beaucoup de froid.

Il est soluble dans son poids de ce liquide bouillant, qui en laisse déposer une grande quantité par le refroidissement.

L'alcool le dissout également.

Il n'est pas déliquescent.

Ce sel est décomposé à une température peu élevée par le potassium et le sodium ; le zinc, le fer et l'étain en opèrent la décomposition au rouge-cerise. Il se forme, avec tous ces métaux, un chlorure, et il se dégage du gaz ammoniac et de l'hydrogène.

Les oxides salifiables, même ceux qui ne sont pas des bases très fortes, chassent l'ammoniaque de sa combinaison avec l'acide hydrochlorique, tandis que cet alcali versé dans une dissolution d'un sel ayant pour base ces mêmes oxides, les expulse.

*Par exemple,* si l'on met dans un tube fermé à une extrémité un mélange de sel ammoniac et de peroxide de fer, il ne se produit rien à la température ordinaire ; mais si l'on chauffe un peu, l'ammoniaque se dégage.

Au contraire, l'ammoniaque versée dans une solution d'hydrochlorate de peroxide de fer en précipite cet oxide.

Dans le premier cas, la décomposition est opérée par la volatilité de l'ammoniaque ; dans le second, c'est parce qu'il peut se former un oxide insoluble.

*Propriétés organoleptiques.* Ce sel a une saveur fraîche et très piquante.

*État naturel.* On le rencontre dans les houillères, dans les volcans et dans les excrémens de quelques animaux, particulièrement dans ceux des chameaux.

*Préparation.* Procédé suivi en Egypte :

On ramasse la fiente des chameaux, on la dessèche au soleil, on la brûle dans des cheminées, et on recueille la suie provenant de cette combustion. Cette matière, renfermant le sel ammoniac, est introduite dans des ballons de verre, qu'on remplit jusqu'à trois doigts près de leur col. Chaque ballon est placé dans un fourneau commun, nommé *galère,* de manière que sa partie supérieure sorte à travers les

parois du fourneau et soit en contact avec l'air froid. On
chauffe peu d'abord; on augmente graduellement la chaleur,
que l'on soutient pendant à peu près trois jours. Le dernier
jour, on plonge de temps en temps une tige de fer dans
les cols des ballons pour faire tomber le sel qui pourrait
les obstruer. L'opération étant terminée, on laisse refroidir
ces vases, que l'on casse. On trouve le sel ammoniac sublimé à leur partie supérieure en masses hémisphériques
d'un blanc gris, nommées *pains*. C'est sous cette forme
qu'on le livre au commerce.

*Procédé suivi en Europe :*

On fait un mélange intime de sulfate d'ammoniaque et
de sel marin, qu'on sublime comme nous venons de l'indiquer.

*Usages.* On s'en sert pour fabriquer le carbonate d'ammoniaque, pour décaper les métaux, pour préparer l'ammoniaque, et dans l'art du teinturier. Les médecins
l'emploient comme stimulant.

Le sel ammoniac dont on fait usage dans les laboratoires
comme réactif provient de celui du commerce qui a été
purifié par plusieurs cristallisations.

§ VII.

SELS D'ALUMINE.

SULFATE D'ALUMINE ($S^3 Al$).

*Composition.*

| | Poids. | Atomes. | |
|---|---|---|---|
| Acide sulfurique. | 70,07 | 3 | 1503,48 |
| Alumine. | 29,93 | 1 | 642,33 |
| | 100,00 | Poids atom. | 2145,81 |

Il renferme 24 atomes d'eau.

*Propriétés physiques.* Il est incolore ; il cristallise en houppes soyeuses, ou en feuilles minces d'un brillant nacré.

*Propriétés chimiques.* Il rougit le tournesol ; il est déliquescent.

Il se dissout, à la température ordinaire, dans la moitié de son poids d'eau.

Lorsqu'on l'expose à l'action de la chaleur, il perd d'abord son eau de cristallisation, et se réduit en poudre, puis il se décompose de telle sorte qu'on obtient de l'acide sulfurique, de l'acide sulfureux, de l'oxigène, et de l'alumine pure.

Versé dans une dissolution concentrée de sulfate de potasse, il y détermine un précipité de sulfate double de potasse et d'alumine, nommé *alun.*

Le sulfate d'alumine se combine avec les sulfates de soude, de lithine, de magnésie et de protoxide de fer ; il en résulte des sels doubles, qui ont la même forme cristalline que l'alun ammoniacal ou de potasse.

*Propriétés organoleptiques.* Sa saveur paraît d'abord sucrée, mais elle est ensuite astringente.

*Etat naturel.* M. Boussingault l'a rencontré dans les schistes noirs de transition des andes de Colombie, où il est mêlé avec de l'argile, de l'oxide de fer et de la chaux.

*Préparation.* On fait bouillir un mélange d'alumine en gelée et d'acide sulfurique, étendu de deux fois son poids d'eau. Ce dernier doit être employé en quantité telle, qu'il dissolve presque toute l'alumine. La liqueur filtrée est évaporée jusqu'en consistance sirupeuse, et mise ensuite dans un flacon, que l'on bouche. Il se forme des cristaux au bout de vingt-quatre heures environ.

*Usages.* Il entre dans la composition des aluns.

## § VIII.

### ALUNS.

On comprend sous le nom d'*aluns* des sels doubles, résultant de la combinaison du sulfate d'alumine, non seulement avec le sulfate de potasse ou celui d'ammoniaque, mais encore avec les sulfates de soude, de lithine, de magnésie, de protoxide de fer, etc.; en, outre, on a étendu cette dénomination à des sels doubles ayant la même forme cristalline que les premiers, et dans lesquels l'alumine est remplacée par un oxide métallique, renfermant le même nombre d'atomes d'oxigène qu'elle. Ainsi, on dit alun de peroxide de fer, d'oxide de chrôme, etc., pour exprimer la combinaison du sulfate de potasse ou d'ammoniaque avec le sulfate de peroxide de fer, et avec celui de chrôme. Nous n'étudierons que les aluns à base de potasse et d'ammoniaque.

### SULFATE D'ALUMINE ET DE POTASSE.

$$( S^3 \ Al + S \ Po + 48aq ).$$

*Composition.*

| | Poids. | Atomes. | |
|---|---|---|---|
| Sulfate d'alumine. | 36,15 | 1 | 2145,81 |
| Sulfate de potasse. | 18,39 | 1 | 1091,08 |
| Eau. | 45,46 | 48 | 5399,04 |
| | 100,00 | Poids atóm. | 8635,93 |

*Nomenclature.* Alun à base de potasse.

*Propriétés physiques.* Il est blanc; il cristallise très facilement en octaèdres volumineux.

$$D = 1,7109.$$

*Propriétés chimiques.* Il est efflorescent dans un air sec et chaud; il rougit le tournesol.

100 parties d'eau à 15° en dissolvent 8,5 parties, et à 100°, 75 parties.

Exposé à une douce chaleur, il fond dans son eau de cristallisation, et donne une masse qu'on nommait autrefois *alun de roche* : en augmentant la chaleur, il perd son eau, se boursoufle considérablement, devient opaque, très cohérent, et ne se dissout que difficilement ; il prend alors le nom d'*alun calciné*. A la chaleur rouge, il se décompose en produisant de l'acide sulfureux, de l'acide sulfurique, de l'oxigène, et en laissant pour résidu de l'alumine et du sulfate de potasse ; enfin, au rouge-blanc long-temps soutenu, l'alumine chasse l'acide sulfurique du sulfate de potasse, et il se forme un aluminate de potasse.

L'alun, soumis avec du charbon à une température convenable, fournit une matière nommée *pyrophore de Humbert*. On fait un mélange d'une partie de farine et de trois parties d'alun, que l'on chauffe dans un vase de fer jusqu'à ce que la matière soit bien desséchée ; on la pulvérise, et on l'introduit dans une fiole lutée qu'on remplit aux trois quarts ; on la place dans un creuset contenant du sable qui est porté graduellement jusqu'au rouge. On est prévenu que l'opération tire sur sa fin lorsqu'il apparaît une flamme bleuâtre dans le col de la fiole ; on attend quelques instans ; puis on retire celle-ci du feu, on la bouche, et on la laisse refroidir ; on verse rapidement le produit obtenu dans un flacon sec bouché à l'émeri.

Le pyrophore est bien préparé lorsqu'en soufflant dessus l'haleine humide, il prend feu. Il ne doit pas s'embraser dans l'air sec.

Voici ce qui se passe dans cette réaction :

Le charbon provenant de la décomposition de la farine fait passer le sulfate de potasse à l'état de sulfure de potassium, et convertit l'acide sulfurique du sulfate d'alumine en soufre, lequel se combine avec le sulfure simple de potassium, pour donner un polysulfure qui reste dans la fiole avec l'alumine et l'excès de charbon.

La propriété combustible du pyrophore est due au sulfure de potassium, qui s'embrase facilement dans l'air humide. Cette combustion est augmentée par la présence du charbon très divisé. Ce qui vient à l'appui de cette manière de voir, c'est que, ni le sulfate d'alumine, ni l'alun à base d'ammoniaque ne donnent de pyrophore, tandis que le sulfate de potasse, chauffé avec de la farine, en produit un très combustible.

La dissolution d'alun est précipitée par la potasse et la soude, qui, versées en excès, redissolvent le précipité. L'ammoniaque y forme aussi un précipité, qui ne se dissout que très peu dans un excès de cet alcali.

Les carbonates de potasse, de soude, d'ammoniaque, précipitent l'alumine sous forme de gelée, avec dégagement d'acide carbonique; cette base est insoluble dans ces carbonates.

*Propriétés organoleptiques.* Il possède une saveur astringente.

*Etat naturel.* On ne le rencontre qu'en petite quantité dans les fissures de certains schistes, qu'on a nommés pour cela *schistes alumineux.*

Il existe une variété d'alun à base de potasse, renfermant plus d'alumine que celui que nous venons d'étudier; il a la propriété de cristalliser en cubes. Sa composition n'est pas connue.

SULFATE TRIBASIQUE D'ALUMINE UNI AU SULFATE DE POTASSE.

( 3 S Al + S Po + 18aq ).

On l'appelle *alun saturé de sa terre*, *alun aluminé.*

On l'obtient en faisant bouillir une dissolution d'alun avec de l'alumine en gelée ; il se dépose une poudre blanche qui constitue ce sous-sulfate.

Il se trouve en abondance dans la nature.

### SULFATE D'ALUMINE ET D'AMMONIAQUE.

$$( \overset{...}{S}{}^3 \, \overset{...}{Al} + \overset{...}{S} \, 2AzH^3 + 48 \text{ aq} ).$$

*Nomenclature.* Alun à base d'ammoniaque.

Il est entièrement semblable à l'alun à base de potasse ; on les distingue l'un de l'autre parce que l'alun ammoniacal étant calciné, ne donne que de l'alumine pour résidu, et en outre parce qu'en versant de la potasse dans sa dissolution il se dégage de l'ammoniaque.

### ALUN A BASE DE SOUDE.

Il jouit des mêmes propriétés que l'alun à base de potasse ; seulement il est beaucoup plus soluble. Sa composition atomique est la même.

$$D = 1,35.$$

### Préparation de l'alun.

Il existe quatre procédés distincts au moyen desquels on fabrique l'alun : nous allons les exposer tous.

1er PROCÉDÉ. On trouve à la Solfatare, près Pouzzoles, un terrain volcanique dont la surface présente des efflorescences presque entièrement composées d'alun ; on les lessive, on fait évaporer la liqueur dans des chaudières de plomb enfoncées dans le sol, dont la température est d'environ 40°. Une première évaporation fournit des cristaux impurs, que l'on purifie en les dissolvant et en les faisant cristalliser de nouveau.

Ce procédé ne donne qu'une très petite quantité de l'alun que l'on consomme dans le commerce ; les suivans sont généralement employés.

2ᵉ PROCÉDÉ. Il existe à la Tolfa, près de Civitta Vecchia, à Piombino et à la Solfatare, une mine pierreuse en masse compacte, presque insoluble dans l'eau, qui peut être considérée, d'après M. Cordier, comme composée d'alun à base de potasse uni à de l'alumine hydratée : on la calcine, on l'expose à l'air pendant trois mois, en ayant soin de l'arroser de temps en temps, pour la diviser et la réduire en bouillie : amenée à cet état, on la lessive, on soumet la liqueur à l'évaporation, et on obtient de l'alun très pur. L'eau-mère laisse déposer des cristaux cubiques.

M. Cordier pense qu'une chaleur convenable enlevant à l'alumine hydratée son eau, la rend impropre à se combiner avec l'alun, et la sépare ainsi de ce sel double. Quoi qu'il en soit, l'expérience apprend qu'il y a une température au-dessus et au-dessous de laquelle il ne se forme pas d'alun soluble.

3ᵉ PROCÉDÉ. La nature nous offre des schistes qui contiennent du sulfure de fer, de l'alumine et de la potasse : on les met en tas qu'on arrose pour faciliter l'efflorescence du sulfure, qui passe à l'état de sulfate de protoxide de fer mêlé d'un peu d'alun. Comme l'efflorescence serait de longue durée et n'aurait lieu qu'à la superficie des tas, on grille le minerai ; la combustion est lente et dure long-temps ; il se produit beaucoup d'acide sulfureux qui se dégage ; du sulfate d'alumine, un peu d'alun aux dépens de la potasse contenue dans les schistes, et de celle qui provient des cendres du combustible.

Le grillage transforme le protoxide de fer en peroxide, qui a peu d'affinité pour l'acide sulfurique, lequel se porte sur l'alumine et donne du sulfate d'alumine : il ne reste qu'une petite quantité de sulfate de protoxide de fer. La matière est lessivée, et la liqueur étant évaporée, fournit de l'alun. On décante les eaux-mères contenant beaucoup de sulfate d'alumine, et on les traite par le sulfate de potasse ou d'ammoniaque, selon que l'on veut avoir de l'alun à base de l'un ou de l'autre de ces alcalis.

4° PROCÉDÉ. On choisit des argiles privées, autant que possible, d'oxide de fer et de carbonate de chaux ; on les calcine légèrement, pour changer le fer en peroxide, et pour en chasser l'eau, qui, en se vaporisant, rend l'argile poreuse, et par cela plus apte à se combiner avec l'acide sulfurique. Cette argile est pulvérisée et passée à travers un tamis. On la met en contact avec de l'acide sulfurique étendu d'eau, dans des chaudières de plomb peu profondes qu'on chauffe, en remuant de temps à autre. Il se forme du sulfate d'alumine mélangé à des matières étrangères ; ce produit est lavé afin d'en séparer ce sulfate, qui se dissout, et que l'on traite par le sulfate d'ammoniaque ou celui de potasse, pour le convertir en alun.

Si, au lieu d'argile, on emploie le résidu provenant de l'eau-forte préparée avec l'argile et le nitre, résidu qui est un aluminate de potasse, il suffit d'y verser de l'acide sulfurique pour en faire de l'alun.

*Usages.* On s'en sert en médecine comme astringent à l'intérieur, et comme escarrotique à l'extérieur lorsqu'il est calciné. Les passementiers en font usage pour préserver les peaux des vers ; incorporé au suif, il le rend plus ferme. Enfin, les teinturiers en consomment une quantité considérable pour fixer les couleurs sur les étoffes.

## § IX.

### SELS DE FER.

#### SULFATE DE PROTOXIDE DE FER ($S\ Fe + 14aq$).

*Composition.*

| | Poids. | Atomes. | |
|---|---|---|---|
| Acide sulfurique. | 29,00 | 1 | 501,16 |
| Protoxide de fer. | 25,42 | 1 | 439,21 |
| Eau. | 45,58 | 14 | 1574,72 |
| | 100,00 | Poids atom. | 2515,09 |

*Nomenclature.* Vitriol vert, couperose verte.

*Propriétés physiques.* Il cristallise en prismes rhomboï-daux obliques transparens, d'une couleur verte.

$$D = 1,8.$$

*Propriétés chimiques.* Il se dissout dans deux parties d'eau à 15°, et dans les trois quarts de son poids de ce liquide bouillant.

Exposé à l'action de la chaleur, il fond dans son eau de cristallisation, se dessèche, et présente une couleur d'un blanc sale, en passant à l'état de sulfate anhydre. Celui-ci ne reprend que lentement l'eau qu'il a perdue, et par suite sa couleur primitive.

Le sulfate de fer anhydre chauffé au rouge donne du gaz sulfureux, un peu d'oxigène, de l'acide sulfurique anhydre, et du peroxide de fer ou *colcothar*, qui reste dans la cornue de grès où on opère.

Exposé au contact de l'air, il s'effleurit; la surface devient d'abord blanche, et, avec le temps, elle se colore en jaune rougeâtre; il se forme un sous-sel de peroxide de fer par l'absorption de l'oxigène atmosphérique.

Une solution aqueuse de sulfate de fer, placée dans les mêmes circonstances, absorbe plus rapidement ce dernier gaz, la liqueur prend une couleur vert-bouteille, puis rougeâtre ; il se dépose du sous-sulfate de peroxide qui est jaune.

On empêche, jusqu'à un certain point, cette solution de se décomposer en la mettant dans un flacon bouché, où on introduit des barreaux de fer bien décapés qu'on a soin de faire plonger dans toute la profondeur du liquide.

L'acide sulfurique versé en excès dans une solution concentrée de ce sel, le précipite à l'état anhydre. Il en est de même de l'alcool.

D'après Davy, une dissolution de sulfate de fer d'une densité de 1,4, absorbe 68 millièmes de son poids de deutoxide d'azote ; si on la fait bouillir, il se dégage 48 millièmes de ce gaz non altéré, et les 20 millièmes restans sont décomposés en même temps qu'une certaine quantité d'eau ; il y a formation d'ammoniaque et précipitation d'un sous-sulfate de peroxide de fer.

*Propriétés organoleptiques.* Sa saveur est astringente, et son odeur désagréable.

*Etat naturel.* On le trouve dissous dans certaines eaux minérales, et en efflorescence sur des pyrites de fer blanchies exposées à un air humide.

*Préparation.* 1er PROCÉDÉ. On introduit dans un matras un excès de fer en fil ou en tournure, avec de l'acide sulfurique étendu de 4 fois son poids d'eau. Il se produit un grand dégagement d'hydrogène, du calorique, et du sulfate acide de protoxide de fer qui se dissout. Lorsque le dégagement se ralentit, la liqueur est portée à l'ébullition, et concentrée convenablement ; alors on la décante rapidement dans un flacon, qu'on remplit en totalité, et que l'on bouche.

Ce procédé est suivi dans les laboratoires ; on l'emploie aussi dans les arts quand ce sulfate est cher et l'acide sulfurique à bas prix.

2ᵉ PROCÉDÉ. C'est au moyen des schistes pyriteux mélangés de lignite qu'on se procure généralement ce sel.

En conduisant convenablement l'opération, on fabrique en même temps du sulfate d'alumine.

Le schiste, disposé en tas pyramidaux sur une aire en terre inclinée, est arrosé de temps en temps ; le sulfure de fer et l'alumine passent à l'état de sulfates, qui sont dissous par l'eau pluviale, ou par celle qu'on verse sur la masse, et entraînés dans des canaux en bois communiquant à des réservoirs. Au bout de six mois environ, on lessive la matière, et on réunit les eaux de lavage à celle des réservoirs ; la liqueur concentrée dans des chaudières de plomb donne du sulfate de fer, qui cristallise, et du sulfate d'alumine, qui reste dans l'eau-mère : celle-ci est décantée et mise de côté. On lave le sulfate de fer avec très peu d'eau froide, on le fait égoutter, sécher, et on l'introduit dans des tonneaux bien fermés : c'est dans cet état qu'on le livre au commerce.

On met dans l'eau-mère, contenant le sulfate d'alumine, du sulfate de potasse ou d'ammoniaque, qui est dissous à l'aide de la chaleur ; on obtient de l'alun par le refroidissement.

*Usages.* Le sulfate de protoxide de fer est employé pour faire l'encre, pour précipiter l'or dans un grand état de division, pour préparer l'acide sulfurique de Nordhausen, et, par suite, le *colcothar*, ou *rouge à polir.*

Les teinturiers s'en servent dans la teinture en noir et en gris.

## § X.

### SELS DE CUIVRE.

SULFATE DE DEUTOXIDE DE CUIVRE ($S^2$ Cu + 10 aq).

*Composition.*

| | Poids. | Atomes. | |
|---|---|---|---|
| Acide sulfurique. | 32,14 | 2 | 1002,32 |
| Deutoxide de cuivre. | 31,80 | 1 | 991,39 |
| Eau, | 36,06 | 10 | 1124,80 |
| | 100,00 | | Poids atom. 3118,51 |

*Propriétés physiques.* Il cristallise en parallélipipèdes obliques d'un beau bleu.

$$D = 2,19.$$

*Nomenclature.* Vitriol bleu, couperose bleue.

*Propriétés chimiques.* L'eau en dissout le quart de son poids à la température ordinaire, et la moitié à 100°. Au contact de l'air, il s'effleurit lentement, et devient opaque et blanchâtre.

Soumis à l'action du calorique, il perd son eau de cristallisation et prend une couleur blanche; alors il est anhydre. Mis dans l'eau, il redevient bleu. La chaleur rouge le décompose en acide sulfureux, oxigène et deutoxide de cuivre.

Lorsqu'on verse quelques gouttes d'ammoniaque dans une solution de ce sel, il se forme un précipité, qui disparaît dans un excès de cet alcali; la liqueur d'un beau bleu-de-ciel, est connue en pharmacie sous le nom d'*eau céleste.*

*Propriétés organoleptiques.* Il possède une saveur astringente et une odeur caractéristique.

C'est un poison assez énergique.

*État naturel.* On le rencontre en dissolution dans les

eaux qui traversent des mines de cuivre., et quelquefois cristallisé dans celles-ci.

*Préparation.* Il est extrait par l'évaporation des eaux qui le contiennent.

On se le procure aussi en grillant le sulfure de cuivre naturel, et en traitant le résidu, par l'eau, qui s'empare du sulfate de cuivre formé.

. En France on saupoudre de soufre des lames de vieux cuivre, mouillées ; et on les fait chauffer au rouge : il se produit d'abord du sulfure de cuivre qui passe ensuite à l'état de sulfate.

Enfin, on obtient encore ce sel en traitant le carbonate de cuivre naturel par l'acide sulfurique.

Le sulfate de cuivre, préparé par les moyens que nous venons d'indiquer, renferme toujours un peu de sulfate de protoxide de fer, dont il est facile de le priver. A cet effet, après l'avoir dissous, on l'expose à l'air ; le protoxide de fer passe à l'état de peroxide ; on ajoute de l'hydrate de deutoxide de cuivre, qui précipite celui-ci.

*Usages.* Il sert à préparer le verre de Schéèle et les cendres bleues.

Il entre dans la composition de l'encre ordinaire. Les teinturiers l'emploient pour teindre en noir la soie et la laine. Les médecins le prescrivent comme un léger escarrotique.

## § XI.

### SELS D'ÉTAIN.

### PROTOCHLORURE D'ÉTAIN ( $Ch^2$ Sn ).

*Composition.*

|  | Poids. | Atomes. |  |
|---|---|---|---|
| Chlore. | 57,56 | 2 | 442,64 |
| Etain. | 62,44 | 1 | 735,29 |
|  | 100,00 |  | Poids atom. 1177,93 |

*Nomenclature.* Sel d'étain.

*Propriétés physiques.* Il est blanc, il cristallise en aiguilles ou en octaèdres, qui contiennent de l'eau de cristallisation lorsqu'on le prépare par la voie humide.

*Propriétés chimiques.* Ce sel anhydre, exposé à l'action de la chaleur, fond, et produit une masse grise par le refroidissement : si la chaleur est portée jusqu'au rouge naissant, en vase clos et sec, il se volatilise sans se décomposer ; mais s'il est hydraté, ou si, étant anhydre, il rencontre de l'eau, il éprouve une décomposition partielle et donne de l'acide hydrochlorique gazeux et du peroxide d'étain.

Il se dissout dans une petite quantité d'eau sans altération sensible ; si on étend la liqueur, il se forme un hydrochlorate de chlorure qui reste en dissolution, et il se précipite une matière blanche légèrement jaunâtre, renfermant du protochlorure et du protoxide d'étain, plus de l'eau : si l'on vient à verser de l'acide hydrochlorique, le précipité disparaît, et il y a production d'un hydrochlorate de chlorure d'étain. Lorsqu'on l'expose, humide, au contact de l'air, il en absorbe promptement l'oxigène, il en résulte un bichlorure d'étain et un composé insoluble de peroxide d'étain et de bichlorure.

D'après cela, il doit être conservé dans des vases hermétiquement fermés.

Les sels de peroxide de fer, ceux de deutoxide de cuivre sont réduits à l'état de sels de protoxides par le protochlorure d'étain. Les dissolutions d'or, les oxides, les chlorures de mercure, et presque toutes ses combinaisons sont ramenées à l'état métallique par ce sel. Enfin, il enlève à plusieurs acides une partie de leur oxigène. Tels sont les acides arsénique, chromique, etc, qu'il convertit, le premier en d'acide arsénieux, le second en oxide de chrôme.

Dans toutes ces décompositions, le protochlorure d'étain se transforme en bichlorure, en abandonnant la moitié de son étain, qui se change en peroxide ou en bichlorure, selon qu'on agit sur un composé oxigené ou chloruré.

*Propriétés organoleptiques.* Il possède une saveur acide et astringente.

*Préparation.* On met une partie d'étain en grenaille très divisé dans une cornue de verre tubulée placée sur un bain de sable, et dont le col se rend dans un récipient qu'on refroidit. La tubulure porte un tube en S, par lequel on verse quatre parties d'acide hydrochlorique concentré; on abandonne l'opération à elle-même, en ayant la précaution d'agiter la retorte de temps en temps. Il se produit une vive effervescence due au dégagement du gaz hydrogène, dont l'odeur est puante : quand cette effervescence se ralentit, on chauffe légèrement le bain de sable; l'action recommence ; l'étain se dissout ; le feu est entretenu jusqu'à ce que la liqueur ait acquis un certain degré de concentration ; alors on attend qu'elle soit un peu refroidie, et on en remplit presqu'entièrement un flacon bouché à l'émeri, où elle ne tarde pas à cristalliser.

Tel est le procédé qu'on suit dans les laboratoires : celui des arts est un peu différent.

*Usages.* On l'emploie pour décomposer le chlorure d'or avec lequel on prépare le pourpre de Cassius : les teinturiers en font usage comme mordant pour les couleurs violacées.

## BI-CHLORURE D'ÉTAIN (Ch4Sn.)

*Composition.*

| | Poids. | Atomes. | |
|---|---|---|---|
| Chlore. | 54,63 | 4 | 885,28 |
| Etain. | 45,37 | 1 | 735,29 |
| | 100,00 | Poids atom. | 1620,57 |

*Nomenclature.* Liqueur fumante de Libavius ; muriate d'étain au maximum.

*Propriétés physiques.* Le bichlorure d'étain est un li-quide incolore et transparent, plus dense que l'eau. Il bout à 120° et distille sans se décomposer. La densité de sa va-peur a été trouvée égale à 9,2, d'après l'expérience.

*Propriétés chimiques.* Exposé au contact de l'air, il ré-pand des fumées blanches et épaisses ; propriété qui lui a fait donner le nom de *liqueur fumante* par Libavius, qui le découvrit.

Mêlé avec le tiers de son poids d'eau, il produit une vive ébullition, due à une portion de ce sel qui se volatilise; l'autre portion se combine avec ce liquide pour donner un hydrate qui cristallise. Ce dernier, exposé à l'action de la chaleur, perd d'abord une partie de son eau de cris-tallisation ; ensuite il laisse dégager de l'acide hydrochlo-rique, du bichlorure d'étain, et il reste du peroxide de ce métal.

Il se dissout en toutes proportions dans l'eau. Il est soluble dans l'alcool.

Il se distingue du protochlorure d'étain en ce qu'il ne possède pas comme lui la propriété de désoxider certaines substances, telles que les sels de mercure, de peroxide de fer, la dissolution d'or, avec laquelle il ne donne pas de pourpre de Cassius.

*Propriétés organoleptiques.* Il a une odeur piquante et insupportable, et une saveur très caustique.

*Préparation.* Parmi les divers procédés qu'on indique pour préparer le bichlorure d'étain, nous adopterons le suivant.

On fait un amalgame avec deux parties d'étain et une de mercure ; ces trois parties sont triturées avec deux parties de bichlorure de mercure dans un mortier de fer. Le mélange est distillé dans une cornue de verre parfaitement desséchée, qui s'adapte à un récipient très sec, qu'on refroidit en le plongeant dans l'eau et le couvrant d'un linge mouillé. On chauffe doucement, il distille du bichlorure d'étain dans le récipient, et on trouve dans la cornue de l'étain allié au mercure.

Lorsqu'on veut l'obtenir dissous dans l'eau, il suffit de faire passer un courant de chlore dans une solution de protochlorure d'étain, jusqu'à ce que la liqueur ne colore plus le chlorure d'or.

*Usages.* Les teinturiers s'en servent de préférence au protochlorure; mais il est mélangé avec d'autres sels et des acides.

§. XII.

SELS DE COBALT.

CHLORURE DE COBALT ( $Ch^2Co$ ).

*Composition.*

|            | Poids.  | Atomes. |        |
| ---------- | ------- | ------- | ------ |
| Chlore.    | 54,52   | 2       | 442,64 |
| Cobalt.    | 45,48   | 1       | 368,99 |
|            | 100,00  | Poids atom. | 811,63 |

*Propriétés physiques.* Le chlorure de cobalt anhydre se présente sous la forme d'écailles d'un gris de lin.

Chauffé à une température un peu inférieure à la chaleur rouge, il se réduit en vapeur sans se décomposer, si l'on opère à l'abri du contact de l'air.

*Propriétés chimiques.* Mis avec l'eau, il ne s'y dissout que lentement, quoiqu'il soit très soluble; si la solution est concentrée, elle a une belle couleur bleue; si elle est étendue, elle passe au rose.

Une dissolution aqueuse de ce sel, évaporée convenablement, laisse déposer des cristaux d'hydrate de chlorure de cobalt, qui sont couleur rouge de rubis.

Cet hydrate, porté presqu'au rouge, dans une cornue communiquant à un récipient, fond d'abord, et laisse ensuite dégager de l'acide hydrochlorique avec de la vapeur d'eau ; il se volatilise du chlorure de cobalt anhydre, qui, au contact de l'air, se décompose en chlore, et en peroxide de cobalt.

Il est soluble dans l'alcool.

Lorsqu'on trace des caractères sur un papier blanc avec une dissolution très étendue de ce sel, ils sont invisibles en séchant ; mais, les présente-t-on au feu, ils perdent une portion de l'eau qu'ils contiennent encore, et apparaissent sous une couleur bleue. Celle-ci disparaît en exposant le papier à l'air, parce qu'il en attire l'humidité, ou mieux encore en soufflant l'haleine dessus.

Si l'on chauffe fortement, les caractères deviennent noirs, par la raison que le sel, en se décomposant, dégage du chlore, qui attaque le papier. Dans ce cas il est impossible de les faire disparaître.

Cette dissolution porte le nom d'*encre de sympathie.*

Lorsque le chlorure de cobalt est impur et renferme, *par exemple*, du fer, ou du nickel, la couleur des caractères tire sur le vert.

*Propriétés organoleptiques.* Il a une saveur styptique très prononcée.

*Préparation.* Un moyen très simple de préparer le chlorure de cobalt anhydre consiste à faire passer un courant de chlore sec sur de la mine de cobalt, réduite en poudre très fine, qu'on porte à peine au rouge. Les chlorures d'arsénic, de fer et de soufre se volatilisent, tandis que celui de cobalt reste.

Lorsqu'on n'a besoin que d'une dissolution de ce sel, il est plus simple de traiter le protoxide de cobalt par l'acide hydrochlorique,

## § XIII.

### SELS D'ANTIMOINE.

### PROTOCHLORURE D'ANTIMOINE ($Ch^6Sb$).

*Composition.*

| | Poids. | Atomes. | |
|---|---|---|---|
| Chlore. | 45,16 | 6 | 1327,96 |
| Antimoine. | 54,84 | 1 | 806,45 |
| | 100,00 | Poids atom. | 2134,41 |

*Nomenclature.* Beurre d'antimoine, à cause de sa consistance.

*Propriétés physiques.* Il est incolore, demi-transparent, d'une apparence onctueuse ; il cristallise en tétraèdres. Sa fusion a lieu au-dessous de 100° ; il se volatilise à une température inférieure à 500°.

*Propriétés chimiques.* À l'air il tombe en déliquescence.

Un excès d'eau le décompose en donnant naissance à un oxichlorure d'antimoine, qui se précipite, et qui est connu en pharmacie sous le nom de *poudre d'algaroth*, et à de l'acide hydrochlorique, tenant en dissolution de l'oxichlorure.

Le protochlorure d'antimoine se dissout dans l'acide hydrochlorique, avec lequel il forme un hydrochlorate de chlorure plus stable dans l'eau qu'il ne l'est seul.

*Propriétés organoleptiques.* Il a une saveur très caustique.

Appliqué sur la chair, il exerce une action très énergique ; aussi est-il employé pour cautériser les plaies faites par les chiens enragés et par les animaux venimeux.

*Préparation.* On pulvérise séparément 3 parties d'antimoine et 8 parties de bichlorure de mercure, et on les mêle intimement dans un mortier ; le mélange est introduit dans une cornue de verre bien desséchée, dont le col communique à un ballon de même nature également sec.

En élèvant graduellement la température de la cornue, on voit bientôt d'abondantes vapeurs, qui indiquent une réaction entre l'antimoine et le sublimé corrosif. Il arrive quelquefois qu'elles entraînent une portion du mélange dans le récipient, en sorte que le chlorure d'antimoine est impur. Pour obvier à ce dernier inconvénient, on attend que la réaction soit terminée ; alors on ôte le ballon de verre, que l'on remplace par un autre, et on continue de chauffer. Le chlorure vient se condenser dans celui-ci, dont on tient le col chaud, afin d'éviter qu'il ne soit engorgé. Pour retirer le produit du récipient, on l'expose à une légère chaleur ; il fond, on le coule dans une capsule de porcelaine, qu'on recouvre d'une disque de verre. La matière étant refroidie, est concassée et introduite dans un flacon à l'émeri, que l'on ferme hermétiquement.

Ce qui se passe dans cette opération est facile à comprendre. A une certaine température, le chlorure de mercure est décomposé par l'antimoine avec dégagement de calorique; il en résulte un mélange de chlorure d'antimoine, de protochlorure de mercure, et d'un amalgame d'antimoine. Le premier est séparé des deux autres par la distillation.

*Usages.* On s'en sert pour bronzer les métaux ; les médecins le prescrivent comme cautérisant.

## § XIV.

### SELS DE MERCURE.

#### PROTOCHLORURE DE MERCURE ($Ch^2Hg$).

*Composition.*

|  | Poids. | Atomes. | |
|---|---|---|---|
| Chlore. | 14,88 | 2 | 442,64 |
| Mercure. | 85,12 | 1 | 2531,64 |
|  | 100,00 | Poids atom. | 2974,28 |

22

*Nomenclature.* Mercure doux , calomel, etc.

*Propriétés physiques.* Sa couleur est d'un blanc-jaunâ-tre; il est fusible à une température peu élevée ; il se volati-lise à 400° environ, et cristallise en prismes quadrangu-laires.

*Propriétés chimiques.* La lumière lui fait prendre une couleur grise en le transformant en mercure métallique et en deutochlorure.

Il est insoluble dans l'eau. L'acide hydrochlorique con-centré le fait passer à l'état de mercure et à celui de deuto-chlorure ; il en est de même des chlorures alcalins.

Chauffé avec l'acide nitrique, il donne du deutochlorure de mercure et du nitrate de deutoxide.

*État naturel.* On le rencontre rarement dans la nature ; il a la forme de petits cristaux disséminés, transparens.

*Préparation.* On introduit neuf parties de sulfate de protoxide de mercure sec, mélangé avec deux parties de sel marin, également sec, dans un matras à long col enfoncé dans un bain de sable ; on chauffe graduellement jusqu'au rouge. Les deux sels se décomposent réciproque-ment ; le protochlorure de mercure se volatilise et vient se condenser dans la partie supérieure du matras et dans son col, tandis que le sulfate de soude reste au fond. On a soin de recouvrir le goulot du matras avec un creuset co-nique pour arrêter une partie des vapeurs qui pourraient s'échapper au dehors.

L'opération étant terminée, on laisse refroidir le vase sublimatoire, que l'on brise, et dont on retire le calomel.

*Usages.* On l'emploie en médecine comme purgatif et anti-syphilitique.

Il agit sur l'économie animale beaucoup moins que le deutochlorure, probablement parce qu'il est insoluble.

## DEUTOCHLORURE DE MERCURE (Ch4 Hg).

### Composition.

| | Poids. | Atomes. | |
|---|---|---|---|
| Chlore. | 25,91 | 4 | 885,28 |
| Mercure. | 74,09 | 1 | 2531,64 |
| | 100,00 | Poids atom. | 3416,92 |

*Nomenclature.* Sublimé corrosif.

*Propriétés physiques.* Il est blanc satiné; ses cristaux sont des prismes tétraèdres aplatis, ou des aiguilles très aiguës.

Exposé à l'action de la chaleur, il fond, bout à une température peu élevée, et donne une vapeur qui se condense en aiguilles.

*Propriétés chimiques.* Il se dissout dans 16 parties d'eau froide et dans 3 parties d'eau bouillante; les cristaux qui proviennent de ces dissolutions sont anhydres.

Sept parties d'alcool bouillant prennent six parties de sublimé corrosif, tandis que la même quantité d'alcool froid n'en prend que trois.

Il est soluble dans l'éther sulfurique, qui l'enlève à l'eau.

Les acides sulfurique, hydrochlorique et nitrique le dissolvent.

Un alcali caustique en excès précipite du deutoxide de mercure hydraté de la solution aqueuse de ce sel, si l'alcali n'est qu'en petite quantité; on obtient de l'oxichlorure de mercure.

L'ammoniaque y détermine un précipité d'ammonio-chlorure de mercure d'un blanc-grisâtre, qui disparaît dans ce précipitant.

La plupart des substances organiques le transforment avec le temps en protochlorure de mercure.

*Propriétés organoleptiques.* Sa saveur est très styptique et persiste long-temps. Pris à la dose de quelques grains, il peut déterminer la mort dans de cruelles tortures. D'après M. Orfila, le blanc d'œuf délayé dans l'eau est l'antidote le plus sûr que l'on puisse employer. Il faut avoir soin de n'en avaler que de petites quantités, par la raison que le sublimé corrosif se dissout dans un excès de cet antidote.

*Préparation.* On fait un mélange intime de deux parties de sulfate de deutoxide de mercure sec, de deux parties de sel marin sec et d'une partie de peroxide de manganèse.

On conduit l'opération comme nous l'avons dit en parlant de la préparation du protochlorure.

Le sulfate de mercure contenant toujours un excès d'acide sulfurique, celui-ci donne avec le peroxide de manganèse de l'oxigène qui fait passer le sodium à l'état de soude, laquelle se combine avec cet acide; le chlore mis en liberté se porte sur le protochlorure de mercure qui peut se former, et le convertit en perchlorure. Quoi qu'on fasse, il y a toujours un peu de protochlorure produit.

*Usages.* On s'en sert contre les maladies syphilitiques; pour conserver les matières organiques, qui, lorsqu'elles ont été plongées pendant un temps convenable dans une solution de ce sel, deviennent imputrescibles.

## § XV.

### SELS D'OR.

PERCHLORURE D'OR ( $Ch^G$ Au ).

*Composition.*

|  | Poids. | Atomes. |  |
|---|---|---|---|
| Chlore. | 34,82 | 6 | 1527,92 |
| Or. | 65,18 | 1 | 2486,03 |
| | 100,00 | Poids atom. | 3813,95 |

*Propriétés physiques.* Il est d'un rouge brun foncé; lorsqu'il est neutre, il ne cristallise pas. Il peut être fondu sans éprouver de décomposition.

*Propriétés chimiques.* Exposé à l'air, il tombe en déliquescence; il est très soluble dans l'eau, et dans l'alcool; l'éther sulfurique le dissout également; lorsqu'on agite une solution aqueuse de ce sel avec ce dernier, on obtient deux couches liquides; la supérieure, qui est l'éther, ne contient que du protochlorure d'or; l'inférieure renferme de l'acide hydrochlorique et de l'eau.

L'acide hydrochlorique dissout ce sel, avec lequel il forme un hydrochlorate de chlorure d'or; en faisant évaporer convenablement cette dissolution, on a des aiguilles d'un jaune d'or; exposées à une chaleur modérée, elles laissent dégager de l'acide hydrochlorique; il reste du perchloruré, qui, en continuant de chauffer davantage, donne d'abord du protochlorure, du chlore, et de l'or métallique; puis enfin du chlore, et le métal en éponge. Il se volatilise un peu de perchlorure.

L'acide oxalique réduit la dissolution de perchlorure d'or, avec dégagement d'acide carbonique, et l'or se précipite. Cette réduction est toujours lente; mais si l'on emploie un oxalate alcalin, elle est rapide. Le charbon, l'hydrogène, le phosphore, etc., etc., et les rayons solaires le réduisent également.

L'ammoniaque précipite l'or de sa dissolution à l'état d'or fulminant, qu'on peut regarder comme de l'orate d'ammoniaque.

*Propriétés organoleptiques.* Il a une saveur styptique et désagréable; il colore la peau en pourpre.

*Préparation.* On traite, à l'aide d'une légère chaleur, l'or en lames par de l'eau régale renfermant trois parties d'acide hydrochlorique et une partie d'acide nitrique. Il se forme un hydrochlorate de chlorure d'or qui se dissout; la liqueur doit être évaporée jusqu'à siccité, si l'on veut que le chlorure soit parfaitement neutre. On en décompose, il est vrai, une partie ; mais en reprenant le résidu par l'eau, on sépare du métal le chlorure neutre.

*Usages.* Il sert à préparer le pourpre de Cassius, l'or très divisé employé pour dorer, et l'or fulminant.

## § XVI.

### SELS DE PLATINE.

#### BICHLORURE DE PLATINE ( Ch⁴ Pt ).

*Composition.*

|  | Poids. | Atomes. |  |
|---|---|---|---|
| Chlore. | 42,15 | 4 | 885,28 |
| Platine. | 57,85 | 1 | 1233,50 |
|  | 100,00 | Poids atom. | 2118,78 |

*Propriétés physiques.* Il a une couleur rouge orangée ; il cristallise en prismes.

*Propriétés chimiques.* Il est déliquescent, soluble dans l'eau et dans l'alcool. Sa dissolution aqueuse est d'un rouge brun lorsqu'elle est concentrée, et jaune si elle est étendue.

Il se comporte avec le calorique, le phosphore, l'hydrogène, l'éther sulfurique, etc., comme le fait le perchlorure d'or ; seulement, il est plus stable que lui.

En versant de l'ammoniaque dans une dissolution concentrée de ce sel, il se précipite un hydrochlorate de platine et d'ammoniaque, qui, étant calciné, laisse le platine métallique sous forme d'éponge.

Il a une grande tendance à former des sels doubles.

*Propriétés organoleptiques.* Sa saveur est semblable à celle du perchlorure d'or.

*Préparation.* Elle est la même que celle de ce chlorure, si ce n'est qu'on remplace l'or par le platine, et qu'on ajoute de l'eau régale jusqu'à ce que tout le métal soit dissous.

*Usages.* Il est employé comme réactif dans les laboratoires.

# LIVRE CINQUIÈME

VERRES, POTERIES, PIERRES PRÉCIEUSES ARTIFICIELLES,

MORTIERS ET MASTICS.

## § I.

### VERRES.

On connaît sous le nom de *verres* des combinaisons de l'acide silicique avec différentes bases. Elles donnent lieu à huit espèces de verres que nous classerons comme il suit, d'après M. Dumas :

1° *Verre soluble.*

C'est un silicate simple de potasse ou de soude, ou un mélange de ces deux sels.

Le verre soluble de M. Fuchs contient :

|                   |     |
|-------------------|-----|
| Acide silicique.  | 70  |
| Potasse.          | 3o  |
|                   | 100 |

Il est solide, incolore et fusible; il a une saveur alcaline, et rougit le papier de curcuma.

Celui qui a été exposé au contact de l'air contient 12 p. 100 de son poids d'eau, tout en restant à l'état solide. Il se dissout assez promptement dans l'eau bouillante, et très lentement dans l'eau froide.

Cette dissolution très concentrée devient visqueuse,

se tire en fils comme le verre ordinaire fondu, et ne se trouble pas à l'air, tandis que, si elle est étendue, elle devient louche, parce que l'acide carbonique décompose le silicate. Appliquée sur les corps solides, elle sèche à la température ordinaire, et forme à leur surface un enduit semblable à un vernis.

C'est en chauffant ensemble, à un feu violent, dans un creuset réfractaire, quatre parties de charbon, dix de potasse du commerce, et quinze parties de quartz, qu'on prépare le verre soluble. Le charbon sert à transformer l'acide carbonique uni à la potasse en oxide de carbone ; par suite cet alcali se combine avec l'acide silicique, qui seul ne pourrait expulser tout l'acide gazeux. Ce verre est employé pour préserver les corps de la combustion, et comme matière collante. On le mêle assez souvent avec des substances incombustibles réduites en poudre, telles que l'argile, la craie, etc. ; parce qu'on a observé que ce mélange était meilleur préservatif que le verre seul.

Les boiseries et les toiles de la salle de spectacle de Munich sont enduites de verre soluble, mêlé à un dixième d'argile jaune.

## § II.

### VERRE DE BOHÊME — CROWN-GLASS.

Ce verre est composé pour la plus grande partie d'acide silicique et de potasse ; il renferme en outre de petites quantités de chaux ou d'alumine.

Il est tout-à-fait incolore, et d'une grande légèreté ; il n'offre pas de bulles ; il jouit d'une limpidité parfaite.

Le verre de Bohême sert à faire des vitres, à couvrir les dessins encadrés, et généralement à tous les usages qui exigent un verre épais et incolore.

Le crown-glass est employé à fabriquer les lunettes de

spectacle, les lentilles grossissantes, et des instrumens d'astronomie.

## § III.

### VERRE A VITRES.

On distingue deux sortes de verre à vitres, *le verre blanc*, et *le verre demi-blanc*.

Celui-ci n'est employé que pour fabriquer des objets d'une faible épaisseur, tandis que celui-là est en usage pour la confection d'un grand nombre de vases et d'instrumens.

Ces deux qualités de verre ont à peu près la même composition ; elles contiennent de l'acide silicique et de la soude, quelquefois de la potasse et de la chaux. L'alumine, l'oxide de fer, l'oxide de manganèse, ne s'y trouvent qu'accidentellement.

Le verre à vitre blanc sert à faire les vitres, les cylindres qui couvrent les pendules et les vases à fleurs, les roues des machines électriques, etc.

Sa composition est très variable ; parmi toutes celles qu'on a données, nous indiquerons la suivante, comme fournissant un verre de belle qualité.

| | | |
|---|---|---|
| Sable. | 100 | parties. |
| Craie. | 35 à 40 | |
| Carbonate de soude sec. | 35 à 30 | |
| Groisil. | 180 | |
| Peroxide de manganèse. | 0,25 | quelquefois. |
| Arsenic. | 0,20 | |

## § IV.

### GLACES DE SAINT-GOBIN.

| | | |
|---|---|---|
| Sable très blanc. | 300 | parties. |
| Carbonate de soude sec. | 100 | |
| Chaux éteinte à l'air. | 43 | |
| Calcin. | 300 | |

## § V.

### VERRE A BOUTEILLES.

| | | |
|---|---|---|
| Sable jaune. | 100 | parties. |
| Soude de vareck. | 3o à 4o | |
| Charrées. | 160 à 170 | |
| Cendres neuves. | 3o à 4o | |
| Argile jaune. | 88 à 100 | |
| Calcin ou fragmens de bouteilles. | 100 | |

## § VI.

### CRISTAL.

On donne le nom de *cristal* au silicate double de potasse et de plomb qu'on emploie à une foule d'usages dans l'économie domestique.

Le verre avec lequel on fabrique les instrumens d'optique, et celui qui imite les pierres fines, ont à peu près la même composition que le cristal. Le premier est nommé généralement *flint-glass;* le dernier a reçu le nom de *strass.*

Les diverses pierres fines artificielles renferment du strass, que l'on colore au moyen de différens oxides.

Le plus beau cristal s'obtient avec les proportions suivantes:

| | | |
|---|---|---|
| Sable pur. | 3oo | parties. |
| Minium. | 2oo | |
| Carbonate de potasse purifié. | 9o à 95 | |

## § VII.

### ÉMAIL.

L'émail est formé d'acides silicique, stannique, combinés avec de l'oxide de plomb et avec de la potasse ou de la soude. On remplace quelquefois le second acide par l'acide antimonique.

Les émaux suivans sont d'un usage très répandu.

### Premier.

Sable siliceux. . . . . . . . . . . . . 100 parties.
Calcine ou stannate de plomb. . . . . . . 200
Carbonate de potasse. . . . . . . . . . 80

### Deuxième.

| | | | |
|---|---|---|---|
| 50,00 parties talc. . . . . . = | Silice. . . . . . 25 | | |
| | Alumine. . . . . 13 | | |
| | Chaux ou oxide de fer. 3,45 | | |
| | Potasse. . . . . 8,75 | | |
| 50,00 calcine, à parties égales de plomb et d'étain. . . . = | Acide stannique. . . 26 | | |
| | Oxide de plomb. . . 24 | | |
| 0,50 potasse du commerce. . . = | Potasse. . . . . . 0,30 | | |
| 100,50 émail. | 100,50 | | |

### Troisième.

Verre blanc. . . . . . . . . . . . . 300 parties.
Borax. . . . . . . . . . . . . . . . 100
Nitre. . . . . . . . . . . . . . . . 25
Antimoine diaphorétique lavé. . . . . . . 100

Les émaux s'appliquent par la fusion sur les métaux, les poteries, etc. Il y en a de deux sortes : les uns sont transparens ; les autres. opaques. Ils se colorent comme le strass ; seulement il y entre une plus grande quantité d'oxides colorans.

### § VIII.

#### POTERIES.

On désigne sous le nom de poteries tous les objets fabriqués avec des argiles qui ont été exposées à l'action du feu; tels sont les briques, les tuiles, les terrines, les carreaux d'appartement, les porcelaines, les faïences, etc.

Les poteries ont pour bases la silice et l'alumine : nous les diviserons, d'après M. Dumas, comme il suit :

Silice, alumine, chaux. . . . . . } Grès, faïences, creusets, bri-
Silice, alumine, oxide de fer. . . . . } ques, carreaux, tuiles, etc.
Silice, alumine, chaux, oxide de fer. . }

Silice, alumine, potasse. . . . . . Porcelaine dure.
Silice, alumine, soude. . . . . . . Porcelaine tendre.
Silice, alumine, magnésie. . . . . Porcelaine de Piémont.
Silice, alumine, baryte. . . . . . Grès fin anglais.

## § IX.

### CHAUX ET MORTIERS.

Un mortier est essentiellement composé de chaux unie à des oxides dont la nature varie en raison des matières employées à sa préparation. On en connaît aujourd'hui un grand nombre; mais comme ils ont tous pour base la chaux, nous allons examiner les diverses espèces de cette substance qui sont en usage dans les arts.

### CHAUX GRASSE.

Nous avons vu, pag. 220, que c'est en calcinant les pierres calcaires qu'on se procure la chaux en grand. Lorsqu'elles ne renferment que du carbonate de chaux pur, ou presque pur, le résidu de leur calcination est appelé *chaux grasse*. Celle-ci jouit à peu près des propriétés que nous avons signalées en étudiant le protoxide de calcium. Nous ajouterons que, lorsqu'on la réduit en pâte avec une quantité d'eau plus grande que celle qu'elle exige pour passer à l'état d'hydrate, on peut la conserver à l'abri du contact de l'air dans la terre humide, ou

sous l'eau, pendant quelques années, sans qu'elle éprouve
de changement bien sensible dans l'agrégation de ses parties. C'est ce que l'on fait journellement pour la chaux employée à la bâtisse.

### CHAUX MAIGRE NON HYDRAULIQUE.

Quand les pierres à chaux sont mélangées d'un sable
plus ou moins grossier, on obtient, en les calcinant, la
*chaux maigre non hydraulique.*

Elle possède des propriétés analogues à la chaux
grasse ; elle en diffère cependant en ce qu'à poids égal elle
produit moins de chaleur lorsqu'on l'éteint, et en ce qu'elle
fournit une pâte qui, durcie à l'air, n'est pas susceptible
d'être polie.

### CHAUX MAIGRE HYDRAULIQUE.

Lorsque les pierres à chaux sont composées de silice très
divisée, ou d'argile, elles donnent de la *chaux maigre
hydraulique*, quand on a eu le soin de ne pas les calciner
jusqu'à opérer un commencement de fusion.

D'après M. Berthier, une pierre à chaux, contenant 6
pour 100 d'argile, produit une *chaux maigre sensiblement hydraulique.*

Celle qui en renferme 15 à 20 pour 100 donne une
*chaux maigre très hydraulique.*

Celle qui en contient de 25 à 30 pour 100 donne *la
chaux maigre hydraulique,* qu'on appelle *ciment ro-
main.*

*Propriétés de la chaux maigre hydraulique.* Elle est
presque toujours colorée en gris-jaunâtre ou verdâtre, par
les oxides de fer ou de manganèse.

L'eau versée sur cette chaux est imbibée sans manifester
le vif dégagement de chaleur qu'on observe dans l'extinc-

tion de la chaux grasse, le volume occupé par là première est beaucoup moindre que celui de la seconde.

Réduite en pâte au moyen de l'eau, elle durcit au bout de quelque temps, ce que ne fait pas un poids égal de chaux grasse dans les mêmes circonstances.

Cette pâte, exposée à l'air, prend la consistance de la craie, et ne peut recevoir le poli.

C'est à la silice qui s'y trouve à l'état de sous-silicate calcaire, que la chaux hydraulique doit sa propriété caractéristique de se gâcher comme le plâtre. Cependant l'alumine, et surtout la magnésie unie à la silice dans une certaine proportion, augmentent plus sa qualité que ne le ferait l'acide silicique pur. Quant aux oxides de fer et de manganèse, ils ne semblent jouer aucun rôle.

Elle est la base des betons ou cimens en usage dans les constructions qui doivent être submergées.

MORTIER ORDINAIRE.

Il est formé d'un mélange des chaux précédentes, avec un sable quarzeux grossier; on l'emploie à unir entre elles les pierres, et les briques, dans les bâtisses exposées à l'air.

Il contient une partie de chaux contre 1, 2, 3, 4; jusqu'à 5 parties de sable.

§ x.

MASTICS.

La composition des mastics est très variable : les uns renferment du goudron végétal, que l'on mélange, soit avec de la poussière de briques, soit avec celle de pierres calcaires ou siliceuses, soit avec celle d'argile, etc.;

d'autres de la litharge, de l'huile de lin et de l'argile.

D'après M. Vicat, on forme un mastic très tenace en faisant bouillir 16 parties de goudron végétal, dans lequel on verse peu à peu 36 parties de poussière de ciment rouge de brique, en ayant soin de brasser fortement le tout.

On pulvérise séparément 9 parties de brique bien cuite et 1 partie de litharge; on les mêle intimement, et on y met de l'huile de lin en quantité suffisante pour donner à la matière la consistance de plâtre gâché; alors on applique ce mastic à la manière du plâtre : on mouille préalablement avec une éponge imbibée d'eau le corps qui doit en être recouvert.

Le premier de ces mastics est beaucoup moins cher que le second. Tous deux sont employés pour couvrir les terrasses, revêtir les bassins, souder les pierres, et s'opposer à l'infiltration des eaux.

# LIVRE SIXIÈME.

## CHIMIE ORGANIQUE.

On a donné le nom de *chimie organique* à la partie de la chimie dans laquelle on étudie les produits fournis par les végétaux et les animaux.

Quoique ces produits soient nombreux, ils ne renferment cependant que quelques corps simples que nous avons fait connaître précédemment. En effet, lorsque les matières organiques sont à l'état de pureté, on n'y trouve en général que de l'oxigène, de l'hydrogène, du carbone et de l'azote, qui donnent lieu à des composés binaires, ternaires et quaternaires.

La plupart des substances dépourvues d'azote, s'extrayant autrefois des végétaux, on nomma *chimie végétale* la partie de cette science où l'on traitait de ces substances.

On appela de même *chimie animale* la partie où l'on étudiait les matières azotées, parce qu'elles se trouvaient presque exclusivement dans les animaux. Aujourd'hui il est impossible d'admettre ces dénominations, par la raison qu'on rencontre dans les végétaux des composés azotés, et chez les animaux des composés qui ne le sont pas.

D'après ces considérations, nous diviserons les matières organiques en deux classes : la première comprendra celles qui ne renferment pas d'azote, la seconde celles qui en contiennent.

Nous avons vu, dans la chimie inorganique, à com-

23

bien de produits variés l'oxigène, l'hydrogène, le carbone, et l'azote peuvent donner naissance; mais leur nombre est bien faible en comparaison de celui qu'ils fournissent sous l'influence de la vie chez les êtres organisés. Nous ne savons que bien peu de choses sur ce qui se passe dans cet admirable phénomène; seulement nous concevons que ces quatre élémens sont placés dans des circonstances qui leur permettent de se combiner d'une infinité de manières.

Ces combinaisons sont remarquables en ce que connaissant les proportions des élémens qui les composent, nous ne pouvons les imiter, ou du moins nous ne sommes encore parvenus qu'à en imiter quelques unes. Par *exemple*, l'acide oxalique qu'on rencontre dans beaucoup de végétaux, ne peut être fait dans nos laboratoires, en combinant directement le carbone avec l'oxigène. Nous ne le produisons qu'avec les résultats de l'organisation, tels que le sucre, le bois, etc., que nous traitons par l'acide nitrique.

Ce livre sera partagé en deux chapitres : dans le premier, nous traiterons d'une manière générale des substances organiques privées d'azote; dans le second, de celles qui en renferment.

---

# CHAPITRE I.

### PREMIÈRE CLASSE.

#### Substances organiques non azotées.

Ces produits extraits soit des végétaux, soit des animaux, se divisent en *acides* et en corps *neutres* ou *indifférens.*

*Composition.* Les substances organiques non azotées parfaitement connues sont soumises, dans leur composition, à des lois moins générales et moins simples que celles que nous avons observées dans les composés inorganiques. Les expériences faites jusqu'à ce jour nous permettent de déduire les conclusions suivantes :

1° Lorsque le rapport entre la quantité de l'oxigène et celle de l'hydrogène est plus grand que celui qui constitue l'eau, la substance est acide, quelle que soit la proportion de carbone qu'elle renferme.

— Quand ce rapport est plus petit, la substance peut être acide; mais en général elle est alcoolique ou éthérée, huileuse ou résineuse.

3° Si la quantité d'oxigène est à celle de l'hydrogène dans le même rapport que dans l'eau, la substance ne jouit d'aucune propriété acide ou basique, ou du moins ces propriétés sont si faibles qu'elles ne se développent que dans certaines circonstances; c'est pour cela que le sucre, le ligneux, la gomme, etc., sont regardés comme des matières *neutres* ou *indifférentes.*

4° Lorsqu'une substance organique est riche en carbone, elle l'est aussi en hydrogène, et réciproquement.

5° Il n'existe aucune substance qui contienne assez d'oxigène pour transformer son carbone en acide carbonique, et son hydrogène en eau.

6° La composition de plusieurs substances est susceptible d'être représentée par un certain nombre d'atomes de carbone, d'oxigène et d'hydrogène, qui sont entre eux dans des rapports assez simples ; ou par un petit nombre d'atomes de quelques composés binaires qu'on peut former avec l'oxigène, l'hydrogène et le carbone. Par *exemple* ; l'alcool est équivalent à un atome d'eau et à deux atomes d'hydrogène bicarboné.

*Propriétés physiques.* Toutes ces substances sont solides ou liquides, à la température et sous la pression ordinaires. Exposées à l'action du feu, il n'en est qu'un petit nombre qui se volatilisent sans se décomposer ; tels sont le camphre, l'alcool, etc.

Leurs autres propriétés physiques sont tellement variables qu'il est impossible d'en faire l'histoire générale. On ne les indique qu'en étudiant chaque substance en particulier.

## Propriétés chimiques.

*Action de la chaleur.* Toutes ces substances, à quelques exceptions près, sont décomposées au rouge blanc, en gaz oxide de carbone, en hydrogène carboné et en carbone. L'expérience suivante le prouve :

On introduit de la sciure de bois dans une cornue de grès, qu'on place dans un fourneau à réverbère ; son col communique à un tube de porcelaine légèrement incliné, qui traverse un fourneau semblable au premier ; de l'extrémité inférieure de ce tube part un tube de verre recourbé plongeant dans un petit flacon à deux tubulures ; à la tubulure libre, on adapte un nouveau tube propre à recueillir les gaz, qui s'engage sous une éprouvette pleine de mercure. On chauffe d'abord le tube de porcelaine jusqu'au rouge blanc, ensuite on porte la cornue peu à peu jusqu'au rouge ; la matière organique se décompose et donne du charbon qui reste en partie dans la retorte et dans le tube, et de l'eau qui se condense dans le flacon qu'on refroidit ; on recueille dans l'éprouvette de l'oxide de carbone, de l'acide carbonique et de l'hydrogène carboné. Il arrive assez souvent qu'on trouve dans le flacon un peu d'acide acétique et d'huile empyreumatique. Si

l'acide carbonique séjournait assez long-temps sur le charbon, on n'obtiendrait pour résidu gazeux que de l'oxide
de carbone et de l'hydrogène carboné.

Si l'on recommence cette expérience en supprimant le
tube de porcelaine, et en faisant plonger très peu le tube
adapté à la cornue dans de l'eau que renferme le flacon
tubulé, on a dans celui-ci de l'eau, de l'acide acétique,
de l'huile, du goudron, dont une partie est dissoute par
cet acide; l'éprouvette contient les trois gaz dont nous
venons de parler, imprégnés d'un peu d'une huile qui
leur communique un odeur empyreumatique.

Dans cette décomposition, l'acide carbonique et l'eau
se forment d'abord, parce que ce sont les produits les plus
oxigénés ; puis l'oxide de carbone et l'acide acétique qui
le sont moins; enfin, l'huile qui est composée de peu
d'oxigène, et l'hydrogène carboné qui en est exempt.

Les substances riches en oxigène, donnent à la distillation beaucoup d'acide carbonique, d'eau et d'acide
acétique; tandis qu'on retire de celles qui sont pourvues
de carbone ou d'hydrogène, beaucoup d'huile, et d'hydrogène carboné.

On doit remarquer qu'en chauffant une substance
dans un vase, les parties qui sont en contact immédiat
avec les parois se décomposent en premier lieu, et souvent leur décomposition est terminée quand celle des
parties qui sont au centre commence. Telle est la raison
pour laquelle il se dégage, pendant tout le cours de l'expérience que nous venons de rapporter, de l'eau, de l'a-
cide carbonique, et de l'acide acétique.

*Action de l'oxigène.* Lorsqu'on enferme une substance
organique parfaitement desséchée dans un flacon contenant de l'oxigène sec, ou de l'air également sec, il n'y a aucune action à la température ordinaire ; mais si l'on fait intervenir l'humidité, l'oxigène tend à transformer cette

substance en eau et en acide carbonique. (Voy. *Fermentation putride*, pag. 365.)

Si l'on chauffe une matière organique dans l'air en élevant la température jusqu'au rouge, elle absorbe de l'oxigène et passe à l'état d'eau et d'acide carbonique; et si ce comburant est en assez grande quantité, il n'y a pas dépôt de charbon; dans le cas contraire, il s'en dépose toujours.

Ce dernier résultat s'offre journellement à nos yeux quand nous brûlons du bois dans nos cheminées, où il ne se trouve pas assez d'air, et souvent assez de chaleur.

Le gaz oxigène a peu d'action sur les substances dans la composition desquelles il domine; tandis qu'il en a beaucoup sur celles qui n'en renferment que peu ou point.

C'est pourquoi certains acides, où l'oxigène abonde, comme, par *exemple*, *l'acide oxalique*, brûlent sans lumière; tandis que les huiles, l'alcool, etc., où il y a une petite quantité de ce gaz, brûlent avec flamme.

*Action du phospore et du soufre.* Parmi les métalloïdes que nous avons étudiés, il n'y a que le soufre et le phosphore qui se dissolvent dans l'alcool, ou dans les huiles, d'où ils se déposent sous forme de cristaux par un refroidissement ménagé.

*Action du chlore.* On connaît peu de substances organiques hydrogénées qui ne soient altérées par le chlore, surtout lorsqu'on fait intervenir l'action du calorique. Il se produit de l'acide hydrochlorique, et des combinaisons qui jusqu'à ce jour ont été peu étudiées.

Si l'on verse quelques gouttes d'une dissolution aqueuse de chlore dans un verre contenant un peu d'encre, à l'instant la couleur passe au jaunâtre. Dans cet exemple, l'acide gallique et le tannin, qui sont les deux substances organiques, sont décomposés.

*Action de l'eau.* L'eau dissout les substances les plus oxigénées, tels sont les acides, tandis qu'en général elle ne dissout pas celles où l'hydrogène domine, excepté l'alcool et le principe doux des huiles qui y sont solubles en toutes proportions.

Quant aux substances neutres ou indifférentes, les unes se dissolvent dans l'eau, les autres y sont insolubles. Dans le premier cas sont le *sucre* et la *gomme;* dans le second est le *ligneux.*

*Action de l'acool et de l'éther sulfurique.* Ces liquides dissolvent bien les composés dans lesquels l'hydrogène ou le carbone domine, tels sont les résines et les corps gras; tandis que généralement ils dissolvent mal ceux où l'oxigène est en quantité notable.

*Action des acides.* Cette action, dépendant le plus souvent de la nature de l'acide, nous allons examiner les produits formés par le contact de quelques acides avec certains corps organiques.

1° *Action de l'acide nitrique.* Lorsqu'on traite, à l'aide d'une légère chaleur, une substance organique non azotée par l'acide nitrique, il se forme d'abord un nouvel acide que j'ai nommé oxalhydrique, en raison de sa composition, et qui avait été regardé avant mes expériences comme identique à l'acide malique qu'on extrait des plantes; puis de l'acide oxalique; enfin, de l'eau et de l'acide carbonique; il se dégage du deutoxide d'azote qui passe à l'état d'acide nitreux, par son contact avec l'air. Voilà du moins les résultats que nous offrent le sucre, l'amidon, la gomme, etc. Il est probable, je dirais presque certain, que les autres substances, traitées convenablement par cet acide, produiraient aussi la série des composés que je viens d'indiquer.

Pour faire l'expérience, on introduit une partie de sucre avec une partie d'acide nitrique étendu de la moitié de son poids d'eau, dans une cornue de verre dont le volume est au moins triple de celui du mélange. Le col de la cornue se rend dans un ballon muni d'une tubulure à laquelle on adapte un tube recourbé pour recueillir les gaz sous le mercure.

On chauffe peu jusqu'à ce que le sucre soit dissous; lorsqu'on aperçoit des vapeurs nitreuses, on enlève le feu; il se produit un grand dégagement de deutoxide d'azote. Quand ce dernier a cessé, on tient la liqueur en ébullition lente pendant une heure; on l'étend de quatre fois son poids d'eau, on y verse de l'ammoniaque jusqu'à parfaite neutralisation, et une dissolution de nitrate de chaux, afin de précipiter l'acide oxalique, qui se forme presque toujours en petite quantité. Le liquide jaune-rougeâtre ayant été filtré, est précipité par l'acétate de plomb; le précipité est jeté sur un filtre qu'on lave jusqu'à ce que la liqueur ne noircisse plus par l'hydrogène sulfuré: Ce précipité est ensuite décomposé par un courant de ce gaz lavé, ou par l'acide sulfurique étendu de six fois son poids d'eau. On obtient ainsi l'acide oxalhydrique coloré en jaune, couleur qu'on enlève à l'aide du charbon animal.

Si l'on augmente la proportion d'acide nitrique, l'acide oxalhydrique sera transformé en acide oxalique, et celui-ci en acide carbonique.

L'acide nitrique change les corps gras en acides.

*Action de l'acide sulfurique.* L'acide sulfurique a une action très variée sur les substances organiques.

Si l'on plonge à la température ordinaire une allumette dans cet acide concentré, à l'instant elle devient noire. L'affinité de l'acide sulfurique pour l'eau détermine la formation de celle-ci aux dépens de l'oxigène et de l'hydrogène de la substance, en sorte qu'une partie du carbone est mise à nu; mais si l'on chauffe cet acide avec de la sciure de bois, on a du gaz sulfureux, de l'acide carbonique, outre les produits que je viens de signaler.

Lorsqu'on broie une partie de chiffons en charpie avec deux parties et demie d'acide sulfurique concentré, en ayant soin de n'ajouter ce dernier que par petites portions, et qu'on abandonne l'expérience à elle-même pendant douze heures, on trouve une masse très sirupeuse, qui, mise avec deux cents parties d'eau, et tenue en ébullition lente pendant une heure, se convertit en sucre d'une espèce particulière.

*Action des bases salifiables.* Les substances organiques acides s'unissent aux bases salifiables et produisent avec elles des sels dont les uns cristallisent très bien, tandis que d'autres n'offrent que des formes confuses.

Tous les oxides métalliques dans lesquels l'oxigène n'est pas fortement retenu, chauffés avec une substance organique, la transforment en acide carbonique et en eau. Parmi ceux qui jouissent de cette propriété, nous citerons le deutoxide de cuivre, qui est généralement employé pour analyser ces substances.

Les corps gras, tels que le suif et les huiles, chauffés avec des oxides alcalins, se changent en acides *stéarique*, *margarique*, *oléique*, et en une matière nommée *glycérine*.

*Action des sels.* Certains sels sont décomposés par quelques unes de ces substances, de telle manière que le métal est mis en liberté ; ce sont ceux qui n'ont pas une grande stabilité. Si l'on plonge de la filasse dans une dissolution de nitrate d'argent, le métal est à l'instant réduit.

En versant de l'acide oxalique dans une dissolution de chlorure d'or, le métal se précipite et il se dégage de l'acide carbonique.

Lorsqu'on mêle du chlorate de potasse en poudre avec du sucre pulvérisé, qu'on renferme le mélange dans un morceau de papier plié en forme de papillote, si l'on vient à frapper avec un marteau, il se produit une détonation due à une formation d'eau et d'acide carbonique.

En général, les substances organiques contenant plus de carbone et d'hydrogène qu'il n'en faut pour convertir leur oxigène en eau, en acide carbonique ou en oxide de carbone, les sels agissent sur elles à l'aide de la chaleur comme ils le font sur les deux premiers métalloïdes.

L'alcool dissout certains composés salins, tels que le chlorure de calcium, l'acétate de potasse, le chlorure de strontium, etc. ; mais tous les sulfates y sont insolubles : aussi est-il employé avec avantage dans l'analyse d'un mélange de plusieurs sels, dont les uns se dissolvent dans ce liquide, et dont les autres y sont insolubles.

Il existe quelques matières colorantes qui décomposent en partie certains sels en s'emparant de leurs bases, avec lesquelles elles forment des combinaisons insolubles.

# CHAPITRE II.

### DEUXIÈME CLASSE.

#### Substances organiques azotées.

Ces substances se divisent en trois sections : la première comprend celles qui sont acides ; la seconde, celles qui jouent le rôle de bases salifiables ; la troisième, les corps indifférens ou neutres.

*Composition.* Les substances organiques azotées qui renferment de l'oxigène, de l'hydrogène, du carbone et de l'azote, offrent le plus souvent des rapports composés

entre ces quatre élémens. Quant à celles qui n'en contiennent que trois, y compris l'azote, leur composition est
quelquefois très simple.

*Propriétés physiques.* Ces substances sont solides ou liquides à la température et sous la pression ordinaires.

Il en existe très peu qui se volatilisent sans se décomposer.

Les autres propriétés physiques sont trop variables pour
que nous puissions en traiter d'une manière générale.

### Propriétés chimiques.

*Action de la chaleur.* Lorsqu'on les distille dans un
appareil qui ne diffère de celui que nous avons employé
pour les substances non azotées qu'en ce qu'il y a une
alonge entre la cornue et le flacon tubulé, elles donnent
de l'acide carbonique, de l'eau, du carbonate d'ammoniaque, qui se dépose sur les parois de l'alonge et du
ballon, de l'acétate d'ammoniaque, une petite quantité
d'hydrocyanate d'ammoniaque, de l'oxide de carbone, une
huile noire, épaisse et très fétide, de l'hydrogène carboné,
de l'azote, et un charbon volumineux, brillant et difficile
à incinérer.

C'est en soumettant à la distillation dans des vases convenables, des matières azotées provenant des animaux, qu'on
prépare le carbonate d'ammoniaque consommé dans les arts.

En comparant le charbon qu'on retire d'une telle matière, *par exemple*, de la laine, à celui qui provient d'une
substance non azotée, telle que le bois, on trouve que le
premier a perdu la forme de la matière azotée, qu'il est
très volumineux et très poreux relativement au second,
qui a conservé celle du bois. Cette différence tient à ce
que l'une de ces substances éprouve la fusion, tandis que
l'autre ne l'éprouve pas.

Ces résultats se constatent facilement, car, en plaçant

dans la flamme d'une bougie un tissu de laine, il fond et
bouillonne en répandant une odeur infecte, tandis que,
si on fait l'expérience avec une mèche de coton, il n'y a
pas de bouillonnement, et l'odeur qu'on ressent diffère
beaucoup de la première.

Ces dernières propriétés sont quelquefois mises à profit
pour distinguer les substances azotées de celles qui ne le
sont pas.

On voit, par ce qui précède, que les substances organiques de la première classe diffèrent de celles de la
deuxième, en ce que celles-ci donnent du carbonate d'ammoniaque et une huile noire, que celles-là ne produisent pas.

*Action de l'oxigène.* Ce gaz sec n'a aucune action sur
une substance azotée desséchée ; mais, avec le concours
de l'humidité, il l'altère. (Voyez *Fermentation putride*,
page suivante.)

Chauffées avec un excès d'oxigène, elles laissent dégager de l'eau, de l'acide carbonique et de l'azote, tandis
qu'au contact de l'air, où la combustion n'est pas complète, on a, outre ces produits, une quantité plus ou moins
grande de ceux qui se forment par la distillation en vases
clos.

Elles se comportent avec le chlore comme les substances
non azotées.

Quelques unes se dissolvent dans l'eau, d'autres dans
l'alcool, et d'autres dans l'éther sulfurique.

Les oxides métalliques qui cèdent facilement leur oxigène, les décomposent complètement à l'aide de la chaleur :
il en résulte les mêmes composés qu'avec ce gaz en excès.

Les matières organiques azotées, chauffées au rouge
avec de la potasse ou de la soude, se transforment en cya-
nure de potassium, ou de sodium, en fournissant les divers corps obtenus par la chaleur seule.

Lorsqu'on fait bouillir ces substances dans des dissolutions concentrées de potasse ou de soude, il se volatilise de l'ammoniaque, il se produit de l'acide acétique, de l'acide carbonique, et une matière azotée d'une nature particulière, qui se combinent avec la potasse ou la soude.

L'acide nitrique détruit toutes les substances azotées, si ce n'est à froid, du moins avec le secours de la chaleur. On se sert de l'appareil que nous avons décrit en parlant de l'action de cet acide sur les substances dépourvues d'azote. Les produits qu'on recueille en général sont :

Les acides oxalhydrique, acétique, carbonique, carbazotique, indigotique, hydrocyanique, oxalique, de l'eau, de l'azote, du deutoxide d'azote et de l'acide nitreux.

Traitées par l'acide sulfurique concentré, elles se charbonnent et laissent dégager de l'acide carbonique, de l'acide sulfureux et de l'azote.

Parmi ces substances, il en est un petit nombre qui se combinent avec les acides, et donnent lieu à des sels, telles sont la morphine, la quinine, la strychnine, la brucine, la cinchonine, la vératrine, etc. On les extrait de certains végétaux. Elles possèdent une saveur amère ou âcre ; elles verdissent le sirop de violettes ; ce sont des bases salifiables qui n'ont qu'une faible capacité de saturation, c'est-à-dire qui ne neutralisent qu'une petite quantité d'acide.

Leurs dissolvans sont l'alcool et l'éther.

Ces bases et leurs sels sont des poisons.

Le sulfate neutre de quinine est employé avec succès contre les fièvres intermittentes.

## FERMENTATION PUTRIDE.

Nous sommes journellement témoins de l'altération que subissent les matières végétales ou animales soustraites à l'influence de la vie. Soumises à l'action de l'air humide et d'une certaine chaleur, elles finissent par disparaître complètement en répandant une odeur désagréable due à des gaz dont la nature n'est pas bien connue. C'est à cette décomposition qu'on a donné le nom de *fermentation putride* ou *putréfaction*.

Les bornes de cet ouvrage ne me permettant pas d'entrer dans le détail des expériences qui ont été faites sur la putréfaction, je me contenterai de rapporter les circonstances les plus favorables et celles qui sont les plus défavorables à cette décomposition, ainsi que les moyens mis en usage pour la prévenir.

Lorsqu'une substance organique est exposée dans un air saturé d'humidité, et dont la température est de 15 à 35°, elle se putréfie rapidement ; c'est ce que nous observons, par exemple, sur la viande, qui se conserve difficilement en été, parce que l'air étant plus chaud qu'en hiver, renferme par cela même plus de vapeur d'eau. On sait aussi que par un temps humide, à une température inférieure à 11°, la putréfaction se développe aisément.

Toutes les fois qu'une pareille substance est placée dans une atmosphère dont la température est au-dessous de zéro, elle ne peut entrer en putréfaction ; on a remarqué qu'elle se conservait d'autant mieux que le froid était plus grand. On conçoit d'après cela comment des animaux et des végétaux ont été trouvés intacts après un grand nombre d'années de séjour sous la neige, dans des pays où la température est toujours inférieure à celle de la glace fondante.

On prévient la putréfaction en privant une subtance organique de l'eau qu'elle contient, et du contact de l'air. Pour cela, on la porte à une chaleur qui ne dépasse pas 100°, et on la met dans des vases purgés d'air et hermétiquement fermés. On la plonge aussi dans l'alcool ; ou on la recouvre d'une couche de sel marin, de sucre, etc. ; ces dernières matières empêchent la fermentation putride,

parce qu'elles s'emparent de l'eau contenue dans la substance organique, et qu'elles forment une enveloppe qui
la défend de l'accès de l'air.

Le chlore, ou mieux le chlorure de chaux, est employé
avec succès pour détruire les miasmes qui existent dans
un appartement, et pour désinfecter les cadavres en putréfaction.

Enfin nous avons vu page 340, que le sublimé corrosif
avait la propriété de rendre imputrescibles ces matières.

# APPENDICE.

L'étendue des notions de chimie que nous venons de donner nous ayant forcé d'omettre plusieurs produits d'un usage fréquent, nous avons cru utile de décrire dans un Appendice la fabrication de quelques uns d'entre eux.

## CHAPITRE I.

### PRÉPARATION DU CHLORURE DE CHAUX.

Lorsqu'on fait arriver, à la température ordinaire, un courant de chlore sur de l'hydrate de chaux, on obtient du chlorure de chaux ou un mélange de chlorite de chaux et de chlorure de calcium. Ce composé est préparé tantôt à l'état solide, tantôt à l'état liquide. On doit éviter surtout une élévation de température; car, dans ce cas, il se forme beaucoup de chlorure de calcium et peu de chlorure de chaux.

1° *Chlorure de chaux solide.* Le procédé le plus simple, consiste à mettre de l'hydrate de chaux dans un vase de grès qui a la forme d'un cône renversé. On fait arriver du chlore par un trou pratiqué à sa partie inférieure. Quand on juge que l'opération est terminée, on retire le produit en renversant le vase conique; l'hydrate de chaux qui se trouve en excès est facilement séparé du chlorure, par la raison que ce dernier est pris en masse, tandis que le premier est pulvérulent.

Le docteur Ure emploie avec avantage l'appareil suivant pour préparer une grande quantité de chlorure de chaux.

Il consiste en une chambre de huit à neuf pieds de hauteur, bâtie en pierre siliceuse, avec un ciment formé de poix de résine et de plâtre sec à parties égales. On pratique une porte à l'une de ses extrémités, et on lui fait tenir l'air par le moyen de bandes de drap et d'argile. Une fenêtre placée sur chaque côté de la chambre permet à l'opérateur de juger, d'après la couleur de l'air de celle-ci, comment marche l'absorption du chlore, et lui donne un jour suffisant pour faire dans son intérieur, au commencement de l'opération, les arrangemens nécessaires. Les luts à eau étant de beaucoup supérieurs à tous les autres, lorsque la pression est peu considérable, le docteur Ure recommande une grande soupape dans le haut de la chambre, et une ouverture d'une largeur considérable dans la partie inférieure de chaque mur de côté. Les couvercles qui ferment ces ouvertures sont soulevés en même temps au moyen de cordes passant sur une poulie, de sorte que l'ouvrier n'est pas obligé d'approcher du gaz délétère pendant que la chambre est ouverte.

On se procure un grand nombre d'augets de trois à dix pieds de longueur, de deux de largeur, et d'un pouce de profondeur, pour recevoir la chaux éteinte et en poudre fine, contenant environ pour deux proportions de chaux, trois proportions d'eau. Ces augets sont empilés l'un sur l'autre dans la chambre, à la hauteur de cinq ou six pieds, séparés d'un pouce par des traverses de bois, afin que le chlore puisse circuler librement sur la surface de la chaux.

L'alambic que l'on emploie pour produire le chlore est à peu près sphérique : dans quelques cas, il est entièrement de plomb ; mais, dans d'autres, il est formé de deux hémisphères réunis ensemble : le supérieur en plomb, et l'inférieur en fonte. Le premier alambic est plongé jusqu'aux deux tiers, à partir de son fond, dans une boîte de plomb ou de fer; et l'espace libre, de deux pouces, qui reste tout autour est destiné à recevoir la vapeur d'une chaudière voisine. Les alambics, dont le fond est en fonte, sont directement exposés à un feu modéré. Sur le bord supérieur de l'hémisphère en fonte, est pratiquée une rainure dans laquelle s'engage le bord inférieur de l'hémisphère en plomb, et la jointure est lutée avec une pâte de chaux, d'argile et d'oxide de fer, calcinés séparément et réduits en poudre très fine. Dans la partie supérieure de l'alambic, il y a quatre ouvertures fermées chacune par une soupape à eau. La première a environ quatorze pouces de diamètre, et est fermée par une soupape en plomb dont les bords recourbés plongent dans une rainure pratiquée sur le bord de l'ouverture et remplie d'eau. Elle est destinée à introduire un ouvrier dans l'alambic pour réparer les dérangemens de l'appareil de rotation dont on va parler, et pour détacher les concrétions de sel qui se forment à son fond. La seconde ouverture est au centre du dôme : elle reçoit un tube de plomb qui descend à peu près jusqu'au fond, et dans lequel passe un axe vertical dont l'extrémité inférieure porte des bras de fer, ou de bois revêtus de plomb, par le mouvement rotatoire desquels on entretient le mélange d'acide sulfurique, de manganèse et de sel marin dans un état uniforme. Le mouvement est imprimé de temps en temps à ce mécanisme ou par un homme, ou en faisant communiquer son axe avec une roue mue par l'eau, ou par une machine à vapeur. La troisième ouverture pratiquée dans le dôme reçoit un entonnoir à siphon, par lequel on introduit l'acide sulfurique; et la quatrième, le tuyau qui conduit le gaz dans la chambre.

Les manufacturiers diffèrent beaucoup entre eux dans la proportion des matériaux qu'ils emploient pour produire le chlore. En général on mêle 10 quintaux de sel marin avec 10 ou 14 de peroxide de manganèse, et 14 d'acide sulfurique concentré, que l'on ajoute par portions successives, après l'avoir mêlé avec de l'eau, de manière à lui donner une densité égale à 1,5. Les tuyaux par lesquels le chlore sort des alambics communiquent avec un cylindre de plomb, au moyen de soupapes à eau, et s'enfoncent un peu dans l'eau que ce dernier renferme, afin que le gaz puisse s'élever et se dépouiller de l'acide hydrochlorique qu'il entraîne; de là, le chlore est porté par un large tube de plomb dans la partie supérieure de la chambre.

Il faut ordinairement quatre jours pour faire un bon chlorure de chaux. En employant moins de temps, on courrait le risque d'élever trop la température de la chambre, et de décomposer une partie du chlorure. Les manufacturiers habiles emploient un procédé alternatif : ils commencent par empiler les augets en laissant un espace vide entre eux dans chaque colonne. Au bout de deux jours, on arrête le dégagement du chlore et on ouvre la chambre. Deux heures après l'ouverture, l'ouvrier y entre pour placer dans les cases vides des augets couverts de chaux fraîche, et en même temps il retourne le chlorure à moitié formé des autres augets. La porte est alors refermée; on fait arriver de nouveau du chlore dans la chambre, et au bout de deux jours on l'ouvre pour retirer les premiers augets qui sont maintenant saturés de chlore; on les remplace par d'autres augets couverts d'hydrate de chaux; on retourne le chlorure des seconds, et ainsi de suite.

Le manufacturier obtient généralement avec une tonne

de sel de roche une tonne et demie de bon chlorure de chaux en poudre.

2° *Chlorure de chaux liquide.* Pour préparer le chlorure de chaux liquide, on emploie à Mulhouse un mélange de peroxide de manganèse et d'acide hydrochlorique, qu'on introduit dans des ballons de verre, chauffés au bain de sable. Le chlore arrive par des tubes de verre dans une auge cylindrique en grès siliceux, contenant un lait de chaux. Cette auge a une grande surface et est peu profonde ; le tube qui conduit le gaz s'enfonce à peine dans le lait de chaux. Le fourneau sur lequel reposent les bains de sable est en fonte de fer ; il est muni de séparations en briques, de manière que chaque ballon peut être chauffé isolément. On place dans l'auge un tourniquet servant à agiter continuellement la liqueur. Cette auge porte un entonnoir pour introduire le lait de chaux, et une ouverture par laquelle on retire le chlorure.

Voici, d'après M. Dumas, la composition des chlorures de chaux considérés comme des chlorures d'oxide de calcium :

|  | Chlorure liquide. | Chlorure sec. |
|---|---|---|
| Chaux | 51 | 60 |
| Eau | 17 | 20 |
| Chlore | 32 | 20 |
|  | 100 | 100 |

On voit, d'après ce tableau, que le chlorure de chaux liquide contient beaucoup plus de chlore que celui qui est solide. Lors donc qu'il sera indifférent dans les arts d'employer l'un ou l'autre, il faudra toujours donner la préférence au premier.

Le chlorure de chaux a une foule d'usages : on s'en sert pour détruire les miasmes putrides ; pour le blanchiment de plusieurs objets, tels que les toiles, les vieux papiers, etc. ; enfin, il remplace avec avantage le chlore dans un grand nombre de cas.

## CHAPITRE II.

### EXTRACTION DU NITRATE DE POTASSE CONTENUE DANS LES MATÉRIAUX SALPÊTRÉS.

1° *Lessivage des matériaux salpêtrés.* Ce que nous allons rapporter est extrait de l'instruction sur la fabrication du salpêtre, publiée par le comité consultatif des poudres et salpêtres en 1820.

Le lessivage a pour objet la séparation des sels disséminés dans les matériaux salpêtrés au moyen de la dissolution. Cette opération, pour être exécutée de la manière la plus avantageuse, exige que les matériaux soient broyés et passés à la claie, afin que, présentant plus de surface à l'action de l'eau, la dissolution de leurs sels soit plus complète et plus prompte ; la même opération exige aussi que l'eau employée au lessivage ne soit point répartie d'une manière arbitraire, car on peut épuiser plus complètement des matériaux de leurs sels avec une certaine quantité d'eau convenablement distribuée, qu'avec une beaucoup plus grande quantité qui le serait mal. La théorie du lessivage étant donc très importante, nous allons l'exposer en entier.

Supposons que l'on ait mis 200 décimètres cubes de matériaux broyés, contenant 4 centièmes en poids, ou 8 kilogrammes de salpêtre, dans un cuvier portant une chantepleure, et au fond duquel serait une couche de paille pour servir de filtre ; supposons aussi que, pour bien baigner les matériaux jusqu'à leur surface, 100 litres d'eau soient suffisans. Après douze heures de contact, on ouvre la chantepleure, et il s'en écoule la moitié de l'eau employée ; l'autre moitié est retenue par les matériaux, en vertu de l'affinité capillaire. Or, tout le salpêtre ayant été dissous, si l'eau a bien pénétré toute la masse, il est évident qu'on n'en a obtenu que la moitié, ou 4 kilog., et qu'il en reste, par conséquent, une égale quantité dans le cuvier. En remplaçant l'eau écoulée par un pareil volume d'eau pure, et en ouvrant la chantepleure au bout de deux ou trois heures, on recueille encore 50 kilog. d'eau, dans lesquels il y aura la moitié du salpêtre restant dans le cuvier, ou le quart de la quantité primitive. Un troisième lavage, semblable au précédent, donnera $\frac{1}{8}$ de salpêtre, et un quatrième lavage donnera $\frac{1}{16}$, et ainsi de suite. En se bornant à quatre lavages, on obtient les résultats suivans :

|  | Eau employée. | Liqueur extraite. |
|---|---|---|
| 1er lavage | 100 litres | 50 l. + 4 kil. nitre. |
| 2e lavage | 50 | 50 + 2 id. |
| 3e lavage | 50 | 50 + 1 id. |
| 4e lavage | 50 | 50 + 0,5 id. |
| Résidu..... | 50 l. + 0kil,5 nitre. | 200 l. + 7kil,5 nitre. |

On voit, d'après cela, que la perte est de 0k,5, pour 8 kilog., c'est-à-dire de $\frac{1}{16}$.

Pour concevoir l'avantage qu'il y a à ne point faire les lavages d'une manière arbitraire, il suffit de verser les 250 kilog. d'eau en une seule fois sur les terres, et de bien agiter le tout : ces dernières retiendront 50 kilog. d'eau, ou $\frac{1}{5}$ de la quantité employée ; par conséquent, on perdra $\frac{1}{5}$ du salpêtre contenu dans les terres, tandis qu'avec la même quantité d'eau, divisée en quatre parts, on n'a perdu que $\frac{1}{16}$ de ce sel.

Le lavage successif des terres salpêtrées donnant des eaux dont la richesse en salpêtre va en diminuant, suivant la progression $\frac{1}{2}$, $\frac{1}{4}$, $\frac{1}{8}$, $\frac{1}{16}$, il y aurait de la perte à évaporer immédiatement les dernières eaux, parce que les frais de leur évaporation ne seraient pas compensés par la valeur du salpêtre qu'on en retirerait.

On les emploie d'une manière très utile, au lieu d'eau pure, pour lessiver de nouvelles terres.

Dans un atelier à salpêtre, on a plusieurs séries de cuviers remplis de terres salpêtrées ; chacune a un degré particulier d'épuisement, et l'on fait passer l'eau provenant des terres déjà lessivées sur des terres qui le sont moins, afin d'augmenter sa richesse en salpêtre.

Un cuvier tel que celui qu'on a déjà pris pour exemple donnant par un premier lavage 50 lit. d'eau et 4 kilog. de salpêtre, deux cuviers en fourniront le double, c'est-à-dire 100 lit. d'eau et 8 kilog. de salpêtre. Si l'on fait passer toute cette quantité d'eau sur un troisième cuvier contenant également 8 kilog. de salpêtre, on aura pour produit 50 kilog. d'eau tenant en dissolution 8 kilog. de salpêtre, et le cuvier en retiendra une quantité semblable.

Ce résultat est évidemment avantageux, car on a 8 kilog. de salpêtre dissous dans moitié moins d'eau que précédemment ; et le troisième cuvier, en exceptant les 50 lit. d'eau qu'il a retenus, n'a rien perdu ni gagné.

En suivant le même procédé on parviendrait à augmenter la salure de l'eau jusqu'à son point de saturation : mais il aurait l'inconvénient d'exiger un grand nombre de cuviers, et l'on peut arriver au même résultat d'une manière plus simple et plus uniforme.

Trois cuviers suffisent pour un cours réglé de petite fabrication. Nous les désignerons par les lettres A, B, C dans le tableau suivant, destiné à représenter la marche du lessivage, et nous conserverons les suppositions que nous

APPENDICE.                                    377

avons déjà faites. Mais pour nous rapprocher du langage
des ateliers, nous représenterons chaque kilográmme de
salpêtre dissóus dans 100 lit. d'eau par 1° de l'aréomètre.
Ainsi les terres d'un cuvier contenant 8 kilog. de salpêtre, et
l'eau employée pour dissoudre ce sel étant de 100 lit. ,
l'eau salpêtrée doit indiquer 8° à l'aréomètre.

*Lavage de trois cuviers contenant chacun 8 kilogrammes
de salpêtre.*

| NUMÉROS DES LAVAGES. | CUVIER A. | CUVIER B. | CUVIER C. |
|---|---|---|---|
| 1er lavage avec 100 litres donne | 50 l. à 8° | } 50 l. à 14° | |
| 2e lavage      50    — | 50 à 4° | | |
| 3e lavage      50    — | 50 à 2° | 50 à 8° | } 50 l. à 14° 1/4 |
| 4e lavage      50    — | 50 à 1° | 50 à 4 1/2 | |
| | | 50 à 2° 1/4 | 50 à 8° 1/4 |
| | | 50 à 1° 1/8 | 52 à 4° 11/16 |
| | | | 50 à 2° 5/16 |
| | | | 50 à 1° 2/16 |

La première et la deuxième colonne de ce tableau n'ont
pas besoin d'explication; seulement, nous ferons remarquer que l'on suppose les terres épuisées lorsque les
eaux ne marquent plus qu'un degré à l'aréomètre.

La troisième colonne représente la marche du lessivage
du second cuvier B. Ainsi les eaux des premier et deuxième
lavages précédens, réunies, comme le montre l'accolade,
donnent 100 lit. à 6°, qui, passés sur le cuvier B, produisent 50 lit. à 14°. Ces eaux sont conservées pour être satu-

rées. L'eau du troisième, qui n'est qu'à 2°, en marque 8 après avoir passé sur le même cuvier ; et enfin l'eau du quatrième lavage de 1° en marque 4, en négligeant les fractions de degré. Deux autres lavages à l'eau pure donnent, l'un 2°, et l'autre 1°.

Les eaux des quatre derniers lavages de ce cuvier étant semblables à celles du cuvier précédent, on les emploie de la même manière pour le troisième cuvier, ainsi que l'indique la quatrième colonne du tableau, qui n'a plus besoin d'explication.

On remarquera, en suivant ces opérations, que le premier cuvier est épuisé au moment où l'on commence à lessiver le troisième, et qu'on a le temps de le vider, et de le remplir ensuite de nouvelles terres, pour le traiter à son tour, comme on vient de le dire, pendant qu'on épuise le troisième cuvier.

Si l'on suit ce procédé de lavage, trois réservoirs suffiront pour recevoir les eaux salpêtrées de divers degrés. Le premier sera destiné aux eaux de 14° ; le second aux eaux de 8 et de 4°, et le troisième à celles de 2 et de 1°.

Dans le cas où les terres seraient peu salpêtrées, il deviendrait avantageux d'augmenter la salure des premières eaux de lessivage dans un plus grand rapport que dans le tableau précédent, en les faisant passer successivement un plus grand nombre de fois sur des terres neuves. Le tableau suivant, mieux qu'une description, indique la marche des opérations.

## Lavage de trois cuviers contenant chacun 8 kilogrammes de salpêtre.

| Nᵒˢ DES LAVAGES. | CUVIER A. | CUVIER B. | CUVIER C. | CUVIER A. |
|---|---|---|---|---|
| 1ᵉʳ l. av. 100 l. don. | 5o l. à 8° | 5o l. à 14° | 5o l. à 19° | |
| 2ᵉ l. 100 — | 5o à 4° | | | |
| 3ᵉ l. 100 — | 5o à 2° | 5o l. à 8° | | |
| 4ᵉ l. 100 — | 5o à 1° | 5o l. à 4° 1/2 | 5o l. à 11, 3/4 | 5o l. à 17° 6/16 |
| | | 5o l. à 2° 1/4 | 5o l. à 7° | |
| | | 5o l. à 1° 1/8 | 5o l. à 4° 1/16 | 5o l. à 10° 12/16 |
| | | | 5o l. à 2° 1/32 | 5o l. à 6° 6/16 |
| | | | 5o l. à 1° 1/64 | 5o l. à 5° 11/16 |
| | | | | 5o l. à 1° 14/16 |
| | | | | 5o l. à 0° 15/16 |

En général, on pourra porter la salure des premières
eaux jusqu'au point voisin de leur saturation pour la température à laquelle on opère. La table suivante fait connaître la solubilité du nitre à diverses températures.

## Table de la solubilité du nitrate de potasse dans 100 parties d'eau.

| TEMPÉRATURE | Quantité de nitre dissous dans 100 parties d'eau. | TEMPÉRATURE | Quantité de nitre dissous dans 100 parties d'eau. |
|---|---|---|---|
| 0° | 15,32 | 55° | 97,70 |
| 5 | 16,60 | 60 | 110,70 |
| 10 | 20,55 | 65 | 124,51 |
| 15 | 25,49 | 70 | 137,60 |
| 20 | 31,75 | 75 | 154,10 |
| 25 | 39,85 | 80 | 170,80 |
| 30 | 45,90 | 85 | 187,90 |
| 35 | 54,35 | 90 | 205,05 |
| 40 | 63,80 | 95 | 225,60 |
| 45 | 73,95 | 100 | 246,15 |
| 50 | 85,00 | | |

Cette table devra être consultée lorsqu'on voudra connaître la salure des eaux de lavage; mais, pour en faire usage, il faut remarquer que les sels contenus dans ces eaux sont, outre le salpêtre, du nitrate et du muriate de chaux, du sel marin et du muriate de potasse: ces derniers sels augmentent la densité de l'eau en raison de leur quantité, et il n'est plus possible de juger de la proportion du salpêtre qu'elle contient par le degré qu'elle donne à l'aréomètre. On peut sans crainte porter la salure de l'eau à un nombre de degrés égal au nombre qui indique la solubilité du salpêtre dans cent parties d'eau, pour la température à laquelle on opère.

Les avantages de ce procédé de lessivage sont évidens : on épuise les terres au degré que l'on désire, et le salpêtre contenu dans un cuvier se trouve, d'après le premier tableau, dissous dans la moitié de l'eau nécessaire pour baigner les terres, tandis que si l'on n'augmentait pas la salure des eaux, en les faisant passer d'un cuvier dans l'autre, ce même sel resterait dissous dans une quantité d'eau quatre fois plus grande.

Le mécanisme du lessivage des terres salpêtrées étant maintenant bien connu, on va indiquer rapidement la manière dont on doit opérer.

On se procure des cuviers en sciant en deux des tonneaux; on les perce latéralement, tout près du fond, d'un trou de seize à dix-huit millimètres de diamètre, dans lequel on introduit une chantepleure en bois, et on en dispose trois sur des chantiers élevés de cinq à six décimètres au-dessus du sol. Ce nombre est suffisant pour une exploitation de 1000 kilogrammes de salpêtre. Après avoir étendu une légère couche de paille sur le fond de chaque cuvier et en avoir fait un tampon qu'on met sur l'ouverture de la chantepleure pour retenir la terre lors de l'écoulement de l'eau, on les remplit de terre ou de plâtras salpêtrés, préalablement broyés et passés à la claie; on fait déborder les matériaux de quatre à cinq centimètres, parce que l'eau, en les pénétrant, détermine leur affaissement. Il n'est pas possible de prescrire rigoureusement la quantité d'eau nécessaire pour les baigner; mais on doit en employer une quantité telle, qu'après une parfaite imbibition, sa surface soit au plus à la même hauteur que celle des matériaux salpêtrés. On ne met d'abord que de l'eau pure dans un cuvier, et, après qu'elle y a séjourné dix ou douze heures, on la fait écouler en ouvrant la chantepleure; elle tombe dans une rigole en bois mobile, d'où elle se rend dans un tonneau destiné à recueillir le produit du premier et du second lavage : celui-ci se fait avec une quantité d'eau pure égale à celle de l'eau salpêtrée fournie par le premier, et qu'on ne laisse séjourner dans les terres que trois à quatre heures. Le troisième et le quatrième lavage se font de la même manière que le second, et les eaux qui en proviennent sont reçues dans un autre tonneau qui leur est spécialement réservé. A ce terme, les terres de ce cuvier sont regardées comme épuisées; on les enlève, et on les remplace par de nouvelles terres.

Pour désigner les eaux des divers lavages d'une manière commode, on donne le nom d'*eaux de cuite* à celles qui sont assez chargées de salpêtre pour être évaporées : l'économie de combustible exige qu'elles aient au moins 10° : on les réunit dans une cuve pour en faire la saturation, comme on l'exposera plus bas. On donne le nom d'*eaux-fortes* à celles qui doivent passer encore une fois sur des terres neuves pour devenir eaux de cuite, et enfin le nom de *petites eaux* au produit des deux derniers lavages faits à l'eau pure. Dans l'exemple de lessivage représenté par le premier tableau, page 375, les eaux à 14°, ou environ, sont des eaux de cuite; celles de 8 à 4° des eaux fortes; et enfin celles de 2 à 1°, de petites eaux. Si l'on voulait pousser plus loin l'épuisement, les eaux de 1° et au-dessous seraient appelées *eaux de lavage*, et il faudrait les recevoir dans un tonneau particulier. Nous supposerons néanmoins qu'on s'arrête lorsque l'eau du dernier lavage ne marque que 1°.

Le premier cuvier étant épuisé, on passe successivement les eaux qu'on a obtenues sur le second cuvier. Les eaux fortes s'élevant à 100 litres, au titre moyen de 6°, produisent 50 litres d'eaux de cuite à 14°. Les petites eaux employées en deux fois produiront 100 litres d'eaux fortes, qui deviendront eaux de cuite en passant sur le troisième cuvier; et deux lavages à l'eau pure fourniront de petites eaux, comme au cuvier précédent.

Les lavages se continuent ensuite sur le troisième cuvier en suivant exactement la même marche. On fera très bien de consulter fréquemment l'aréomètre, pour connaître le degré d'épuisement des terres, et se diriger dans le nombre de lavages que l'on doit faire : car si les terres étaient plus riches qu'on ne l'a supposé, ou si, après avoir été baignées, elles laissaient écouler moins d'eau qu'elles n'en retiendraient, il faudrait un plus grand nombre de lavages que celui qui a été prescrit. A l'égard de l'aréo- mètre, il est bon d'être prévenu qu'il n'est pas toujours bien gradué, et qu'on pourrait être induit en erreur en s'en rapportant aveuglément à ses indications ; et alors même qu'il serait bien réglé, l'eau pourrait aussi donner lieu à de légères erreurs, si elle n'était pas pure, ou si les matériaux salpêtrés contenaient du plâtre ou sulfate de chaux. Pour se mettre à l'abri de ces deux causes d'incer- titude, on lessivera huit ou dix fois, avec de l'eau ordi- naire, les terres d'un cuvier déjà épuisées ; on plongera l'a- réomètre dans l'eau du dernier lavage, et on prendra pour point de départ, ou pour le zéro de l'instrument, le point où s'arrêtera son immersion. Si l'aréomètre indique alors $1° \frac{1}{2}$, par exemple, il faudra retrancher cette quantité du nombre de degrés qu'il donnera à chaque observation.

Les terres, après un nombre convenable de lavages, peuvent être utilisées de plusieurs manières. Disposées en murs abrités par des hangars ou par un toit de chaume, elles rendront le salpêtre qu'elles auront conservé après le dernier lavage, parce que ce sel viendra s'effleurir à leur surface à mesure qu'elles se dessècheront par l'évaporation. Si elles proviennent d'une nitrière artificielle, elles pour- ront y rentrer de nouveau ; enfin, on pourra s'en servir comme engrais.

2° *Saturation des eaux salpêtrées.* Lorsqu'on a réuni une certaine quantité d'eaux salpêtrées marquant plus de 10° à l'aréomètre, on pourrait en faire immédiatement la cuite, c'est-à-dire les évaporer dans une chaudière, si elles ne contenaient que du nitrate de potasse, et même du mu-

riate de soude et du muriate de potasse ; mais elles sont
en outre chargées de nitrate et de muriate de chaux, et
d'un peu de nitrate et de muriate de magnésie : ces deux
derniers sels peuvent être confondus avec le nitrate et le
muriate de chaux, parce que leur traitement est absolument le même. Avant d'évaporer ces eaux, il est nécessaire
de convertir les nitrates de chaux et de magnésie en nitrate de potasse. C'est cette conversion qu'on désigne dans
l'art du salpêtrier par le nom de *saturation*.

On transforme le nitrate de chaux en nitrate de potasse
en versant dans les eaux salpêtrées une dissolution de carbonate ou de sulfate de potasse. La chaux du nitrate forme
avec l'acide de chacun de ces deux sels un autre sel peu
soluble, qui se précipite à l'état pulvérulent, et l'acide
nitrique, en se combinant avec la potasse, produit du
nitre, qui reste en dissolution dans le liquide. Toutes
choses égales, d'ailleurs, le carbonate de potasse est préférable au sulfate, parce que, le carbonate de chaux étant
insoluble, se dépose au moment de la saturation, tandis
que le sulfate de chaux reste en partie en dissolution, et
se précipite ensuite dans les chaudières, où il forme un
*magma* terreux considérable, à mesure que l'eau s'évapore. Par les mêmes motifs, la potasse caustique serait
aussi moins avantageuse pour la saturation que la potasse
carbonatée.

Si les sels terreux contenus dans les eaux salpêtrées n'é-
taient que des nitrates, la saturation de ces eaux ne pré-
senterait aucune difficulté : on ajouterait du carbonate de
potasse jusqu'à ce que les nitrates terreux fussent entièrement décomposés, et l'on reconnaîtrait ce terme lorsque,
par l'addition d'une nouvelle quantité de carbonate de potasse, il ne se produirait plus de précipité. Mais les eaux salpêtrées contiennent aussi du muriate de chaux ; et comme
ce sel est décomposé par le carbonate de potasse, dans les

mêmes circonstances et avec les mêmes phénomènes que le nitrate de chaux, c'est une question de la plus haute importance pour l'art du salpêtrier de savoir à quel terme on doit arrêter la saturation ; s'il ne faut ajouter que la quantité de carbonate de potasse justement nécessaire pour décomposer le nitrate de chaux, ou s'il faut aussi en ajouter assez pour décomposer le muriate de chaux, soit en totalité, soit seulement en partie.

D'après les expériences faites par M. Gay-Lussac, il y a de l'avantage à ajouter du carbonate de potasse, jusqu'à ce qu'il ne se fasse plus de précipité.

Au lieu de carbonate de potasse pour saturer les eaux salpêtrées, il est plus avantageux, surtout dans les campagnes, de faire usage de cendres, qu'on pourrait lessiver séparément, à la manière des terres salpêtrées, afin de dissoudre la potasse et les sels qu'elles contiennent. Mais ce procédé ayant l'inconvénient d'augmenter la masse des eaux à évaporer, il est préférable de mêler les cendres aux terres salpêtrées, et de les lessiver en même temps comme il suit :

Après avoir étendu de la paille sur le fond de chaque cuvier, on met par-dessus des cendres passées au tamis et humectées, et on les comprime avec un pilon aplati en dessous ; leur épaisseur doit égaler environ le quart de la profondeur des cuviers. Sur cette couche de cendres on fait un nouveau lit de paille, et on achève de remplir les cuviers avec des terres salpêtrées : la lixiviation se fait d'ailleurs de la manière indiquée précédemment. Les sels terreux se décomposeront à mesure qu'ils passeront sur les cendres ; et si la proportion de ces dernières aux terres salpêtrées était convenable, la saturation serait complète. Mais cette proportion dépend de trop d'élémens pour être indiquée d'avance, c'est à l'expérience à la fixer ; néanmoins, il n'y aurait aucun inconvénient à s'en écarter, parce qu'après avoir reconnu, au moyen de la potasse, si l'on n'a pas atteint ou si l'on a dépassé le terme de la saturation, il sera toujours facile d'y parvenir, en ajoutant aux eaux imparfaitement saturées, soit de la potasse, soit de nouvelles eaux salpêtrées.

Le sulfate de potasse remplit le même objet que la potasse pour la saturation des eaux salpêtrées : seulement, il faut d'abord ajouter un lait de chaux à celles-ci pour décomposer le nitrate et le muriate de magnésie, et les changer en nitrate et muriate de chaux. On obtient un précipité de sulfate de chaux. Pour n'être pas induit en erreur sur le terme de la saturation par le sulfate de potasse, on doit attendre quelque temps après l'addition de ce sel, par la raison que le sulfate de chaux ne se précipite pas instantanément, surtout si les eaux salpêtrées sont faibles.

Le sulfate de potasse étant peu soluble, on en favorise la dissolution en le réduisant en poudre très fine et en le mettant dans un panier, qui plonge de 5 à 6 centimètres dans l'eau. A mesure que celle qui est en contact avec ce sel en est saturée, elle acquiert une plus grande densité, en vertu de laquelle elle se précipite et fait place à une autre portion de liquide, qui se sature et se précipite à son tour.

3° *Evaporation ou cuite des eaux salpêtrées.* Lorsqu'on a réuni une quantité convenable d'eaux de cuite, que la saturation en a été faite, on procède à leur évaporation pour obtenir le nitre et les autres sels qu'elles renferment. Cette opération est ce qu'on appelle *faire une cuite*, et l'eau salpêtrée elle-même prend le nom de *cuite* pendant le cours de son évaporation.

En suivant le procédé de saturation que nous venons de décrire, il ne doit rester en dissolution dans l'eau que du salpêtre, du muriate de soude, du muriate de potasse, du sulfate de chaux, des carbonates de chaux et de magnésie. Ces deux derniers, dissous à la faveur d'un excès d'acide carbonique, se précipitent à mesure que la température de la liqueur approche du terme de son ébullition. Le sulfate de chaux peu soluble se dépose par l'évaporation de l'eau, puis le sel marin; enfin, le muriate de potasse se précipite en proportion très variable aux diverses époques de l'évaporation. On obtient le nitre *brut* en laissant refroidir la cuite, après y avoir ajouté un peu d'eau pour tenir en dissolution les muriates de soude et de potasse, qui cristalliseraient par le refroidissement.

4.º *Raffinage du salpêtre.* Le nitre brut renferme environ 25 p. 100 de substances étrangères, que l'on sépare par une opération qui prend le nom de *raffinage.* Elle est fondée sur ce que les chlorures de potassium et de sodium retenus par le nitre, sont moins solubles à chaud que ne l'est ce dernier. On emploie généralement aujourd'hui le procédé suivant pour raffiner le salpêtre.

On met dans une chaudière 600 kilog. d'eau et 1 200 kilog. de salpêtre brut. On place peu de feu sous la chaudière, de manière qu'au bout de seize heures environ tout le sel soit dissous. Alors on augmente le feu, et l'on charge la chaudière à plusieurs reprises jusqu'à ce qu'on ait mis en somme 5,000 kilog. de salpêtre; on remue continuellement la liqueur, et on enlève les écumes qui surnagent à sa surface. Après l'avoir tenue quelque temps en ébullition, le salpêtre est complètement dissous, et il se dépose au fond de la chaudière du sel marin qu'on retire. On ajoute de temps à autre de l'eau froide au liquide, pour faciliter la précipitation de ce sel. Quand on est certain qu'il ne s'en dépose plus, on dissout 1 kilog. de colle de Flandre dans une suffisante quantité d'eau chaude, et l'on verse la dissolution dans la chaudière, on brasse, et on écume, en ayant soin d'ajouter par portion 400 kilog. d'eau, qui, réunis aux 600 kilog. primitivement employés, font 1,000 kil. Lorsqu'on n'aperçoit plus d'écumes, et

que la liqueur est très claire, on retire du feu de dessous
la chaudière; toutefois on en laisse assez pour que la température du liquide se maintienne à environ 88° pendant
plusieurs heures, après lesquelles il marque 67° ou 68° à
l'aréomètre.

On emploie pour décanter la liqueur différens vases appelés *puisoirs* et *bassines à main*; on évite soigneuse-
ment de la troubler, et on abandonne les dernieres portions. Celle qui a été décantée est mise dans un vase
nommé *cristallisoir*, placé près de la chaudière de raffinage. Toute la liqueur étant versée, on l'agite à l'aide
de *rabots*, pour aider le refroidissement. Le salpêtre cristallisé se précipite; on le ramène avec des râteaux le long
des bords du cristallisoir, où il forme des monceaux qui
s'égouttent promptement. Le sommet de ces espèces de cônes blanchit bientôt; on l'enlève avec des pelles qui ont la
forme d'écumoirs, et on le porte dans des *caisses de lavage*. Au bout de sept à huit heures la température de la
liqueur n'excède plus que de 4 à 5° celle du lieu où se fait
l'opération; à cette époque, on a obtenu tout le salpêtre
qu'il est possible de retirer.

Le salpêtre extrait du cristallisoir, et déposé dans les
caisses de lavage, y est entassé de façon à ce qu'il s'élève
de 14 à 16 centimètres au-dessus du niveau de leurs bords
supérieurs, afin de compenser ainsi l'affaissement résultant de l'opération du lavage; les caisses étant remplies, et les trous pratiqués à leur bord étant bouchés
avec des chevilles, on verse sur le nitre, à l'aide d'arrosoirs, de l'eau saturée de salpêtre, et de l'eau pure jusqu'à ce que le liquide qui s'en égoutte marque à l'aréomètre le degré de la saturation du salpêtre correspondant
exactement à celui de la température de l'atelier. Arrivé à
ce terme, on est certain que tous les chlorures sont dis-

sous, et que l'eau de lavage ne se charge plus que de salpêtre. Alors on arrête les lavages.

La liqueur de chaque arrosage doit séjourner sur le salpêtre environ trois heures, après lesquelles on la laisse écouler en ôtant les chevilles; les trous restent ouverts pendant au moins une heure pour que l'égouttage soit complet.

La liqueur provenant du premier arrosage, ainsi qu'une partie de celle du second, est mise de côté comme plus chargée de substances étrangères, pour être ultérieurement évaporée avec les eaux surnageantes. Le surplus est conservé comme ne contenant que du salpêtre, et pouvant servir par suite au lavage de ce sel.

La quantité d'eau de lavage ne doit jamais surpasser 56 arrosoirs contenant 10 lit. chaque. On fait ordinairement trois arrosages; les deux premiers, de quinze arrosoirs, et le troisième de six. Les eaux de celui-ci, jointes aux deux derniers tiers de celles du second, sont mises à part pour servir encore au lavage du salpêtre.

Après cinq ou six jours de séjour dans les caisses, le salpêtre lavé est porté dans le bassin de dessication. Ce dernier est chauffé par la fumée de la chaudière, près de laquelle on a eu soin de le placer. On y remue très souvent le salpêtre avec des pelles de bois pour empêcher qu'il n'adhère au fond du bassin, qu'il ne se forme en motte, et aussi afin que la chaleur se répartisse plus également dans toute la masse. Au bout de quatre heures il est sec, ce que l'on reconnaît lorsqu'en le pressant fortement dans la main, il ne se casse plus en grumeaux. Dans cet état, il est blanc et pulvérulent; on le passe dans un tamis de laiton pour diviser les mottes, et séparer les corps étrangers qui s'y seraient mêlés, puis on l'enferme dans des barils.

Par ce procédé, on obtient pour produit moyen du

raffinage de 3,000 kilog. de salpêtre, 1,750 à 1,800 kilog. de nitrate de potasse pur propre à la confection de la poudre.

Pour obtenir le reste du salpêtre, on remplit l'une des chaudières de la raffinerie d'eaux surnageantes aux raffinages que l'on porte à l'ébullition. Le liquide qui se vaporise est continuellement remplacé par de nouvelles eaux qu'on ajoute successivement jusqu'à concurrence de 69 *bardées*, dont 59 d'eaux surnageantes et 10 d'eaux des premiers arrosages. On fait en sorte que ces eaux arrivent lentement dans la chaudière au moyen d'un cuvier placé dessus, et que leur température soit assez élevée pour ne point interrompre l'ébullition. On écume, on enlève le sel marin du fond de la chaudière ; l'addition des eaux peut durer quatre à cinq jours ; au bout de ce temps, et lorsque le liquide de la chaudière est réduit aux deux tiers de son volume, on y verse 1 kilog. de colle forte dissoute dans 15 kilog. d'eau chaude, puis on brasse ; on continue d'écumer, et d'enlever le sel marin, qui est lavé avec une petite quantité d'eau chaude, laquelle est versée dans la chaudière.

La liqueur étant clarifiée par le collage, on ajoute une bardée égale à 100 kilog. d'eau froide ; il se précipite du sel marin, qu'on retire. Cela fait, on y introduit une solution étendue de potasse pour décomposer les nitrates terreux. Après avoir brassé le mélange, et après avoir ôté une partie du feu de dessous la chaudière, on la laisse reposer douze heures, après lesquelles on décante la liqueur dans le cristallisoir, en évitant de la troubler ; elle y est traitée comme celle des raffinages. On en retire 6 à 7 bardées d'eaux surnageantes, et on a ainsi le reste du salpêtre, qui est parfaitement pur lorsqu'il a été lavé.

Le traitement des nouvelles eaux surnageantes se fait de même que celui que nous venons de décrire. Quant aux lavages des écumes et du chlorure de sodium, on l'effectue comme à l'ordinaire.

5° *Essai du salpêtre.* On met dans un vase 400 grammes de salpêtre, sur lesquels on verse un demi-litre d'eau saturée de ce sel pur; le mélange est agité avec une baguette de verre pendant un quart d'heure, après lequel on laisse déposer le sel. On décante la liqueur, que l'on passe à travers un filtre.

On verse sur le résidu un quart de litre d'eau saturée de nitre pur; on agite pendant quinze minutes, et on jette le tout sur le filtre, en ayant la précaution de ne pas laisser la moindre trace de salpêtre dans le vase.

L'expérience a appris que sept décilitres et demi de la liqueur saturée de nitre pur ne dissolvent qu'environ 264 grammes de sel marin, en sorte que, si la quantité de ce dernier, contenue dans le salpêtre à essayer, surpassait ce nombre, l'excédent ne serait pas dissous et ferait partie du poids regardé comme nitrate de potasse.

Pour éviter cette cause d'erreur, on lave une troisième fois le résidu avec un demi-litre de liqueur saturée de nitre pur, toutes les fois qu'une épreuve donne une perte de poids supérieure à 240 grammes.

Lorsque la matière sur le filtre est bien égouttée, on enlève celui-ci, en ayant soin de ne pas le déchirer et de ne pas perdre de salpêtre; on le déploie sur une double feuille de papier gris, étendue sur un boisseau plat, garni de rognures de filtres, recouvrant un lit de matières absorbantes, telles que la craie, par exemple. A l'aide d'une cuillère, on étend le salpêtre sur le filtre. Au bout de vingt-quatre heures, on enlève ce sel avec la cuillère et on le met dans le vase qui a servi à laver l'échantillon. Les portions de nitre adhérentes au filtre sont retirées avec un couteau, qui a la forme d'une spatule.

Le vase est placé sur un bain de sable, que l'on porte à

une température peu élevée. Le sel est agité avec une baguette de verre : on le retire de dessus le feu lorsqu'il
n'adhère plus à celle-ci.

On pèse exactement le salpêtre desséché ; la différence
entre ce poids et les 400 grammes du salpêtre brut essayé
donné, en y ajoutant 2 pour 100 de l'échantillon, c'est-à-
dire 8 grammes, la quantité réelle des matières étrangères
contenues dans le salpêtre éprouvé.

La raison pour laquelle on ajoute 2 pour 100 est que
l'eau saturée de nitre laisse déposer de ce sel lorsqu'elle
se charge de sel marin. Par des expériences très exactes,
on a trouvé que la quantité de nitre déposé s'élevait à
2 pour 100.

# CHAPITRE III.

## DES ENCRES.

### ENCRE ORDINAIRE.

L'encre dont on se sert communément pour écrire peut
être considérée comme étant essentiellement composée de
peroxide de fer, d'acide sulfurique, d'acide gallique et de
tannin. Quant aux autres substances qu'on fait entrer dans
sa préparation, elles ne remplissent qu'un rôle secon-
daire.

Parmi toutes les recettes qu'on a données pour faire
l'encre, la suivante est adoptée par beaucoup de fabricans :

Eau, 6 litres, ou . . . . . . . . 6000 grammes.
Noix de galle d'Alep concassée. . 250
Copeaux de bois de campêche. . 125

Sulfate de protoxide de fer. . . 125 gramm.
Gomme arabique. . . . . . . 93,75
Sulfate de cuivre . . . . . . 31,25
Sucre blanc . . . . . . . . 31,25

L'eau, les copeaux de bois de campêche et la noix de galle sont mis ensemble dans une chaudière cylindrique de cuivre, munie d'un couvercle, et tenus en ébullition pendant deux heures, en ayant soin de remplacer le liquide qui se vaporise. On fait dissoudre la gomme et le sucre dans l'eau tiède de manière à former un mucilage. Les sulfates de fer et de cuivre sont dissous ensemble, à l'aide de la chaleur, dans le moins d'eau possible. Ces deux dissolutions, faites séparément, sont versées dans la chaudière ; on brasse fortement le mélange, que l'on met lorsqu'on agit en grand, dans des tonneaux défoncés à un bout, qu'on laisse exposés à l'air.

La liqueur prend une teinte d'un bleu foncé, qui paraît noire ; on agite de temps en temps ; au bout de quelques jours il se forme à la surface de l'encre des moisissures que l'on enlève ; puis on l'introduit dans des bouteilles qui sont bouchées hermétiquement en enduisant les bouchons de cire à cacheter.

L'encre a été bien préparée lorsqu'elle coule facilement de plume, et qu'appliquée sur du papier blanc, elle donne d'abord une couleur d'un bleu foncé, qui passe bientôt au noir.

Ce produit étant sujet à s'altérer par son exposition au contact de l'air, on en prévient la décomposition en y ajoutant une petite quantité de sublimé corrosif ; mais ce mode de conservation est fort dangereux, parce qu'en portant la plume à la bouche, on court le risque de s'empoisonner.

ENCRE ROUGE.

On fait digérer pendant trois jours dans le vinaigre 100

grammes de bois de Brésil broyé; et l'on tient la liqueur
en ébullition pendant une heure. Dans la solution, préalablement filtrée, on dissout à chaud 12 grammes de gomme
arabique, 12 grammes de sucre blanc et 12 grammes d'a-
lun. La liqueur étant refroidie, est mise dans des bouteilles que l'on bouche avec beaucoup de soin.

On obtient une encre d'un très beau rouge avec une dissolution de carmin dans l'ammoniaque; on laisse évaporer
spontanément l'excès d'alcali, et on ajoute un peu de
gomme arabique blanche, afin d'épaissir la liqueur.

## ENCRE JAUNE.

On prépare de l'encre jaune avec différentes substances; mais le procédé le plus simple consiste à délayer de
la gomme-gutte dans une quantité d'eau plus ou moins
grande, selon qu'on veut avoir une encre d'un jaune
moins ou plus foncé.

## ENCRE VERTE.

Klaproth a donné la recette suivante, à l'aide de laquelle
on se procure une encre d'une belle teinte verte.

On mélange une partie de crème de tartre avec huit
parties d'eau et deux parties de vert-de-gris; on fait bouillir jusqu'à ce que le volume du liquide soit réduit à la
moitié; ou filtre sur une toile à mailles serrées; la liqueur
refroidie est introduite dans des bouteilles qu'on ferme
hermétiquement.

## ENCRE DE LA CHINE.

La composition de cette encre, telle qu'elle nous vient
de la Chine, ainsi que le mode de préparation qu'emploient
les Chinois, ne sont pas encore bien connus. M. Mérimée
a donné le procédé suivant pour la préparer.

On fait bouillir une solution aqueuse de gélatine jusqu'à ce qu'elle cesse de se prendre en gelée par le refroidissement; on y verse une infusion de noix de galle, de
manière à ne précipiter qu'une partie de la gélatine; le
précipité est dissous dans l'ammoniaque; la nouvelle dissolution est mêlée avec l'autre partie de la gélatine non
précipitée. Le mélange doit avoir une consistance un peu
épaisse; on y ajoute du noir de fumée connu dans le commerce sous le nom de *noir léger*, et on broie la matière
sur un porphyre de glace: on met ordinairément un peu
de musc ou d'une substance aromatique pour paralyser
l'odeur désagréable de la colle forte. On obtient une pâte
que l'on applique sur des moules de bois incrustés de lettres et de dessins chinois, qui sont en relief sur toutes les
faces. La forme des bâtons de l'encre de la Chine est ordinairement celle d'un parallélipipède rectangle. Ils sont desséchés lentement à l'aide de cendres qui les recouvrent :
quelques uns sont ensuite dorés.

On reconnaît que l'encre de la Chine est bonne, aux
caractères suivans : elle offre une cassure d'un noir
luisant; sa pâte est fine et homogène ; lorsqu'on la mouille,
elle se dessèche, et sa surface est brillante et cuivrée ; délayée avec de l'eau, elle présente des teintes plus ou moins
foncées, qui dépendent de la quantité de ce liquide. Les
bords de ces teintes sont susceptibles d'être fondus si l'on
passe à temps un pinceau mouillé d'eau pure ; mais si elles
sont desséchées, il est impossible de les délayer à l'eau,
même en frottant avec un pinceau. M. Mérimée pense,
d'après cette dernière propriété, que l'encre de la Chine
réagit sur l'une des substances contenues dans le papier,
et qu'elle forme avec elle un composé insoluble: il appuie
sa manière de voir sur ce que cette encre, étendue sur
de la porcelaine, de l'ivoire, du marbre, etc., est facilement délayée et enlevée avec le pinceau.

L'encre de la Chine étant complètement inattaquable par les réactifs chimiques, et se conservant indéfiniment sans éprouver la moindre altération, a été employée pour faire de l'encre indélébile.

ENCRE D'IMPRIMERIE.

D'après M. Berzelius, on fait bouillir de l'huile de lin dans une chaudière de fonte jusqu'à ce qu'elle ait pris la consistance d'un vernis, ce dont on est prévenu par la vapeur qui devient plus épaisse et plus infecte. Pendant que l'huile est en ébullition, on y plonge du pain desséché et enfilé dans des broches de bois; opération qui a pour but, d'après les imprimeurs, d'empêcher que l'encre ne jaunisse le papier. Quand on juge la cuisson suffisante, on retire la chaudière du feu, on la couvre, et on enflamme l'huile en tenant un copeau allumé dans sa vapeur : on la laisse brûler pendant environ cinq minutes, en ayant soin de la remuer sans cesse; après ce temps, on éteint la flamme en couvrant la chaudière, que l'on enfouit dans la terre afin de la refroidir rapidement. L'huile étant refroidie, on y met du noir de fumée parfaitement calciné, et on remue le mélange jusqu'à ce qu'on n'aperçoive plus de grumeaux.

ENCRE INDÉLÉBILE.

Nous avons vu, en parlant du chlore, qu'il avait la propriété de faire disparaître l'encre ordinaire : de là une foule de faux en écriture.

Le ministre de la justice, considérant les nombreuses falsifications des actes publics et privés, consulta l'académie des sciences sur les moyens de les prévenir : ce corps savant nomma une commission prise dans son sein, qui donna les recettes suivantes pour faire des encres indélébiles.

1<sup>re</sup> ENCRE. On prend de l'acide hydrochlorique auquel on ajoute assez d'eau pour le réduire à un degré et demi au pèse-liqueur de Beaumé. On délaie l'encre de la Chine avec cet acide, et on se sert de cette liqueur comme de l'encre ordinaire.

Si l'on avait à écrire sur du papier mince ou peu collé, il y aurait de l'avantage à employer de l'acide hydrochlorique plus faible pour délayer l'encre de la Chine; sans cela, l'encre pourrait pénétrer dans le papier au point de paraître sur la surface opposée; ce qui empêcherait qu'on pût y tracer des caractères. La commission conseille alors de réduire l'acide à un degré.

Cette encre indélébile, conservée dans une bouteille, laisse déposer promptement une partie de son principe colorant. C'est pourquoi il vaut mieux la préparer au moment où on en a besoin. Les proportions sont pour un litre d'acide hydrochlorique à un degré et demi, 4 à 5 grammes d'encre de la Chine.

Dans le cas où cette encre aurait été faite depuis plusieurs jours, il faudrait l'agiter avant de s'en servir.

2<sup>e</sup> ENCRE INDÉLÉBILE. On prend une dissolution d'acétate de manganèse marquant dix degrés au pèse-liqueur de Beaumé; on y ajoute un neuvième de son volume d'acide acétique saturant, pour 100, environ 160 de carbonate de soude cristallisé; cette liqueur est employée pour délayer de l'encre de la Chine. Après avoir écrit avec ce mélange, on expose l'écriture au-dessus d'un vase contenant de l'ammoniaque liquide.

# CHAPITRE IV.

## CHARBON DE HOUILLE OU COKE.

Lorsqu'on distille convenablement de la houille ou *charbon de terre*, on obtient un résidu presque entièrement privé d'oxigène et d'hydrogène, auquel on a donné le nom de *coke*. Il se produit en outre de l'eau renfermant des sels ammoniacaux, du goudron, de l'hydrogène plus ou moins carboné, de l'acide carbonique, de l'oxide de carbone, de l'hydrogène sulfuré, et du sulfure de carbone en vapeur. Ces gaz purifiés servent à l'éclairage.

Dans d'autres modes de carbonisation, ils sont brûlés à mesure qu'ils se dégagent, et remplacent ainsi une partie du combustible.

Tous les procédés employés pour la fabrication du coke peuvent se réduire à trois. Le premier consiste à distiller la houille dans des cornues de fonte; nous le décrirons lorsque nous nous occuperons de l'éclairage au gaz par cette substance. Le second repose sur l'usage de fourneaux de diverses formes, à l'aide desquels on carbonise de grandes quantités de houille plus facilement, et d'une manière plus productive.

Le troisième que nous allons donner a la plus grande ressemblance avec le procédé ordinaire de carbonisation du bois en meules.

## CARBONISATION EN MEULES.

On réduit la houille en morceaux de 3 ou 4 pouces cubes, dont on fait sur une aire plane un tertre conique de 4 à 5 mètres de diamètre, et de 70 à 75 centimètres de hauteur. Ce tertre est recouvert de paille et de terre légèrement humectée; on s'arrange de manière que la couche de paille soit assez épaisse pour que la terre ne tombe pas entre les morceaux de houille. Lorsqu'on n'a pas de paille à sa disposition, on se sert d'herbes ou de feuilles sèches.

La charbonnière étant ainsi disposée, on jette quelques charbons incandescens dans une ouverture d'environ un demi-pied de profondeur qu'on a pratiquée en construisant la charbonnière; par-dessus ces charbons on en place d'autres, et quand on pense que le feu est allumé, on ferme l'ouverture. On conduit l'opération de sorte que la carbonisation ne soit ni trop rapide, ni trop lente. Après environ quatre jours, la houille est réduite en coke, et donne en poids à peu près 40 p. 100 de ce dernier.

Ce procédé étant de longue durée, et ne pouvant s'appliquer sans certaines précautions à la carbonisation de toutes les houilles, on le modifie comme il suit :

Le cône est remplacé par un prisme couché, dont la largeur est d'environ 3 mètres, la hauteur de 1 mètre, et dont la longueur est de 20 à 40 mètres. Les gros morceaux de houille sont placés au milieu, et les menus sur les bords. On allume divers points à la fois de la partie supérieure du prisme; du reste, on conduit l'opération comme nous venons de le dire. Au bout de vingt-quatre heures la carbonisation est achevée.

Si la houille est un peu sèche, ce procédé ne donne pas de bons résultats. L'observation ayant appris que les houilles grasses se carbonisent à une température initiale inférieure à celle qu'exige une houille sèche, Wilkinson, pour obtenir une température convenable à cette dernière espèce de houille, imagina de placer au centre de la meule une cheminée en briques, percée de trous à sa partie inférieure, pour présenter une issue constante à la fumée. Autour de cette cheminée, on trace un cercle à 6 pieds de la base; dans l'espace compris entre celui-ci et la cheminée, on met d'abord un lit de gros morceaux de houille qui sont disposés de manière qu'ils laissent entre eux des vides; ceux-ci sont recouverts de petits morceaux placés sur leur face la plus large. On surmonte cette dernière couche d'un lit de gros morceaux semblables à ceux qui constituent le premier lit; on ajoute de la houille en petits fragmens; on continue ainsi jusqu'à ce qu'on ait construit la meule; alors on recouvre toute sa surface extérieure de poussier qu'on humecte, afin qu'il ait de la consistance.

Cela fait, on introduit dans la cheminée du bois enflammé dont le feu se communique à toute la meule; on voit bientôt sortir une colonne de fumée épaisse par l'orifice de la cheminée; la couverture de poussier présente toujours des fentes que l'on bouche avec du poussier mouillé. On reconnaît que l'opération tire à sa fin à la disparition de la fumée qui fait place à une flamme bleuâtre, laquelle disparaît à son tour; à cette époque on éteint le feu en couvrant d'un disque de fonte l'ouverture de la cheminée.

La carbonisation dure ordinairement deux jours, et l'on obtient à peu près 50 de coke pour 100 de houille.

Il est facile de voir que la cheminée ajoutée par Wilkinson a pour objet de rendre le tirage plus régulier et plus grand.

Ce procédé est appliqué aujourd'hui à la carbonisation des houilles grasses ou maigres; seulement on y apporte de légères modifications qui dépendent de la manière dont se comportent les houilles.

# CHAPITRE V.

## ÉCLAIRAGE AU GAZ.

1° *Éclairage au gaz par la houille.* L'appareil dont on se sert aujourd'hui est composé de sept parties distinctes, qui sont :

Les cornues, le barillet, le condenseur, le dépurateur, le gazomètre, les tubes partant du gazomètre, et les becs dans lesquels s'opère la combustion du gaz.

### CORNUES.

Nous venons de voir qu'en exposant la houille à une chaleur rouge dans une cornue, elle donne du coke, du goudron ou de l'huile, de l'eau, de l'ammoniaque, des hydrogènes deuto et protocarbonés, de l'oxide de carbone, de l'acide carbonique, de l'hydrogène sulfuré, et du sulfure de carbone.

Les quantités relatives de chacun de ces produits varient avec les diverses espèces de houilles, et avec le degré de chaleur auquel on les décompose. L'expérience a appris qu'il se forme plus d'huile ou de goudron, et plus de coke, lorsque la température est basse ; que si elle est élevée, au contraire, la quantité de gaz produite est d'autant plus grande que la température est plus voisine du rouge intense. Il en résulte qu'on doit choisir des vases qui puissent supporter une chaleur d'un rouge intense, et dont la forme permette de les exposer le plus complètement possible à cette température. On emploie

26

généralement des cylindres de fonte auxquels on a conservé le nom de cornues.

Une cornue cylindrique se compose de deux pièces : sa panse est un cylindre bouché à une extrémité, et ouvert à l'autre. La première extrémité est munie d'une queue de fonte qui s'incruste dans la maçonnerie et sert à supporter la cornue ; la seconde porte un rebord plat et deux oreilles qui reçoivent des boulons, lesquels maintiennent l'une contre l'autre les deux pièces de la cornue ; les fentes sont lutées avec un lut composé de soufre, de sel ammoniac et de limaille de fer. A peu de distance de la partie ouverte de la cornue on a placé un tube qui laisse dégager le gaz ; enfin cette partie est fermée par un bouchon légèrement conique.

Nous ne pouvons entrer dans plus de détails sur la disposition des cornues ; il suffira de visiter une usine à gaz pour comprendre facilement le mécanisme de tout l'appareil.

### BARILLET.

C'est un vase de fonte contenant de l'eau dans laquelle viennent plonger d'un pouce les tubes qui conduisent le gaz provenant des cornues. Sa partie latérale est munie d'un tuyau qui fait écouler le liquide en excès et le goudron.

Le barillet est placé le plus souvent au-dessus des cornues.

### CONDENSEUR.

Le condenseur n'est autre chose qu'un système de tubes réfrigérans placés horizontalement ou verticalement, et sur lesquels on fait tomber de l'eau froide. Ils condensent le liquide ammoniacal et le goudron entraînés par le gaz. A la partie la plus basse de ce système on met un canal qui conduit l'eau et le goudron dans une fosse.

## DÉPURATEUR.

Cet appareil consiste en deux caisses contenant chacune un lit épais de foin imprégné d'un lait de chaux qui n'absorbe que les acides carbonique et hydrosulfurique. Les gaz entrent dans le dépurateur par la partie inférieure, et en sortent par la partie supérieure, après avoir traversé les deux lits de foin.

## GAZOMÈTRE.

C'est une immense cloche de tôle vernie destinée à contenir le gaz épuré. Elle plonge dans un réservoir en maçonnerie construit sous terre et rempli d'eau.

## TUYAUX DE CONDUITE.

Les tuyaux de conduite, destinés à être placés dans le sol, sont en fonte ; on les assemble avec le plus grand soin. Le gaz étant parvenu dans le lieu où il doit servir, on l'y distribue au moyen de tubes de plomb.

## BECS.

Ils sont ordinairement de laiton, tantôt terminés par un cône percé d'un ou de plusieurs petits trous, tantôt par une fente. A quelque distance de ces ouvertures, on a placé un robinet qu'on ouvre au moment où l'on veut enflammer le gaz.

2° *Eclairage au gaz provenant de l'huile.*

Dans un fourneau convenablement construit on dispose un cylindre de fonte rempli de fragmens de coke, qu'on chauffe au rouge naissant ; à l'aide d'un tuyau, on fait arriver de l'huile dans le cylindre chauffé : celle-ci traversant le coke très chaud, éprouve une décomposition presque complète et se transforme en gaz qui sont recueillis dans un gazomètre. Ce sont des hydrogènes plus ou moins carbonés, de l'oxide de carbone, de l'hydrogène libre et un peu d'azote.

On a trouvé par l'expérience qu'un kilogramme d'huile ordinaire donne environ 830 litres de gaz.

On se sert en France d'huile de graine non épurée.

## CHAPITRE VI.

### FUMIGATIONS D'ACIDE SULFUREUX.

Le gaz sulfureux étant d'un usage fréquent pour guérir les maladies de la peau, nous allons décrire sommairement l'appareil fumigatoire qui ne contient qu'une seule personne et qui a été inventé par M. Darcet.

Il consiste en une boîte portant à sa partie supérieure un trou par lequel passe la tête du malade : ce trou est fermé par un couvercle qui s'ouvre à charnière. Dans l'intérieur de la boîte il y a un fauteuil à roulettes, servant à asseoir le malade.

Le sol de cette boîte consiste en un double plancher porté sur des barres de fer. La partie inférieure de celui-ci est formée d'une plaque de fonte, et la partie supérieure est en bois de chêne. Ces deux planchers sont séparés par des traverses de fer : par cette disposition, le feu ne peut prendre au bois séparé du fer par un courant d'air. Le malade a les pieds nus posés sur le premier plancher, qui leur communique une chaleur agréable. Le fond de la boîte ne touchant pas à ses parois, laisse pénétrer de tous côtés dans l'appareil l'air qui est échauffé par la plaque de fer et les gaz qui se dégagent des matières employées à la fumigation.

Afin que la température soit à peu près la même dans toutes les parties de ce système, et aussi pour y faire arriver les substances aériformes dont on se sert pour les fumigations, on dispose le plancher mobile de manière que l'espace vide qui le sépare des parois de l'appareil soit d'autant plus petit, qu'on s'approche plus d'un foyer de chaleur placé au-dessous de ce plancher.

La température de la boîte est indiquée par un thermomètre dont la boule est dans l'intérieur, et l'échelle au dehors : par cette disposition, le malade peut consulter à chaque instant cet instrument.

Un peu au-dessus du foyer on a placé une caisse de tôle, dont la température est suffisante pour réduire en vapeurs les substances qu'on y jette.

Enfin, il y a des tuyaux convenablement disposés, à l'aide desquels on rend le tirage plus ou moins fort, et on fait sortir les gaz de la boîte sans en répandre dans l'appartement.

Concevons qu'on veuille administrer une fumigation d'acide sulfureux saturé de vapeur d'eau.

On ferme les clefs des tuyaux d'appel, on ouvre celles des tuyaux servant de cheminée, et on allume le feu. L'intérieur de la boîte étant suffisamment échauffé, ce que montre le thermomètre, on y fait entrer le malade par une porte pratiquée sur le devant de celle-ci ; puis on la ferme ; on abat le couvercle de telle sorte que la tête du malade passe au-dessus ; on lui met une serviette autour du cou, afin de clore l'espace vide qui existe entre ce dernier et les bords du trou.

On ouvre les clefs des tuyaux d'appel assez pour que l'air extérieur n'entre pas dans la boîte avec une trop grande vitesse; on introduit par un trou dans la caisse de tôle du soufre pulvérisé, et on le bouche : ce métalloïde se réduit en vapeur, passe à l'état de gaz sulfureux, qui pénètre dans l'appareil et enveloppe le malade de toutes parts ; cet acide sort ensuite par un tuyau particulier avec la fumée du foyer. Pour obtenir de la vapeur d'eau, on fait tomber ce liquide dans la caisse par le moyen d'un entonnoir dont le bec s'adapte sur le trou par lequel on a mis le soufre.

La fumigation étant terminée, on cesse de produire de l'acide sulfureux ; on dirige l'air extérieur dans la boîte, de manière que cet acide ne se répande pas dans l'appartement, et le malade se retire.

Il existe à l'hôpital St.-Louis un appareil où l'on peut donner des bains sulfureux à douze personnes à la fois.

---

# CHAPITRE VII.

## EXTRACTION DU DIAMANT.

On n'a encore trouvé le diamant que dans des dépôts de transport dont l'âge n'est pas bien connu, mais qui paraissent assez modernes et à peu près de même nature dans toutes les localités : ils sont en général formés de cailloux roulés, liés entre eux par une argile ferrugineuse ou sablonneuse plus ou moins abondante : on y rencontre de l'oxide de fer à divers états, du quartz, du bois pétrifié, etc. Ces terrains s'étendent sur de très grandes surfaces, et sont partout à découvert ; ce qui est la cause de l'incertitude où l'on est de leur âge relatif.

Les diamans existent disséminés çà et là, toujours en très petite quantité dans ces dépôts ; ils sont le plus

souvent enveloppés d'une croûte terreuse, qui empêche de les reconnaître avant qu'ils aient été lavés. On a
cru remarquer au Brésil que c'est dans le fond et sur les
bords des larges vallées, et à très peu de profondeur au-
dessous de la surface du sol, que gît le diamant : les
parties qui présentent de l'oxide de fer en grains lisses
sont les plus riches.

Les terrains qui contiennent des diamans sont rares.
L'Inde est le pays le plus anciennement connu, quoiqu'on
manque de renseignemens sur les véritables points où se
font les exploitations. Il en existe dans les environs de
Golconde, dans le Décan, et au Bengale.

L'île Bornéo, la province de Minas-Geraès au Brésil, la
partie occidentale des monts Ourals en Sibérie, renferment aussi cette précieuse substance.

### MODE D'EXTRACTION DU DIAMANT AUX INDES.

L'exploitation du diamant est libre dans l'Inde; seulement
les chefs des contrées où elle a lieu paient un droit.

On lave les terres à diamant pour entraîner le sable et
l'argile; on porte le résidu, formé principalement de petits
cailloux et de minerai de fer, sur une aire bien battue, où
on le laisse sécher; et on fait chercher au soleil les diamans par des nègres nus, que surveillent des inspecteurs.

### MODE D'EXTRACTION DU DIAMANT AU BRÉSIL.

Sous un hangar, on place une table inclinée, partagée
dans sa longueur en différens compartimens, *ou caisses*,
dans chacune desquelles est un nègre. Un courant d'eau
est amené vers la partie supérieure, où on a mis un tas de
terre à diamant, nommée *cascalho*, dont chaque ouvrier
fait tomber quelque partie pour bien la laver. Il cherche
ensuite dans le gravier restant les diamans qui peuvent

s'y trouver. Chaque atelier contient vingt nègres et plusieurs inspecteurs, assis sur des banquettes élevées, qui sont placées vers la partie supérieure de la table.

Dès qu'un nègre a découvert un diamant, il doit en avertir, en frappant des mains, et le remettre à un inspecteur, qui le dépose dans une gamelle suspendue au milieu de l'atelier. Chaque soir, ce vase est porté à l'officier principal, qui compte, pèse, et enregistre les diamans.

Tout nègre qui trouve un diamant pesant $17\frac{1}{2}$ carats (1) est mis en liberté, et le maître auquel il appartient reçoit une indemnité. Malgré cette prime, il se fait une contrebande évaluée au tiers du produit, et à l'aide de laquelle les diamans les plus gros et les plus beaux entrent dans le commerce.

Les mines du Brésil ont rapporté au gouvernement, depuis 1730 jusqu'en 1814, 3,023,000 carats, ce qui donne un revenu annuel de 36,000 carats, c'est-à-dire un peu plus de 15 livres de diamant. Mais, d'après M. Maw, ce produit a considérablement diminué depuis quelques années.

Le carat de diamant brut revient au gouvernement à 38 f. 20 c. de frais d'exploitation.

Le Brésil verse chaque année dans le commerce 25 à 30 mille carats de diamant, qui, après avoir été taillés, se réduisent à 8 ou 9 cents carats.

### TAILLE DU DIAMANT.

Ce fut en 1476 que Louis de Berguem découvrit l'art de tailler le diamant au moyen de sa propre poussière. Jusqu'à cette époque toute la beauté dont il est susceptible était restée inconnue.

(1) Le mot carat vient de *kuara*, nom d'une plante dont la graine servait à peser les diamans dès le commencement de leur exploitation. On évalue le carat à 205 milligrammes.

En frottant deux diamans bruts l'un contre l'autre, on obtient une poudre, qu'on appelle *égrisée;* on la délaie dans de l'huile, et on en arrose une plate-forme horizontale d'acier très doux. Le diamant à tailler est soudé à l'étain dans une coquille en cuivre, laquelle est pincée dans une tenaille d'acier. Cette dernière, chargée d'un poids assez fort, presse le diamant sur la plate-forme, à laquelle on communique un mouvement de rotation. Lorsque la face est convenablement usée, on en use une autre, et ainsi de suite.

On connaît sous le nom de *bruts ingénus* les diamans employés autrefois avec leur poli naturel, et sous celui de *pointes naïves* ceux qui présentent une cristallisation régulière.

Il existe certains diamans qu'on ne peut tailler; on les appelle *diamans de nature.* Les vitriers s'en servent pour couper le verre, ou on les pulvérise dans un mortier d'acier : c'est avec cette poussière qu'on use les diamans et les autres pierres précieuses.

Lorsque les diamans ont une forme qui se prête peu à l'opération de la taille, on les clive parallèlement aux faces d'un octaèdre régulier. A cet effet, on pratique une entaille peu profonde autour de la partie que l'on veut enlever; on y applique une lame d'acier bien trempée et bien aiguisée; on frappe sur le diamant, qui se divise en deux parties, dans le sens de l'entaille.

Quelquefois, pour abréger l'opération de la taille, on enlève une partie du diamant avec un fil fin d'acier enduit de poudre de diamant huilée.

Dans les premiers temps qui suivirent la découverte de l'art de tailler le diamant, les joailliers s'attachaient à le polir sans trop en enlever, mais non à en augmenter l'éclat en lui donnant des formes sous lesquelles il aurait réfléchi plus de lumière. Aussi, dans les diamans taillés anciennement, les deux faces principales sont dressées, et les côtés sont abattus en biseau. Ils portent le nom de *pierres en table,* ou de *pierres faibles.*

On appelle *pierres épaisses* les diamans dont la partie extérieure seule est dressée, et dont la face opposée est taillée en prisme régulier.

Aujourd'hui, on ne connaît plus que deux tailles : l'une dite *taille en rose,* l'autre *taille en brillant.*

Dans la première, le dessous du diamant est plat, et le dessus offre un dôme taillé à facettes, qui sont au nombre de vingt-quatre.

La taille en brillant diffère de celle qu'on faisait subir aux *pierres épaisses,* en ce que le pourtour de la table présente huit pans partagés en facettes triangulaires ou losangées. Le dessous du diamant est composé de facettes symétriques correspondantes à celles de la partie supérieure.

Le diamant brillant est préféré à tous les autres, parce qu'il donne les couleurs les plus variées.

Le prix des diamans est très élevé et très variable.

Un diamant qui ne peut être taillé se vend à raison de 3o à 36 fr. le carat.

Lorsqu'il est susceptible d'être taillé, et que son poids ne dépasse pas un carat, il est vendu à raison de 48 fr. le carat; mais s'il dépasse celui-ci, on l'estime par le carré de son poids multiplié par 48. Ainsi un diamant brut de 4 carats vaut $16 \times 48$ fr. $= 768$ fr.

Les diamans qui sont taillés sont d'un prix beaucoup plus élevé, à cause du travail, de la perte de poids et des chances que l'on court. En général on évalue la perte qu'un diamant éprouve par la taille, au moins à la moitié de son poids lorsqu'il est brut.

Le tableau suivant contient le prix des diamans jusqu'à cinq carats :

| Poids moyen des diamans. | | Prix du carat. |
| --- | --- | --- |
| $\frac{1}{40}$ de carat | | 60 à 80 fr. |
| $\frac{1}{10}$ — | | 100 à 125 |
| $\frac{1}{2}$ — | | 160 à 192 |
| $\frac{3}{4}$ — | | 200 à 261 |
| 1 — | | 220 à 280 |

| | | Prix du diamant. |
| --- | --- | --- |
| 2 carats | | 650 à 800 fr. |
| 3 — | | 1600 à 2000 |
| 4 — | | 2400 à 3000 |
| 5 — | | 4000 à 6000 |

Le diamant taillé, au-dessus d'un carat, s'estime par le carré de son poids, multiplié par 192 fr., prix du carat. Mais, par cette manière de compter, on n'a pas toujours le prix exact des diamans de grandes dimensions. C'est ainsi qu'un diamant de 49 carats a été vendu 760,000 fr., tandis qu'il ne valait que 460,992 francs, d'après l'estimation.

Les diamans qui offrent des couleurs vives et bien tranchées ont une valeur plus grande que lorsqu'ils sont limpides, quoiqu'ils soient en général moins recherchés. Un diamant de deux carats d'un beau vert a été vendu 900 fr., et un diamant rose de 2 $\frac{3}{4}$ carats a été payé 2000 fr.

On regarde les diamans de 5 à 6 carats comme de belles pierres; ceux de 12 à 20 carats sont assez rares, et à plus forte raison ceux d'un poids plus considérable. On n'en cite que quelques uns qui dépassent 100 carats.

Le raja de Matün, à Borneo, possède le plus gros diamant que l'on connaisse, il pèse plus de 300 carats.

Celui de l'empereur du Mogol, pesant 279 carats, ayant

la forme d'un œuf coupé par le milieu, fut évalué à 11,723,000 fr.

Celui de l'empereur de Russie pèse 193 carats; il est de la grosseur d'un œuf de pigeon, et de mauvaise forme; il a été vendu 2,160,000 fr., et 96,000 fr. de pension viagère.

Celui de l'empereur d'Autriche pèse 139 carats; il est évalué à 2,600,000 fr.; il a une teinte jaunâtre; il est taillé en rose et de mauvaise forme.

Le diamant du roi des Français pèse 136 carats. Avant d'avoir été taillé, son poids était de 410 carats. Il a coûté deux années de travail. Il est connu sous le nom de *Pitt* ou du *Régent*, parce qu'il fut acheté d'un Anglais nommé Pitt par le duc d'Orléans, régent sous la minorité de Louis XV. Il fut payé 2,500,000 fr.; il vaut aujourd'hui au moins le double, parce qu'il est remarquable par sa belle forme, ses belles proportions, et sa parfaite limpidité; on le regarde comme le plus beau diamant de l'Europe.

Tout le monde sait que la grande dureté du diamant le fait rechercher dans les arts, et que sa beauté le rend précieux pour les parures. Il sert à fabriquer des burins pour graver, des forets pour percer les pierres fines, des cylindres pour les montres, etc. Les vitriers emploient pour couper le verre le diamant cristallisé à arêtes curvilignes; mais, d'après Wollaston, c'est à la forme curviligne et non à la dureté de la pierre qu'est due la propriété dont elle jouit. On a observé que les diamans taillés, ou à arêtes très vives, rayent le verre sans le couper; tandis que les substances capables de rayer le verre acquièrent la propriété de le couper lorsqu'elles sont taillées à faces bombées et à arêtes curvilignes.

# CHAPITRE VIII.

### TRAITEMENT DES MINERAIS DE FER.

Nous diviserons, d'après M. Dumas, ce que nous allons dire sur le fer en einq parties distinctes; nous donnerons :

1° Des notions générales sur les minerais de fer et sur les opérations préparatoires qu'on leur fait subir;

2° Le traitement direct des minerais de fer;

3° Le traitement des minerais pour fonte;

4° Le moulage de la fonte;

5° Le traitement de la fonte pour fer.

### DES MINERAIS DE FER.

On peut réduire à quatre le nombre des minerais de fer exploitables; ce sont : le deutoxide de fer, ou fer oxidulé, ou mine magnétique;

Le peroxide de fer, ou fer oligiste ;

L'hydrate de peroxide de fer;

Le carbonate de protoxide de fer.

Il existe deux espèces de mines : les unes sont dites terreuses, les autres en roches. Les premières sont ordinairement produites par de l'hydrate de peroxide de fer, et plus rarement par ce peroxide ; les secondes comprennent les autres minerais.

Certains de ceux-ci étant soumis au *bocard* et au *patouillet*, nous allons décrire ces deux instrumens.

Le *bocard* consiste en plusieurs pièces de bois mobiles,

placées verticalement entre des coulisses de charpente; elles sont armées à leur bout inférieur d'une pièce de fer, et reposent dans une auge garnie d'une pierre dure, ou d'une plaque épaisse de fonte. Un arbre horizontal, portant des cames, et mis en mouvement, soulève ces pilons et les laisse retomber ensuite de tout leur poids dans l'auge qui renferme le minerai. Les mortiers, dans lesquels s'opère la pulvérisation, sont enfermés dans une caisse, qui retient la poussière quand on bocarde à sec, et qui sert à contenir l'eau quand on lave le minerai sous le bocard.

Le *patouillet*, qui est le plus généralement employé, présentant des défauts graves, nous ne décrirons que celui de M. Cagniard de la Tour.

C'est un tonneau formé de douves, qui laissent entre elles un intervalle suffisant pour le passage des boues; il plonge dans l'eau jusqu'au niveau de l'axe. Au moyen d'une trémie, on introduit le minerai dans ce vase, qui est mû par une roue hydraulique. Les morceaux de minerai, frottant continuellement les uns contre les autres, se débarrassent mutuellement des boues ou des sables, qui, entraînés par l'eau, tombent au fond du tonneau.

Les mines terreuses sont parfois bocardées, puis on les lave dans le patouillet; mais, en général, on ne les grille pas.

Les mines en roche sont constamment grillées, mais on ne les lave jamais.

On rencontre dans les minerais de fer plusieurs substances, parmi lesquelles nous citerons le sulfure de fer, le phosphate de fer ou de manganèse, le titane, le zinc, et le plomb.

Les deux premiers composés, donnant du fer cassant, parce que ce dernier renferme des traces de soufre et de phosphore, sont peu propres à la fabrication de ce métal;

le titane en quantité notable rend les minerais réfractaires ; enfin, le zinc et le plomb n'ont aucun inconvénient, par la raison que le premier se volatilise, et que le second se sépare du fer.

GRILLAGE DES MINERAIS.

On trouve fréquemment dans les minerais de fer de l'acide silicique, qui, en se combinant avec le protoxide de fer, donne lieu à un silicate neutre, ou à un silicate acide, qui sont irréductibles par le charbon. Il est donc de la plus haute importance d'éviter que ces sels ne prennent naissance : à cet effet, on grille le minerai. Par cette opération, l'oxide de fer est réduit long-temps avant que l'acide silicique puisse s'unir avec lui.

Le grillage s'exécute par deux procédés.

Dans le premier, on dispose sur une aire, convenablement préparée un lit de grosse houille, ayant un pied d'épaisseur ; par-dessus on place des couches alternatives de minerai et de houille menue, de manière à former un tas de 12 à 15 pieds de large sur 8 à 10 pieds de haut, et de 80 à 100 pieds de long. Après avoir allumé l'une des extrémités, on abandonne l'opération à elle-même.

On a modifié ce procédé en entourant de murs l'aire où se fait le grillage ; par ce moyen, la chaleur est également répartie, et les portions de minerai exposées à l'action directe du feu ne se vitrifient pas avant que les autres soient grillées. Il y a, en outre, une économie dans le combustible.

Le second procédé consiste dans l'emploi de fourneaux coniques ou pyramidaux, construits de façon que le minerai puisse s'enlever par le fond, sans que l'opération soit interrompue.

Parmi les divers fourneaux qu'on emploie pour le grillage des minerais, nous ne parlerons que du suivant, parce qu'il présente plus d'avantages que les autres.

Sa forme est celle d'un tronc de cône renversé; on l'allume avec un peu de grosse houille, par-dessus laquelle on jette du minerai. Le feu étant parfaitement allumé, on met une couche de houille menue et une couche de minerai, et ainsi de suite, jusqu'à ce que le fourneau soit convenablement chargé. A sa partie inférieure se trouvent des ouvertures, par lesquelles on retire le minerai qui est grillé. On remet par le gueulard un lit de houille et un lit de minerai, et l'opération continue autant qu'on le désire.

2° *Traitement direct des minerais de fer.*

Le fer s'obtient directement par deux méthodes : l'une appelée *méthode allemande*, l'autre *méthode catalane.*

### *Méthode allemande.*

On se sert de *fourneaux à masse*, dits *stuckofen*, nom qui est tiré de la masse de fer qui se rassemble dans leur partie inférieure. La hauteur de ces fourneaux est de $3^m$ à $3^m,5$, depuis le gueulard jusqu'à la sole; il ont la forme d'un tronc de cône; le diamètre de leur foyer est de $0^m,8$ à $1^m,1$; ils portent communément une seule embrasure, servant à la tuyère et aux ouvriers; on ôte les soufflets pour enlever la masse par une ouverture pratiquée au niveau du sol, qu'on a soin de fermer, pendant la fusion, avec des briques et de l'argile.

On commence par remplir le fourneau de charbon, on bouche la coulée, et on allume le feu à la partie inférieure. Cela fait, on charge le minerai grillé par couches alternatives avec le charbon; on augmente peu à peu la quantité de minerai jusqu'à ce qu'il en ait assez. Il descend lentement jusqu'au niveau de la tuyère; on fait couler le laitier, et le fer se rassemble au fond du fourneau en une masse nommée *stuck* par les Allemands.

A mesure que cette dernière augmente, on relève successivement le trou de la coulée et la tuyère. Quand on pense
que la quantité de fer rassemblée dans le fourneau est suffisante, on arrête les soufflets, on enlève les scories, on
retire la masse de fer au moyen de ringards ou de cro-
chets, après avoir détruit la construction faite avec des
briques. Cette masse est portée sous un marteau, où on
en fait un gâteau de 8 à 10 centimètres d'épaisseur que
l'on coupe en deux lopins. Chacun de ceux-ci, mis
dans la mâchoire d'une forte tenaille, est chauffé dans des
affineries entièrement brasquées, dans lesquelles la tuyère
est sensiblement horizontale. Une partie du métal coule
au fond du creuset après avoir perdu son carbone dans un
bain de scories riches, et forme ensuite une loupe, dont
le fer est entièrement affiné; ce qui reste entre les tenailles
produit de l'acier qu'on étire en barres.

Cette méthode n'est employée que dans le nord de l'Europe, et encore on l'a déjà remplacée dans beaucoup de localités par des méthodes plus avantageuses. Elle a l'inconvénient d'exiger beaucoup de charbon, et de donner un
grand déchet.

*Méthode catalane.*

Les mines de fer traitées par cette méthode, doivent
être très riches et très fusibles; ce sont des fers héma-
tites, oxidulés, et quelques fers spathiques.

Les fourneaux dont on fait usage consistent en creusets
rectangulaires, dont les proportions varient suivant les
lieux. Une forge catalane se compose principalement d'un
foyer avec sa trompe, d'un gros marteau ou mail, d'un
second marteau plus petit que ce dernier.

Le fourneau a reçu une disposition telle, que l'ouvrier
peut aller visiter la tuyère, et diriger convenablement le

vent. Le creuset est composé de cinq plaques, ayant chacune leur nom. Celle de la tuyère est nommée *varme;* celle qui est vis-à-vis, *contrevent;* la plaque du devant, percée de trous servant à donner passage au laitier, s'appelle *chio* ou *laiterol:* celle de derrière, *rustine* ou *haire;* enfin, celle du fond, est nommée *fond.* Ces plaques reçoivent toutes le nom de *taques.*

Le fond du creuset, et la face de la rustine qui n'est pas recouverte de fonte sont construits avec du grès réfractaire. Les faces de la varme, du contrevent et du chio sont munies de plaques de fonte; cette dernière face porte une plaque de fer inclinée vers le feu.

L'inclinaison du contrevent, et la saillie de la tuyère varient; la tuyère est ordinairement inclinée de 30°; mais ses dimensions sont très variables. Elle est en cuivre, et tellement placée, que sa direction rencontre le fond du creuset, entre le centre et l'angle formé par le sol et la plaque du contrevent.

La tuyère a une déclinaison nulle; elle divise le foyer en deux parties égales, et elle est parallèle aux faces de la rustine et du chio.

On commence par passer au crible le minerai qui donne une poussière nommée *greillade,* que l'on mouille; les charbons allumés, provenant d'une opération faite précédemment, sont jetés dans le foyer, et par-dessus on tasse du charbon nouveau, principalement du côté du contrevent. Une planche, placée parallèlement à la face de la varme, partage en deux le foyer rempli jusqu'au-dessus de la tuyère. Le côté du contrevent reçoit du minerai criblé et concassé, tandis que le côté de la tuyère reçoit du charbon. On recouvre le minerai de charbon, puis, par-dessus celui-ci, on tasse de la poussière de charbon, de la greillade, et des scories humides qui forment une voûte. Après avoir bouché le trou du chio avec de l'argile, on produit un vent, qui est d'abord faible, et dont la force est augmentée de telle sorte, qu'au bout d'une heure environ elle soit la plus grande possible.

Pendant ce temps, un ouvrier armé d'un crochet tasse le charbon sous le minérai, et ramène ce dernier du côté du contrevent, pour l'empêcher de tomber trop tôt au fond du creuset. Il peut aussi, à l'aide de ce crochet, boucher avec de l'argile les trous qui se forment au chio. Un second ouvrier est occupé à jeter de la greillade humide sur le feu lorsqu'il apparaît de la flamme, afin de la rabattre, et de concentrer ainsi la chaleur dans le foyer. Après une heure d'une forte chaleur, un ouvrier perce le trou du chio pour faire écouler des scories.

On se propose, dans cette première partie de l'opération, de réduire le minerai.

A peine le chio est-il percé, qu'un ouvrier monte sur l'aire du fourneau pour avancer le minerai du côté de la tuyère. Le percement du chio se fait de temps en temps lorsqu'on voit la flamme peu active. Le minerai est avancé vers la tuyère, plus ou moins, selon que les scories sont moins ou plus fluides. Le peu de fluidité de celles-ci oblige quelquefois l'ouvrier d'enfoncer dans le trou du chio une perche de bois mouillée, qui produit un *crachement*, c'est-à-dire une expansion des scories qui facilite leur sortie.

Le minerai étant réuni au fond du foyer, on ajoute un panier de charbon par-dessus. On rapproche avec un ringard les grumeaux de fer disséminés, afin qu'ils s'agglutitinent, et forment une masse unique appelée *massé*.

Lorsque le massé est bien formé, on arrête le vent; alors un des ouvriers enfonce un ringard par le trou du chio, au-dessous du massé, qui est traîné sur le sol de la forge par un autre ouvrier monté sur le foyer; on le bat à coups de marteau, on le traîne sur l'enclume, où il reçoit une forme carrée; on le coupe en deux parties; l'une est laissée sur le sol de la forge, où on a eu soin de mettre du charbon, afin d'empêcher le refroidissement; l'autre partie est forgée sous le marteau, qui lui fait prendre la forme d'un parallélipipède rectangle. S'il arrivait que cette partie fût trop refroidie, il faudrait la faire réchauffer dans le foyer, en la plaçant du côté de la tuyère. La deuxième partie restée sur le sol de la forge est à son tour forgée ; enfin on étire les deux parties en barres.

Nous ferons observer que le minerai n'éprouve la fusion dans d'aussi petits foyers que parce que les terres se convertissent en silicates contenant beaucoup de protoxide de fer; en sorte que si on n'avait pas un moyen de dégager ce dernier oxide de sa combinaison, on obtiendrait à peine quelques traces de fer métallique. Mais comme on sait que le protoxide de manganèse peut déplacer le protoxide de fer, on ajoute aux scories des minerais manganésiens naturels.

On a trouvé que 546 kilogrammes de minerai de fer, traités par leur poids de charbon, produisent 168 à 170 kilogrammes de fer en barres. -

Ce procédé donne du fer qui a la propriété de se forger à toute température, et qui ne passe pas au laminoir aussi facilement que celui qu'on se procure en raffinant les fontes. Cette difficulté de se tirer en lames tient à ce que ce fer renferme des grains qui sont aciérés.

### FABRICATION DE LA FONTE.

On a pour but dans cette opération de réduire d'abord le minerai de fer, ensuite de fondre le métal, qui se combine alors avec une certaine quantité de carbone ou de silicium.

On convertit l'acide silicique contenu dans le minerai en silicates de chaux, d'alumine, de manganèse ou de

magnésie, mélange qu'on nomme *laitier*: le fer, en s'u-
nissant au carbone ou au silicium, constitue la fonte proprement dite: à cet effet, on ajoute au minerai du calcaire ou *castine*, s'il renferme trop d'acide silicique ; des
matières argileuses ou quarzeuses, ou *erbue*, s'il y a trop
de chaux, d'alumine, etc.

Cette transformation de la mine de fer en fonte permet
d'agir sur des masses plus considérables qu'on ne peut le
faire dans la fabrication directe de ce métal ; en outre,
l'opération s'effectue plus rapidement, et le fer est très bien
séparé des matières terreuses contenues dans son minerai.

On a donné le nom de hauts-fourneaux à ceux qui sont
en usage pour fabriquer la fonte ; les combustibles à l'aide
desquels on les chauffe sont : le charbon de bois, le coke,
la houille et le bois. Nous ne décrirons que la fonte fabri-
quée avec le charbon de bois.

FONTE AU CHARBON DE BOIS.

Les fourneaux au charbon de bois ont la forme d'une
pyramide quadrangulaire, dont la hauteur est comprise
entre 18 et 36 pieds ; les murs sont très épais, afin qu'ils
puissent résister à la dilatation causée par la chaleur.

L'enveloppe extérieure nommée *muraillement ou double muraillement*, est traversée par des canaux servant au
dégagement de la vapeur d'eau, qui, sans cette précaution, ferait éclater cette enveloppe. La maçonnerie est
consolidée par des barres de fer reliées à l'extérieur par
des ancres. On voit à la partie inférieure des hauts-fourneaux deux embrasures, dont l'une sert à l'écoulement de
la fonte, et l'autre à mettre les soufflets qui apportent l'air
propre à activer la combustion. A l'aide d'un chemin qui
ressemble à un plan incliné, on parvient jusqu'au gueulard
du fourneau, par lequel on verse le minerai et le charbon.

Tout autour de la base du fourneau on creuse des canaux pour faire écouler l'eau, afin qu'elle ne s'introduise pas dans les murs.

La partie des hauts-fourneaux qui reçoit le charbon et le minerai s'appelle *cheminée* ou *cuve*; elle a la forme de deux pyramides tronquées, opposées base à base, et qui sont rectangulaires; mais il est préférable de remplacer ces deux pyramides par deux troncs de cône, parce qu'ils sont plus faciles à construire que ces dernières.

La chemise du fourneau est en pierre ou en briques très réfractaires; on la sépare du muraillement extérieur par une couche de sable, de fraisil ou de scories pilées, qui a pour but d'empêcher la déperdition du calorique, et qui permet aux parois de se dilater sans se fendre.

Par cette disposition, on peut réparer l'intérieur du fourneau sans toucher au muraillement.

L'endroit où les deux cônes tronqués se rencontrent a été appelé *ventre*; c'est un peu au-dessous de ce point que le minerai commence à se fritter, après avoir été réduit dans la partie supérieure; il descend ensuite dans l'*ouvrage*, où le métal se sépare de sa gangue fondue.

Au-dessus du ventre se trouve la *cheminée supérieure* surmontée du gueulard, cylindre qui a 18 pouces à 2 pieds de haut, et dont la surface est recouverte d'une plaque de fonte qui l'empêche de se dégrader.

C'est dans cette cheminée que le minerai se grille, et par suite que l'eau et les substances volatiles se dégagent; il est réduit par le charbon et l'hydrogène carboné qui le touchent; enfin, il arrive au ventre tout préparé pour la fusion.

On appelle *grand foyer* ou *vide inférieur* le tronc de cône renversé situé au-dessous du ventre; il est divisé en trois parties. La première, nommée *étalage*, est une pyramide très évasée , où le fer commence à se combiner avec une certaine quantité de charbon pour passer à l'état de fonte. La seconde ayant ses parois presque verticales, a reçu le nom d'*ouvrage*. La troisième constitue le *creuset* proprement dit ; elle a la forme d'un prisme quadrangulaire.

Après avoir donné la description succincte d'un haut-fourneau, nous allons procéder à la fabrication de la fonte.

Le fourneau étant supposé nouvellement construit, on le sèche avec précaution. Pour cela, on ferme l'ouverture de la tuyère, on nettoie le creuset, on allume un petit feu de bois sec autour de la partie extérieure du fourneau , et on l'approche peu à peu de l'ouvrage. Quand on juge que l'humidité est chassée en grande partie , on jette du charbon embrasé dans le creuset ; la dessiccation avançant, et la température augmentant, on emplit lentement l'ouvrage de charbon ; enfin, on ajoute de ce dernier jusqu'à ce que tout le fourneau soit plein. Ce desséchement peut durer de huit jours à trois semaines.

Le fourneau étant parfaitement desséché et allumé, on y jette par petites portions du minerai avec du charbon.

Lorsqu'on aperçoit le métal dans l'ouvrage, on nettoie le creuset, on place la *dame*, masse de fonte qui en bouche l'entrée, et l'on ferme le trou de la coulée avec de la brasque. Alors, on dirige lentement un courant d'air à l'aide de la machine soufflante, car si on élevait brusquement la température, comme il y a encore un peu de minerai , il serait à craindre que les pierres de l'ouvrage et des étalages ne fondissent. On charge de nouveau avec du minerai et du charbon ; on augmente le vent, qui ne doit atteindre toute sa vitesse qu'au bout de trois à quatre jours.

On a soin de tenir le creuset très propre, afin que la

fonte et le laitier puissent s'y loger, et en remplir peu à peu toute la capacité, qui contient de 600 à 2,500 kilog. de fonte.

Il faut toujours mesurer exactement le charbon, le minerai et la castine, que l'on n'y ajoute qu'à des époques déterminées. Dans quelques hauts-fourneaux, on place sur le mélange un poids suspendu à une chaîne ; ce dernier suit la marche de la matière à mesure qu'elle s'affaisse, et quand la charge est arrivée plus bas que la longueur de la chaîne, le poids fait partir une sonnerie qui avertit l'ouvrier.

Le laitier qu'on se procure en premier lieu à la hauteur de la dame, étant visqueux, est arraché avec un ringard ; mais la température augmentant, celui qui se forme en second lieu coule dans le creuset. La fonte étant plus pesante que le laitier, s'accumule dans le fond du creuset, et atteint bientôt la surface de la dame. A cette époque, on creuse dans le sable des rigoles, on débarrasse la tuyère et l'ouvrage des masses et des laitiers visqueux qui y sont adhérens ; on arrête la machine soufflante, et on perce rapidement le trou de la coulée, à l'aide de ringards qu'on enfonce à coups de masse. A peine le trou est-il ouvert, que la fonte s'élance comme un ruisseau de feu, et remplit les rigoles. On recouvre peu à peu de sable le lingot de fonte, afin d'empêcher qu'il ne s'oxide, et pour que le refroidissement soit lent, précaution sans laquelle la fonte n'est point de bonne qualité.

Quand on se propose d'affiner la fonte, les sillons ou moules ont la forme d'un prisme triangulaire très alongé ; la masse qu'on obtient reçoit le nom de *gueuse.*

Pendant que des ouvriers sont occupés à couvrir le lingot de sable, d'autres bouchent promptement le trou de la coulée, remplissent le creuset de charbon allumé, ferment la tympe, débouchent la tuyère, et mettent en jeu la machine soufflante. De cette manière, l'opération recommence en peu de temps.

Les premières coulées fournissent de la fonte blanche, parce que la température du fourneau n'est pas assez élevée ; mais lorsqu'elle a atteint son maximum, on obtient de la fonte grise, si on a fait le mélange des matières en proportions convenables.

Lorsque la fonte blanche doit être employée à fabriquer du fer forgé, on la coule régulièrement à des intervalles fixes, une ou deux fois par jour, selon la rapidité du fondage, la capacité du creuset, et la richesse du minerai.

La fonte grise, destinée au moulage, est quelquefois coulée directement dans des moules ; mais le plus souvent on la puise dans l'avant-creuset avec des cuillers de fer, revêtues intérieurement d'une couche d'argile.

La fonte blanche prend naissance quand la proportion du fer est trop grande relativement à celle du charbon, et aussi lorsque le fourneau n'est pas assez chaud. La fonte grise se produit dans des circonstances tout-à-fait opposées. Il est à remarquer que celle-ci se convertissant plus difficilement en fer que la fonte blanche, est plus propre aux opérations du moulage. On peut donc, dans les usines, préparer à volonté l'une ou l'autre de ces fontes en ménageant convenablement le feu et le charbon.

## AFFINAGE DE LA FONTE AU CHARBON DE BOIS.

Nous venons de voir comment on fabrique la fonte ; il nous reste à exposer les procédés qu'on emploie pour l'affiner, c'est-à-dire pour la convertir en fer.

Les usines dans lesquelles on pratique l'affinage de la fonte portent le nom de *forges*. On distingue en France les *grosses* et les *petites forges;* nous ne parlerons que des premières, dans lesquelles on suit deux méthodes bien distinctes; l'une dite méthode de la Franche-Comté; l'autre dite méthode du Berry. D'après cette dernière on fait les cuissons dans un premier foyer, et on l'étire dans un second; tandis que d'après la première on convertit la fonte en fer dans un seul et même foyer. La méthode du Berry consomme plus de charbon que celle de la Franche-Comté; mais elle donne de meilleur fer. -

Les limites de cet ouvrage ne nous permettant pas d'indiquer les modifications que le fourneau doit subir, et les précautions à prendre, nous allons décrire l'opération de l'affinage le plus brièvement possible.

Pour affiner la fonte, on commence par garnir la surface du creuset de petits charbons, ou *fraisil*, et on achève de le remplir avec du charbon ordinaire.

La gueuse à affiner est amenée dans le creuset à l'aide de rouleaux sur lesquels elles repose; elle est placée à 6 pouc. de la tuyère si c'est de la fonte grise, et à une distance plus grande si c'est de la fonte blanche. On introduit dans le creuset des scories provenant de la dernière loupe, et qui étaient attachées au fond de ce vase. Ces scories se nomment *sornes*, et se composent, d'après M. Berthier, d'un silicate basique de fer contenant beaucoup de ce métal; elles fournissent donc du fer à la gueuse, et facilitent son affinage par l'oxide de fer qu'elles renferment. Après avoir recouvert la fonte d'une mesure de charbon, on fait jouer les machines soufflantes; bientôt la fusion de la fonte a lieu, et celle-ci se rend dans le creuset sous forme de gouttes qui traversent l'air chaud. Il y a production simultanée d'oxide de carbone qui se dégage, et de silicate de fer basique qui se fond. C'est à cet instant, d'après ce savant, que le manganèse est oxidé, et que le phosphore que peut contenir la fonte passe à l'état de phosphate

de fer. A mesure que la gueuse se liquéfie à son extrémité ; on l'avance dans le creuset.

L'ouvrier recule les scories qui s'accumulent dans le
fourneau, en ayant soin d'en laisser une partie dans le feu,
afin d'empêcher que le fer ne s'oxide. S'il arrivait que la
masse fondue fût un peu dure, le fondeur augmenterait
le vent; si le contraire avait lieu, il tâcherait de la soule-
ver près du contrevent avec un ringard.

Lorsque le creuset renferme une certaine quantité de
fonte, on procède au travail de la loupe, lequel se divise
en deux opérations distinctes : dans la première, on soulève la masse à plusieurs reprises; dans la seconde, qu'on
nomme *avaler* la loupe, on soulève le métal qui, déjà
épuré, fond en bouillonnant.

Dès que la fusion est achevée, l'affineur ôte les petits
charbons qui couvrent le devant de l'aire, met le fer à
nu, soulève la loppe avec un ringard, et la rapproche de
la face du contrevent; il la soutient avec un second ringard placé en croix afin de pouvoir la tourner à volonté.
La masse soulevée se divisant en plusieurs parties, offre
une grande surface à l'action de l'air. L'ouvrier, après
avoir retiré du feu les fragmens de métal, y jette du
charbon sur lequel il les place. Il donne plus ou moins
de vent, selon le degré d'affinage, et met une pelletée
de batitures dans le feu, s'il juge que ce soit nécessaire.
On remplit de charbon les intervalles qui existent entre
les morceaux de métal, afin qu'ils ne s'agglutinent pas; le
fer fond bientôt et coule dans le creuset.

On *avale* la loupe en enlevant la masse au-dessus de la
tuyère, de manière que le vent passe au-dessous ; l'affineur
retire avec son ringard la sorne attachée au fond du creuset, et renverse ensuite la masse sur les charbons ardens, où il en met de nouveaux. Un chauffeur donne un
fort coup de vent qui fait bouillonner le fer, le rend à

demi liquide, et sépare complètement les scories et le carbone. Ce métal étant réuni dans le creuset, l'ouvrier en enlève successivement des lopins en plongeant dans la masse fondue une barre de fer; cette opération a reçu le nom d'*affinage par attachement*. Il ne reste plus qu'à étirer le fer en barres par le moyen de marteaux ou de cylindres.

Il arrive quelquefois qu'au lieu de diviser la loupe en lopins, on la laisse entière; alors on profite de son état de mollesse pour lui faire prendre une forme régulière et pour la couper en plusieurs parties qu'on puisse forger facilement en barres. On frappe d'abord lentement la loupe à coups de marteau pour l'aplatir et en chasser le laitier; puis on accélère le mouvement. L'ouvrier forgeron retire la pièce de façon que sa surface devienne uniforme. Il est aidé par un autre ouvrier qui soutient la masse avec un levier de fer. Il la retourne ensuite sur la longueur, de manière que le côté qui était près du chio soit situé sur l'enclume, et que le marteau qu'il fait mouvoir avec une vitesse variable, frappe sur celui de la rustine. Cette opération se nomme *cingler la loupe*.

Le forgeron saisit ensuite la pièce avec la petite tenaille à cingler, la place de manière que le côté qui était en dessous dans le foyer, touche l'enclume, et que la surface opposée reçoive les coups d'un marteau que l'on fait agir avec une très grande vitesse. La pièce ressemble alors à un parallélipipède; il la coupe en plusieurs morceaux qu'on expose au feu et qu'on dresse.

Cela fait, on chauffe ces morceaux au blanc soudant, et on les étire à moitié sous le marteau; on en forme des *maquettes* qu'on refroidit dans l'eau.

Dans quelques usines, on n'étire ces maquettes que pendant la fusion qui suit celle qu'on vient de faire. Dans d'autres, on les étire de suite, afin de profiter de la chaleur qu'elles possèdent encore.

Quant à l'étirage des maquettes en barres, il s'exécute de la même manière.

Il faut ordinairement pour l'affinage cinq ouvriers, et six fois vingt-quatre heures non interrompues.

Le déchet qu'on éprouve n'est souvent que de 26 pour cent; mais il peut s'élever à 40 pour cent. Il dépend, au reste, de l'habileté de l'ouvrier et de la nature de la fonte.

En résumant ce que nous venons de dire sur l'affinage de la fonte, nous voyons que c'est l'air lancé par les soufflets qui lui enlève le carbone, le silicium et le manganèse qu'elle peut contenir. Il se forme d'abord de l'oxide de carbone, de l'acide silicique et des oxides de fer et de manganèse qui donnent lieu, par leur combinaison, à des scories. Ces dernières enveloppant le reste de la fonte, la soustraient au contact de l'air, en sorte que l'action de ce gaz cesse de s'exercer.

L'oxide de fer contenu dans les scories est réduit par le carbone, le silicium ou le manganèse, tant qu'elles ne sont pas à l'état de silicates neutres, et à plus forte raison de silicates basiques. Il y a un dégagement d'oxide de carbone, et formation d'oxide de manganèse et d'acide silicique qui se mêlent aux scories restantes.

Des batitures jetées à propos dans le creuset fournissent une nouvelle quantité d'oxide de fer aux scories, que l'on transforme en silicate basique, et l'action recommence.

A mesure que la fonte est dépouillée de silicium et de carbone, les scories nouvellement formées sont de plus en plus basiques; en sorte que les dernières peuvent être regardées comme des sous-silicates très propres à l'affinage; aussi s'en sert-on dans l'opération suivante.

Il résulte de là que les scories nous présentent trois variétés, savoir :

Les *scories crues* renfermant un excès d'acide silicique qui nuit à l'affinage, parce qu'il détermine l'oxidation du fer.

Les *scories douces*, contenant un excès de base, sont employées avec avantage pour oxider les corps qui doivent être séparés de la fonte.

Les *scories neutres*, ou silicate neutre de fer, n'ont aucune action.

# DESCRIPTION

ALPHABÉTIQUE

ET USAGE DES INSTRUMENS

GÉNÉRALEMENT EMPLOYÉS

DANS UN LABORATOIRE DE CHIMIE.

### Alambic.

Vase ordinairement de cuivre, employé pour distiller les liquides ou les matières volatiles fournies par des corps solides. Il se compose de trois parties distinctes, savoir :

1° Pl. II, fig. 39, d'un cône tronqué renversé T, nommé *cucurbite*, dans lequel on met la substance à distiller. Par l'ouverture latérale O on introduit le liquide. GG est la gorge de la cucurbite.

2° Fig. 40. D'un chapiteau C, muni d'un tuyau conique *t*, appelé *bec* : la partie inférieure II s'emboîte dans la la gorge GG de la cucurbite.

3° Fig. 41. D'un *serpentin* S, composé d'un cylindre en cuivre dans lequel il y a un tuyau d'étain contourné en spirale et fixé à ce cylindre qui porte un robinet *r*, servant à vider l'eau qu'il contient.

La partie *t* du chapiteau entre dans la partie A du tuyau.

CC est un tube par lequel on introduit dans le cylindre de l'eau froide, qui, parvenant à la partie inférieure, chasse l'eau chaude. Pour faire fonctionner cet appareil, on met le liquide à distiller dans la cucurbite, qu'on remplit aux trois quarts, et qu'on place préalablement sur un fourneau convenable; on ajuste le chapiteau sur la cucurbite, on place le bec *t* dans le tuyau A, et l'extrémité E dans un flacon de verre portant un entonnoir.

On ferme l'ouverture O de la cucurbite, on lute les jointures de l'appareil, on remplit d'eau froide le serpentin S, puis on chauffe la cucurbite; les vapeurs viennent se condenser dans le tuyau du serpentin, et le liquide coule dans le vase destiné à le recevoir.

## Alónge.

Elle sert à éloigner du feu un récipient dans lequel arrive un liquide qui doit s'y condenser.

Les alonges sont de verre; elles ont tantôt la forme pl. II, fig. 42, tantôt une forme recourbée, fig. 43.

## Bain-marie.

C'est un cylindre de cuivre étamé entrant dans la cucurbite, qui contient de l'eau, fig. 39, on le recouvre du chapiteau C, auquel on adapte le serpentin. On place dans ce cylindre les substances qui doivent être chauffées à une température au plus égale à celle de l'eau bouillante.

La distillation se fait comme nous l'avons dit en décrivant l'alambic.

## Bain de sable.

Il consiste en un vase de terre, de fer ou de fonte, dans lequel on met du sable.

Il sert à chauffer les vases qu'on ne veut pas exposer à l'action immédiate du feu.

## Ballons.

Fig. 44. Ballon à long col. Il sert à faire chauffer des liquides.

Fig. 45, ballon à une tubulure; fig. 46, ballon à une pointe; fig. 47, ballon à une pointe et à une tubulure.

Ces trois derniers ballons sont employés comme réfrigérans dans les distillations.

## Ballon à robinet (fig. 48).

C'est un ballon ordinaire dont le col est muni d'une armure en cuivre, sur laquelle on visse un robinet R. Il sert à peser les gaz et à les mélanger.

## Bassine.

Vase à fond plat et à bords peu élevés pour évaporer les liquides; les bassines sont ordinairement en cuivre ou en argent, rarement en étain ou en plomb. Elles portent deux anses.

## Bocal.

Fig. 49. Bocaux qu'on ferme avec des bouchons de liége.
Fig. 50. Bocal fermé avec un disque de verre.

## Bouchon.

Cylindre légèrement conique de liége ou de cristal pour fermer les vases dont on fait usage.

Fig. 51. Bougies attachées aux extrémités de fils de fer, pour essayer les gaz.

## Capsule ( fig. 52 ).

C'est une demi-sphère un peu aplatie dont la partie F

est quelquefois plané ; elle sert à faire évaporer les liquides. On doit en avoir de porcelaine, de verre, d'argent et de platine. Leur grandeur est très variable.

Fig. 53. Carrelet muni de pointes servant à fixer une toile ou un morceau de laine pour filtrer.

Il existe un autre carrelet qui ne diffère de celui-ci qu'en ce qu'il est porté par quatre pieds.

## Casserole ( fig. 54 ).

Ses usages sont à peu près les mêmes que ceux des capsules de métal. Il y en a en argent et en cuivre.

## Chalumeau ordinaire ( fig. 55 ).

Il se compose d'un cylindre de verre *cd*, portant à son extrémité *d* une boule terminée par un tube dont l'ouverture *o* est très petite. Il est destiné à porter un courant d'air sur la flamme d'une chandelle, pour la diriger sur un fragment d'une substance solide placée dans une cavité pratiquée dans un morceau de charbon ordinaire. On souffle par l'extrémité *c*, contre laquelle on applique la bouche, et l'on respire par le nez, afin que le courant d'air soit continu.

On fait des chalumeaux d'argent, de cuivre et de platine, composés de quatre pièces, qui peuvent se démonter.

## Chaudière.

C'est un vase ordinairement en fonte, portant une anse. Ses usages sont très variés.

Pl. III, fig. 56. Chausse en laine pour filtrer les liqueurs sirupeuses.

## Cisailles.

Ce sont de gros ciseaux, qui servent à couper les métaux laminés, ou tirés en fils.

## Cloche (fig. 57).

Cylindre creux de verre, ouvert à sa partie inférieure,
et terminé à sa partie supérieure par une demi-sphère surmontée d'un bouton, à l'aide duquel on la saisit. Cette
cloche est dite à *bouton*. On la gradue quelquefois, c'est-
à-dire qu'on la divise en parties d'égale capacité.

## Cloche à robinet (fig. 58).

Les cloches servent à recueillir les gaz, à les mesurer, etc. Celle-ci est principalement consacrée à faire
passer un gaz dans une vessie, ou dans un ballon, en
les vissant sur la partie V.

## Cloche à tubulure (fig. 59).

Elle est destinée à recouvrir une substance plongée dans
de l'air, qu'on renouvelle au moyen des deux ouvertures
opposées O,O'.

## Cloche courbe (fig. 60).

C'est un cylindre de verre fermé à l'une de ses extrémités, près de laquelle on le courbe, et ouvert à l'autre.
La cloche courbe est employée sur le mercure pour chauffer des substances qu'on place dans la partie A. Tantôt
ces substances sont plongées dans un gaz; tantôt elles
sont seules.

## Cornue.

Vase distillatoire (fig. 61). P est la *panse*, ou le *ventre*, V la *voûte*, et C le col de la cornue simple.

## Cornue tubulée (fig. 62).

On peut y adapter un bouchon de liége, ou de verre usé sur la tubulure.

Les cornues sont en verre, en porcelaine, en grès, en platine et en fer. C'est un vase dont on fait un fréquent usage dans un laboratoire de chimie.

## Coupelle (fig. 63).

Petit vase fait avec des os pulvérisés et réduits en pâte, dans lequel on place un corps solide qu'on veut brûler en le plongeant dans un gaz. La coupelle se suspend à l'extrémité d'un fil de fer.

On s'en sert aussi pour les essais des matières d'or et d'argent.

## Couteau.

Il est de corne ou d'ivoire, et semblable à ceux qui servent à couper le papier. On en a aussi en métal à lame très mince.

Les couteaux servent à enlever les précipités gélatineux de dessus les filtres.

## Creuset.

Vase dont la forme est cylindrique, ou triangulaire, ou conique (fig. 64). Les creusets sont de terre, d'argent, de platine, et de fer. Ils sont employés pour chauffer diverses substances à des températures plus ou moins élevées.

### Creuset brasqué.

C'est un creuset en terre dont on revêt l'intérieur d'une couche d'argile mélangée avec du charbon pulvérisé. Ce mélange s'appelle *brasque*.

Ou bien on se contente de garnir l'intérieur du creuset avec du charbon de bois pulvérisé, que l'on humecte légèrement.

### Cuillère à projection.

Cuillère de fer à long manche (fig. 65), servant à chauffer des substances, à les projeter dans des vases portés à la chaleur rouge, etc.

### Cuve hydro-pneumatique (pl. II, fig. 3o).

Caisse rectangulaire en bois, doublée de plomb, portée par quatre pieds. A trois pouces environ au-dessous des bords de la cuve se trouve une tablette percée de trous, sous lesquels il y a des entonnoirs. On a pratiqué dans cette tablette des échancrures pour mettre les tubes propres à recueillir les gaz.

Cette cuve est munie à sa partie inférieure d'un robinet destiné à vider l'eau qu'elle contient. Elle est employée pour recueillir les gaz qui sont insolubles ou peu solubles dans ce liquide.

### Cuve hydrargyro-pneumatique (fig. 66).

Parallélipipède rectangle de pierre dure, ou de marbre, creusé en partie, de manière à laisser au-dessous des bords

supérieurs une surface plane, nommée *tablette*. Celle-ci
porte des rainures dans lesquelles s'engagent les tubes propres à recueillir les gaz. Sur l'une des parois latérales et supérieures de cette cuve on a fait une échancrure,
que l'on garnit d'une glace destinée à observer le niveau
du mercure contenu dans un tube gradué ; celui-ci, renfermant le gaz à mesurer, entré dans un trou pratiqué verticalement dans l'épaisseur de la pierre.

On remplit la cuve de mercure de manière que son niveau soit au moins à deux pouces au-dessous des bords
supérieurs.

### Entonnoirs.

Fig. 67. Entonnoir ordinaire dont on se sert pour verser
un liquide d'un vase dans un autre, ou pour filtrer, après
y avoir mis un filtre de papier ; il est représenté sur un support, sous lequel se trouve un verre.

Fig. 68. Entonnoir pour transvaser les gaz sur la cuve
à mercure.

Les entonnoirs sont de verre. On en a ordinairement un
en plomb ou en platine.

### Éprouvettes.

Fig. 69. Éprouvette à recueillir les gaz. Lorsqu'elle a
été divisée en parties d'égale capacité, on la nomme *éprouvette graduée*.

Fig. 70. Éprouvette à pied ; servant à laisser déposer
des substances tenues en suspension dans un liquide, et à
d'autres usages.

### Étouffoir.

Cylindre de tôle ou de cuivre, muni d'un couvercle pour
éteindre les charbons.

### Étuve à vapeur.

Elle se compose d'un vase cylindrique, dans lequel on met de l'eau, qui doit être portée à l'ébullition; la partie supérieure de ce vase est fermée par une boîte munie d'un couvercle.

Sur la surface convexe de ce vase cylindrique se trouvent deux ouvertures portant chacune un tuyau : l'un sert à verser de l'eau dans le cylindre, l'autre communique avec une autre boîte à double fond, qui a le même usage que la première. Cette boîte est suivie d'une troisième, en tout semblable à elle. La vapeur passe sous ces différentes boîtes, et va sortir par une ouverture pratiquée à la dernière. C'est dans ces boîtes que sont placés les objets que l'on veut chauffer.

### Eudiomètre.

Instrument dont on fait usage pour analyser et pour combiner les gaz.

### Eudiomètre simple (fig. 71).

Il consiste en un tube de verre cylindrique très épais, ouvert en O, et fermé en F par un bouchon de platine, qui porte une tige terminée par une boule $b$ du même métal; en outre, il y a un fil de platine, tourné en spirale, un peu plus long que le tube, et muni d'une sphère.

Cet instrument a l'avantage de pouvoir être employé lorsqu'on opère sur le mercure ou sur l'eau.

Supposons que ce soit sur le mercure; on remplit d'abord l'eudiomètre de ce liquide, en ayant soin d'expulser tout l'air, et on le renverse sur la tablette de la cuve; on mesure successivement dans un tube gradué les gaz que l'on veut combiner, *par exemple*, 10 v. de gaz hydrogène et 4 v. d'oxigène ; et on les fait passer à l'aide d'un entonnoir à mercure dans l'eudiomètre ; la boule de celui-ci étant bien essuyée, on y introduit le fil de platine de manière que sa boule soit très près du bouchon F ; on bouche avec l'index l'ouverture O, puis on communique une étincelle électrique à la boule *b* avec un électrophore ; les deux gaz se combinent, il se forme de l'eau, mais on obtient un résidu gazeux, qu'on mesure en le faisant passer, au moyen d'un entonnoir, dans un tube gradué. On trouve 2 v. d'hydrogène.

Il existe encore un autre eudiomètre, dit *eudiomètre de Volta*, dont on se sert principalement dans les cours de chimie ; il est représenté fig. 72.

## Filtre.

On appelle *filtre* toute substance à travers laquelle on fait passer un liquide pour le clarifier. Ceux qu'on emploie le plus souvent sont les filtres en charbon, en sable, en pierre poreuse, en toile, en laine, en papier non collé, etc. Nous avons déjà parlé des filtres en laine et en toile aux articles *Chausse*, et *Carrelet*. Nous ne nous occuperons que de ceux qui sont en papier non collé.

On plie une feuille de ce papier en quatre, en lui donnant la forme d'un carré ; on la plisse de sorte qu'elle ressemble à un éventail fermé ; on coupe l'extrémité afin que les côtes soient toutes de même longueur, et on le place dans un entonnoir, sans beaucoup l'ouvrir, puis on y verse le liquide, qui, après avoir été filtré, tombe dans un vase (fig. 67).

Ce support ne pouvant recevoir qu'un seul entonnoir, on en a qui ont la forme d'un banc percé de plusieurs trous, permettant de mettre plusieurs entonnoirs (fig. 73).

### Fiole.

C'est une petite bouteille faite avec un verre mince, qui supporte l'action du feu (fig. 74).

On s'en procure de diverses grandeurs dans un laboratoire, parce qu'on en emploie souvent.

### Flacon.

Vase cylindrique de verre.

### Flacon à goulot renversé ( fig. 75 ).

Il a le fond rentrant; on le ferme avec un bouchon de liége. Ils servent à recevoir des gaz, à mettre des liquides, qui n'ont aucune action sur le liége.

### Flacons à l'émeri ( fig. 76 ).

Ce sont des flacons de cristal à fond plat, munis d'un bouchon usé à l'émeri qui leur a donné son nom. Comme ils ferment hermétiquement, ils servent à conserver les liquides-acides, et les gaz que l'on tient à avoir très purs.

### Flacon à l'émeri à large orifice ( fig. 77 ).

Il est employé pour mettre des substances solides à l'abri du contact de l'air.

### Flacons tubulés.

Fig. 78. Flacon à deux tubulures.
Fig. 79. Flacon à trois tubulures,

On en fait usage pour monter l'appareil nommé *appareil de Woolf.*

Flacon à laver les précipités (fig. 80).

En inclinant ce flacon, l'eau sort goutte à goutte par l'extrémité du tube.

-Fourneau.

C'est un instrument employé pour chauffer les corps ; il est ordinairement en terre cuite. Parmi les nombreux fourneaux connus aujourd'hui, nous ne décrirons que le fourneau ordinaire et le fourneau à réverbère.

Fourneau ordinaire (fig. 81).

*f,* foyer où l'on met le charbon ; *c,* cendrier ; *o,o,* échancrures qui permettent à l'air ayant servi à la combustion de se dégager ; G, grille qui sépare le foyer du cendrier.

Fourneau à réverbère (fig. 82).

Il se compose de trois parties distinctes, savoir : d'un fourneau, F, semblable au premier, excepté qu'il n'est pas évasé par le haut ; d'une seconde pièce, L, nommée *laboratoire,* et d'une troisième pièce, D, appelée *dôme,* ou *réverbère.* Ces trois pièces se placent les unes sur les autres, de manière que le laboratoire repose sur le fourneau et que le dôme est assis sur le laboratoire.

Ce dernier fourneau n'est employé que lorsqu'il s'agit de porter un corps à une température très élevée.

Fromage.

C'est un petit cylindre de terre cuite qui sert à élever

les creusets et les cornues au-dessus de la grille des fourneaux.

### Grilles en fil de fer.

Elles sont rondes, ou rectangulaires, et servent à supporter certains vases que l'on veut chauffer.

### Hotte.

Nom donné à la partie inférieure de la cheminée d'un
laboratoire.

### Laboratoire de chimie.

Lieu où le chimiste fait ses expériences. Il renferme tant
d'objets divers, qu'il est impossible d'en avoir une idée
bien exacte sans l'avoir visité avec détail.

### Lampe à esprit-de-vin ( fig. 83 ).

Elle consiste en un vase de verre dans lequel il y a de
l'esprit-de-vin, et une mèche de coton, qui est recouverte
par un couvercle C lorsqu'on n'en fait pas usage, afin que
ce liquide ne s'évapore pas.

### Lampe d'émailleur.

Elle est composée d'un soufflet ordinaire, que l'on fait
mouvoir à l'aide du pied; le vent arrive par un conduit
de fer-blanc à un bec métallique, dont l'extrémité est
voisine d'une grosse mèche de coton faisant partie d'une
lampe plate alimentée par de l'huile; cette lampe repose sur une table de bois.
Elle sert à ramollir le verre auquel on donne ensuite
différentes formes.

Cet instrument ayant beaucoup d'inconvéniens, entre autres, celui de répandre une odeur désagréable provenant
de l'huile que l'on brûle, M. Gay-Lussac l'a modifiée en remplaçant ce liquide par de l'alcool, qui est renfermé dans
un flacon dont la disposition est toute particulière.

### Lime.

Instrument d'acier trempé, dont on a hérissé la surface d'aspérités nommées *dents*.

Elle sert à user, et à diviser un grand nombre de métaux, à polir le bois, les bouchons de liége, à les trouer,
et à couper le verre.

Fig. 84. Ligne plate pour user les métaux, et polir en
dernier lieu les bouchons de liége.

Fig. 85. Ligne triangulaire dite *trois quarts*, propre à
couper les tubés de verre, les fils métallique, etc.

Fig. 86. Râpe demi-ronde.—Fig. 87. *Queue de rat.* La
première a l'une de ses faces qui est plane, et l'autre convexe.

La face plane peut remplacer la lime plate, tandis que
la face convexe sert comme une queue de rat.

Cette dernière est employée pour trouer les bouchons
de liége.

### Lingotière.

Cet instrument est employé pour couler les-métaux
(fig. 88.) Il se compose d'un manche M, d'une rainure
R, R; et de deux pieds P, P. On en fabrique en fer, en cuivre et fonte.

Lorsqu'on veut couler un métal en lingot, on fait chauffer la lingotière, dont on revêt la rainure de suif pour que
le métal n'y adhère pas, et on y verse celui-ci après l'avoir
fondu.

## Lut.

Il consiste en un mélange de certaines substances, que l'on applique sur la surface de quelques corps pour les garantir de l'action du feu ou de l'air, ou pour en boucher les pores. Nous ne parlerons que de ceux qui sont les plus généralement employés.

### Lut de farine de graine de lin et de colle d'amidon.

On broie dans un mortier de la farine de graine de lin, ou mieux de la farine de pâte d'amandes, avec la quantité de colle d'amidon nécessaire pour obtenir une matière pâteuse.

On se sert souvent de ce lut pour rendre les bouchons de liége imperméables.

### Lut gras.

On fait bouillir de l'huile de lin avec la seizième partie de son poids de litharge pulvérisée jusqu'à ce que l'écume formée commence à roussir; on la mêle par petites portions dans un mortier de fonte avec de l'argile tamisée, et on bat le tout avec un pilon de fer. Le lut est bien fait s'il a la consistance d'une pâte ferme, et s'il est ductile. On le renferme dans une vessie humectée d'huile, pour éviter qu'il se dessèche.

### Lut d'argile et de sable.

Dans de l'argile détrempée avec de l'eau, on verse du sable tamisé, on malaxe le mélange, et on ajoute du sable jusqu'à ce qu'on obtienne une pâte un peu ferme.

Ce lut sert à revêtir les cornues, et les autres vases qu'on veut garantir de l'action immédiate du feu. Les vases ainsi lutés doivent être desséchés à une douce chaleur, et mieux à l'air, à la température ordinaire.

### Lut de blancs d'œufs et de chaux.

On mêle de la chaux vive et des blancs d'œufs dans un mortier, de manière que le mélange ait la consistance d'une bouillie un peu épaisse ; on en met sur des bandes de toile dont on recouvre un des lûts précédens. Il est indispensable d'employer ce lut aussitôt qu'il vient d'être préparé, parce qu'il durcit promptement.

### Matras.

Ce mot est synonyme de ballon, que nous avons déjà défini ; cependant, on donne le nom de matras à un petit vase en forme de poire (fig. 89), qui sert particulièrement pour les essais d'or.

### Mortier.

Ustensile pour concasser et pulvériser les corps.
Fig. 90. Mortier de fer ou de fonte avec son pilon.
Fig. 91. Mortier de marbre.
Fig. 92. Mortier de verre ou de porcelaine.
Fig. 93. Mortier d'agate avec son pilon.

### Obturateur.

Disque de verre qui est employé pour couvrir la surface des vases ouverts.

### Papier sans colle, ou papier Joseph.

On s'en sert pour faire des filtres : il y en a de gris et de blanc.

### Pelle à braise ( fig. 94 ).

Pelle de tôle avec un manche en bois servant à transporter du charbon pour les besoins du laboratoire.

### Percerette en fer ( fig. 95 ).

Employée à percer les bouchons lorsqu'on a chauffé son extrémité effilée au rouge.

### Pince.

Instrument avec lequel on saisit divers objets. On en a ordinairement de quatre sortes :

1° Fig. 96. *Fer à moustache*, pince pour prendre le charbon.

2° Fig. 97. *Pince à creuset*, servant à retirer les creusets du feu.

3° Fig. 98. *Pince à cuillère*, terminée par deux cavités en forme de cuillère, s'appliquant exactement l'une sur l'autre.

Elle est employée pour porter des substances en poudre dans la partie courbe d'une cloche contenant un gaz; ses deux extrémités inférieures sont écartées par un ressort.

### Pipette.

Petit instrument composé d'une boule de verre portant deux tubes, qui sert à aspirer les liquides. Il y en a de diverses formes (fig. 99, et 100).

### Porphyre.

Ustensile propre à réduire les corps en poudre très ténue.

Fig. 101. Il se compose d'une table faite avec une substance très dure, par exemple du granit, et d'une mollette.

## Râpe.

Lime dont les dents sont longues et fortes, servant à dégrossir les bouchons.

## Récipient florentin ( fig. 102 ).

Ce vase est employé à recevoir les produits de la distillation de deux liquides, dont l'un est plus léger que l'autre. Le premier reste en A, tandis que l'autre s'écoule par le bec B.

## Rondelle ( fig. 103 ).

Disque en tôle percée servant à supporter sur le feu les capsules, les matras, etc.

## Spatule ( fig. 104 ).

Ustensile pour détacher certains produits qui adhèrent aux vases, ou pour mélanger des matières qui sont en consistance sirupeuse, etc. On doit en avoir en os, en bois, en argent, en cuivre, en fer et en platine.

## Support.

On donne le nom de support à tout corps qui doit en supporter un autre.

Le plus simple consiste en un cylindre ou en un parallélipipède rectangle en bois.

On distingue deux sortes de supports mobiles à pince ; les uns sont destinés à soutenir des cornues, des matras, etc; les autres, des tubes.

Il y a un *support mobile*, dit *guéridon*, propre à exhausser un appareil d'un poids considérable.

La figure 67 représente un support pour mettre les entonnoirs.

## Tamis (fig. 105

Cylindre creux très court, dont la base inférieure est un tissu de crin ou de soie, ayant ses mailles plus ou moins serrées. Il est employé à obtenir en poudre fine des matières qu'on a pilées dans un mortier. Celui que nous donnons est le plus simple de tous les tamis dont on fait usage.

## Terrine (fig. 106).

Cône tronqué très évasé, de grès ou de terre vernie, propre à contenir des liquides et à recueillir des gaz sur l'eau. Ces vases ne sont pas destinés à être exposés à l'action du feu.

## Têt (fig. 107).

Vase de terre à fond plat et à large ouverture, servant à chauffer les corps au rouge avec le contact de l'air.

Lorsqu'on pratique un trou à leur fond et une échancrure à la paroi latérale, ils sont employés pour recueillir les gaz dans une terrine qui sert de cuve à eau.

## Tourte: *Voyez* Fromage.

## Triangle (fig. 108).

Il sert à supporter les vases que l'on expose à l'action directe du feu. Il est ordinairement en fer ou en fil de ce métal.

29

## Tube.

Cylindre plus ou moins régulier, dont la longueur l'emporte de beaucoup sur la largeur. Il y en a en porcelaine, en fer, en verre, en platine, etc.

On doit avoir un assortiment de tubes de verre de différens diamètres, les uns creux, les autres pleins.

Ceux-ci servent à faire des instrumens qu'on nomme *tubes* ou *baguettes* pour agiter les liquides. Ceux-là sont d'un emploi très varié.

Tube droit à entonnoir (fig. 109).

Il est destiné à verser un liquide dans un vase auquel il est adapté.

Tube de sûreté en S (fig. 110).

Tube de sûreté à boule (fig. 111).

Tube droit de sûreté (fig. 112).

Tube gradué (fig. 113).

Tube de cristal fermé à l'une de ses extrémités, et ouvert à l'autre; il est divisé en parties d'égale capacité. On en fait usage pour mesurer le volume des gaz et des liquides. La grandeur de ces tubes varie beaucoup.

Tube en caout-chouc.

Le caout-chouc, connu sous le nom de *gomme élastique*, sert à faire des tubes qui sont fort utiles au chimiste pour lier les diverses parties d'un appareil.

## Valet.

Nattes de paille tressées en rond sur lesquelles on pose différens vases. La fig. 44 représente un ballon posé sur un valet.

## Verre à pied.

Vase de verre conique (fig. 73) pour faire à froid une multitude d'expériences. On doit en avoir trois ou quatre douzaines.

## Vessie.

On adapte à son col un robinet de cuivre qui peut se visser sur un autre appareil (fig. 114).

Les vessies servent à renfermer des gaz.

FIN.

# TABLE

## DES MATIÈRES.

### NOTIONS DE PHYSIQUE.

# LIVRE PREMIER.

## DES MÉTALLOÏDES ET DE LEURS DIVERSES COMBINAISONS BINAIRES.

## LIVRE DEUXIÈME.

### DES MÉTAUX ET DES ALLIAGES.



## LIVRE TROISIÈME.

## LIVRE QUATRIÈME.

## LIVRE CINQUIEME.



## LIVRE SIXIÈME.

### CHIMIE ORGANIQUE.

# APPENDICE.



FIN DE LA TABLE.

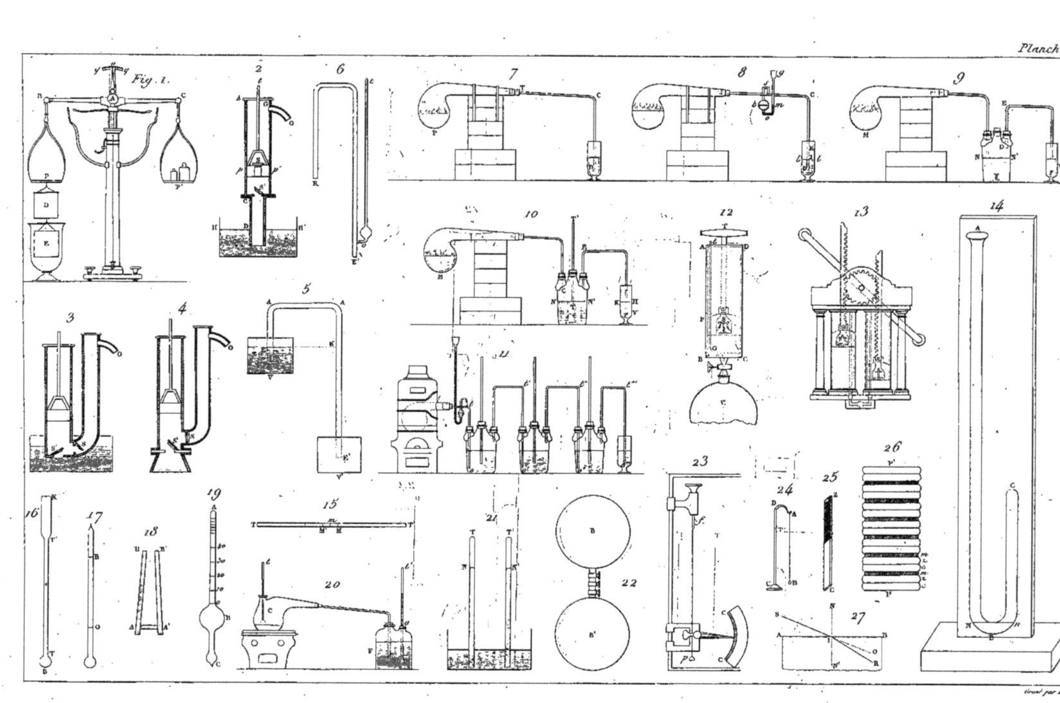

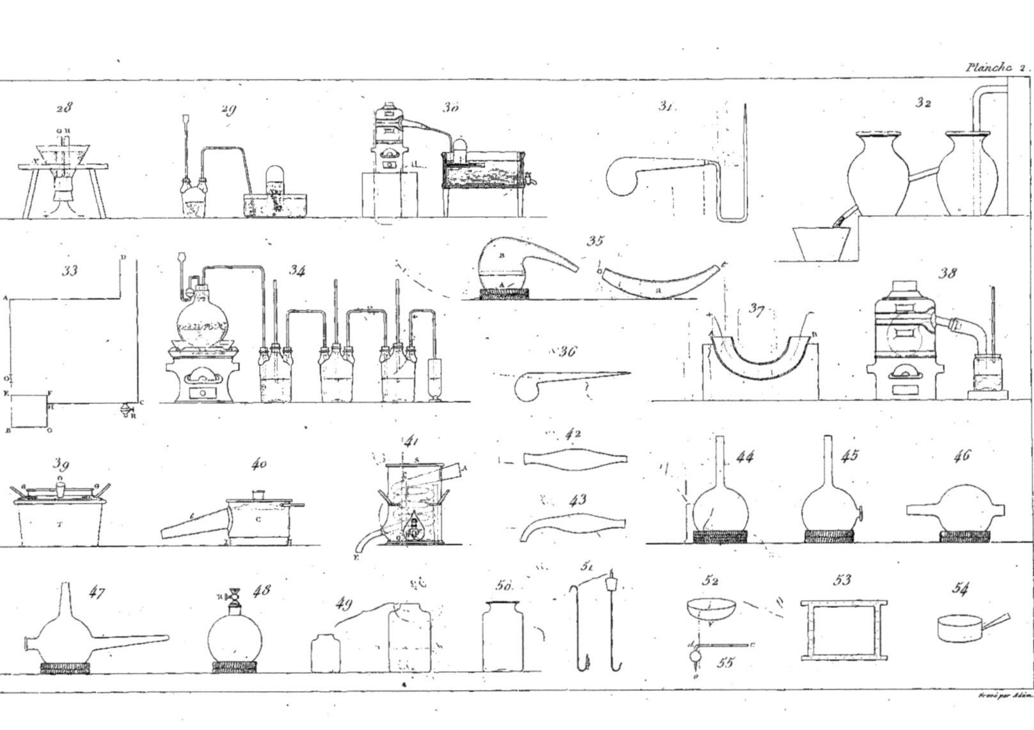

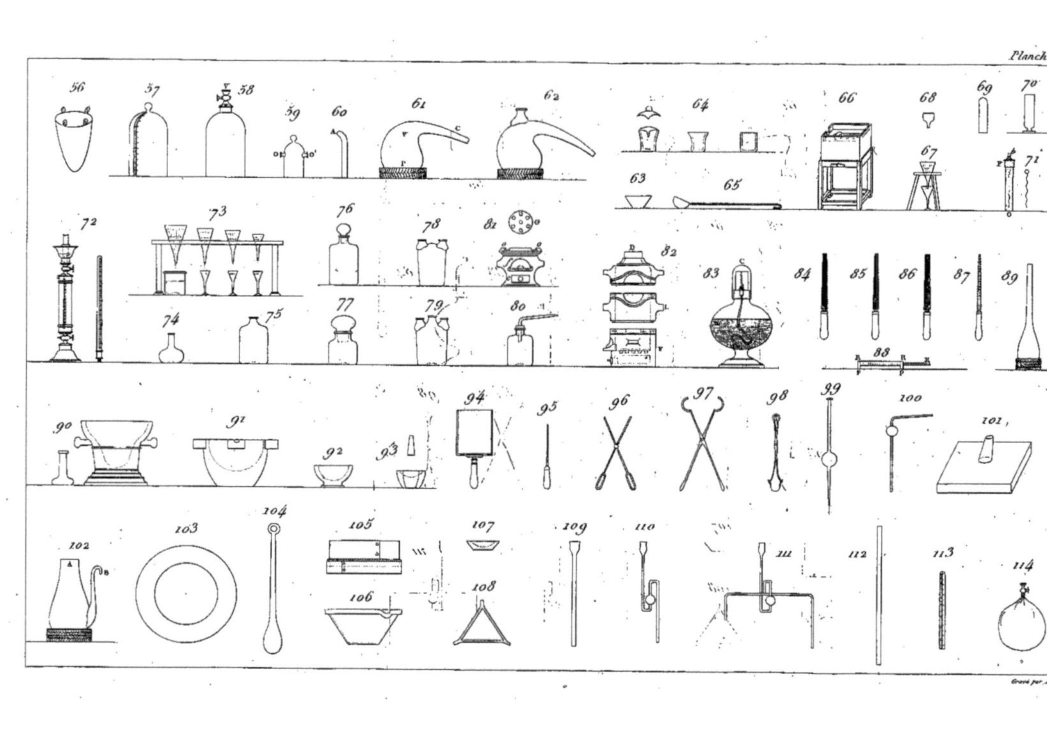


Gravé par Adam